森林科普知识读本

走进森林

◎ 王冬米　主编

中国农业科学技术出版社

图书在版编目（CIP）数据

走进森林 / 王冬米主编 . — 北京：中国农业科学技术出版社，
2016.6

ISBN 978-7-5116-2552-6

Ⅰ.①走… Ⅱ.①王… Ⅲ.①森林—普及读物… Ⅳ.①S7-49

中国版本图书馆 CIP 数据核字（2016）第 056430 号

责任编辑　张孝安
责任校对　杨丁庆

出 版 者　中国农业科学技术出版社
　　　　　北京市中关村南大街 12 号　邮编：100081
电　　话　（010）82109708（编辑室）（010）82109704（发行部）
　　　　　（010）82109703（读者服务部）
传　　真　（010）82106650
网　　址　http://www.castp.cn
经 销 者　各地新华书店
印 刷 者　北京地大天成文化发展有限公司
开　　本　710 mm×1000 mm　1/16
印　　张　20.5
字　　数　400 千字
版　　次　2016 年 6 月第 1 版　2020 年 7 月第 2 次印刷
定　　价　100.00 元

　　王冬米，男，1965年7月出生，浙江省台州市人。高级工程师，浙江农林大学林业与生物技术学院兼职硕士生导师。1990年毕业于南京林业大学森林生态专业，获得硕士研究生学位。现任浙江省台州市林业局党组成员、副局长，兼任中国林学会华东林业信息专业委员会常委，浙江省生态学会理事、林学会理事、花卉协会理事，政协台州市第四届委员会委员，台州市科学技术协会常委、农技推广基金会常务理事、林学会理事长。长期从事森林培育、经营和营造林管理等工作，主要承担了台州市宜林荒山绿化、平原绿化、沿海防护林体系建设、生态公益林建设管理、森林抚育经营、森林系列创建、兴林富民和现代林业园区建设等工程（项目）的实施。先后主持或参与完成了山地小水果高效栽培技术、沿海防护林树种选育与优化配置技术、针叶林阔叶化改造集成技术、退耕地林业生态治理模式、经济林生态高效栽培技术集成与模式、落羽杉属和棕榈科植物引种与配套造林技术、优质阔叶林培育集成技术、林木种质资源调查与开发利用技术等30多项林业科技项目的研究和推广，获得省部级科技进步奖6项，其中，二等奖1项；浙江省科技兴林奖17项，其中，一等奖3项；台州市科技进步奖6项，其中，一等奖1项。在省级以上学术刊物上发表论文50余篇；出版著作11部，其中，主编5部。荣获全国林业先进工作者（省级劳模）、全国绿化奖章、全国营造林先进工作者等荣誉，入选台州市第五、第六、第七届拔尖人才。

　　森林是人类的发祥地和成长摇篮，为人类的生存和发展提供宝贵的资源和环境支撑。森林作为陆地上最大的生态系统，也是地球生态平衡的总调节器，是社会和经济健康发展的基石。

　　穿越时空，追溯历史，人类的诞生、发展与社会更替、文明兴衰的足迹，无一不与自然紧密相连，不与森林休戚相关。大自然对于人类的恩赐与眷顾之情，离不开通过森林来传达；大自然对于社会的希待与回报，常常借助森林的力量来实现。森林同自然合一，和人类相伴，与社会相随，从远古走到今天。在漫长的历史进程中，人类曾经在与自然和谐相处、与森林共生共荣中，享受了大自然不尽的惠泽和森林不断的恩赐。诚然，由于对自然了解和森林认知上的愚昧，人类对自然出现过无知的发号施令，对森林有过傲慢的态度和贪婪的掠取，在无数次改造自然、索夺森林、赢得资源和财富的狂热中，也吞下无数悔恨的苦果。尤其是在过去的 100 年中，战争与和平、科学与愚昧、文明与野蛮等一系列截然相反的人类行为和强烈反差的社会现象，交织成一幅匪夷所思的历史画卷，显示着人类在"征服自然"、取得辉煌胜利和巨大物质财富的同时，导致森林资源锐减，引发了诸如全球资源短缺、土地沙漠化、淡水危机、大气污染、气候变化等无穷的灾难，遭到了大自然无情的报复，留下了长期难以消除的隐患。人类致命地索取和消耗森林资源，破坏了自然界的生物多样性和生态平衡，摧残着地球的承受能力，从而也给自己带来日益严重的生存危机。至此，人类开始重新审视自然、重新认识森林、重新反思自己的行为。然而，毋庸讳言，在磨难、悔悟与觉醒之后，直到今天，人们对自然的尊重和敬畏之心，对森林的感恩和关注之情还没有普遍到位。仍有相当多的人对自然、对森林或懵懵懂懂、不明事理，或认识滞后、缺乏自觉，或虽有认识，却无所作为，还没有真正投身到呵护自然、保护森林的自觉实践中。更有甚者，至今仍在做着违背自然法则的事情。工业化、城市化、现代化的浪潮也不时有冲击自然、伤害森林的现象。

人是大自然的一员，大自然中的森林是人类忠实的朋友。森林和大自然维系着人类生存、社会发展和文明进步。印第安人古语曰："树木撑起了天空，如果森林消失，世界之顶的天空就会塌落，自然和人类就一起死亡。"历史和现实也告诉我们：森林兴则文明兴，森林衰则文明衰。人类绝不能再肆无忌惮地毁坏森林、践踏自然，该时刻遵循自然生态规律了。善待自然、保护森林当是我们永恒的主题。

"森林即人类之前途，地球之平衡。"森林也是一个神奇而美妙的生命世界，是一座无尽的知识宝库。为了使人们更好地认知森林、感恩森林、回报森林和奉献森林，普及森林科普知识是基础和前提，也尤为必要。《走进森林》立足森林科学常识，突出科学性、知识性和实用性，从实际需要出发，面向社会、面向大众，以深入浅出的形式，阐述了森林的相关概念、森林植被分布与生态系统的特点、森林资源与森林变迁的概况、森林的功能及与人类的关系、植树造林、城市森林和花卉等知识，并择编了植物和森林之最、神奇的植物、常见植物辨识、有关森林现象解释和森林保护等内容，图文并茂，通俗易懂，具有很强的哲理性、趣味性和可读性，是一本内容比较全面的森林科普书籍。本书的出版发行，对于普及全社会对森林的认识，促进人们关注森林、热爱森林、培育森林和保护森林，珍惜自然资源，崇尚绿色生活等都有十分重要的意义，也必将进一步唤醒人们的感悟和意识，从现在做起，从身边着手，为加快生态建设，同筑宜居家园，共建美丽中国，推进生态文明出一份力，尽一份责。

本书编写过程中，得到了浙江省林业厅和台州市林业局有关领导的支持，临海市林业特产局郑向明同志对森林保护章节进行了核对。本书中的图片除大多数由编者拍摄外，小部分由浙江农林大学李根有教授、玉环县林业特产局池方河高级工程师等提供，也有少量来自网络。在此一并致以诚挚的感谢！同时，由于水平有限，错漏之处在所难免，敬请读者提出宝贵意见。

编　者

2015 年 8 月 19 日

六、现象探秘

（一）森林植物的自然现象探秘

七、常见植物辨识

（一）身边相似植物的辨识

（二）部分植物类别的判识

一、森林知多少

　　森林是人类的宝贵资源和财富，是人类文明的摇篮，也是经济社会健康发展的保障。森林作为陆地生态系统的主体，是全球生物圈中重要的一环，是地球上的资源库、基因库、碳贮库、蓄水库和能源库，也是地球生态平衡的主要调节器，具有巨大的生态、经济、社会和文化功能。历史实践和现实证明，一个国家只有保持充足的森林资源，才能有效保障国民生活和生产的资源和环境，实现经济社会的协调、可持续发展。走进森林、认知森林、进而积极地培育和保护森林，是建设好我们世代繁衍生息的美好家园的重要环节。

（一）森林的概念及其分类

1.森林的概念

　　森林是以乔木为主体的生物群落，是集中的乔木与其他植物、动物、微生物和土壤之间相互依存、相互制约，并与环境相互影响，从而形成的一个生态系统的总体（图1-1）。

2.森林的分类

　　（1）按主导功能和经营目的分

　　①公益林：以保护生态环境、保存物种资源以及满足科学实验、旅游休闲、国土保安等需要为主要目的森林，起到水源涵养、水土保持、防风固沙、调节气候等维护生态平衡或科学实验、

图1-1　森林的生态系统

种质保存、环境保护等作用。公益林分为防护林和特种用途林两类。

a 防护林：以国土保安、防风固沙、改善农业生产条件等防护功能为主要目的的森林、林木和灌木丛，包括水源涵养林，水土保持林，防风固沙林，农田、牧场防护林，护岸林，护路林。

b 特种用途林：以国防、环境保护、科学实验等为主要目的的森林和林木，包括国防林、实验林、母树林、环境保护林、风景林、名胜古迹和革命纪念地的林木、自然保护区的森林。

② 商品林：以生产木材、薪炭、干鲜果品、油料、药材和其他工业原料等林产品或林副产品，发挥最大的林业经济效益为目的的森林，商品林通常分为用材林、经济林和薪炭林等。

a 用材林：以生产木材（含竹材）为主要目的的森林和林木，包括以生产竹材为主要目的的竹林。

b 经济林：以生产果品、食用油料、饮料、调料、工业原料和药材等为主要目的的林木。

c 薪炭林：以生产燃料为主要目的的林木。

小知识：工业原料林

工业原料林是指为供应林产工业、造纸业、制胶业等工业企业用木质原料而人工营造并定向培育的森林和林木，属于商品林的一部分。工业原料林以"林－工"结合为特征，与企业与市场紧密联系在一起。我国工业原料林是在速生丰产林的基础上发展起来的，由于大多数没有与加工业真正结合起来，也没有真正实行集约经营。因此，我国目前大多数的工业原料林并非是完全意义上的工业原料林。

（2）按起源分

① 天然林：指由天然下种或萌芽而形成的森林。根据其受人为干扰的程度不同，又可分为原始林和次生林。原始林是指未经任何破坏的原生森林。次生林是指原始森林经过人为的或自然的因素破坏之后，未经人为的措施而借助自然的力量恢复起来的森林。

② 人工林：指由人工播种、植苗或扦插而形成的森林。

（3）按树种组成结构分

① 纯林：也叫单纯林，指由单一树种构成，或多个树种组成但其中一个树种（即优势树种）的组成在65%以上的森林。优势树种是指在一个林分内，数

量最多（一般指蓄积量所占的比例最大）的树种。

②混交林：指林冠由两个或多个优势乔木树种或不同生活型的乔木所组成，任一树种的组成均不足65％的森林。

（4）按林冠层次差异分

①单层林：指森林树木的树冠互相连接成为单一层次的森林。同龄的或由阳性树种构成的纯林、立地条件很差的林分，多为单层林（图1-2）。

②复层林：指森林树木的林冠是由二层或二层以上有明显区别的树冠层构成的森林。复层林中的上层林木常由阳性树种组成，阴性树种多居其下（图1-3）。

图1-2　单层林　　　　　　　　　图1-3　复层林

（5）按优势树种的生活型（形态习性）分

①常绿林：指以常绿树木为优势的森林。

②落叶林：指以落叶树木为优势的森林。

③针叶林：指以针叶树木为优势的森林。

④阔叶林：指以阔叶树木为优势的森林。

（二）森林植物

1.植物的概念

（1）植物

一般指能够通过光合作用制造其所需要的有机物的生物总称，是生命的主要形态之一。包含了乔木、灌木、藤类、草类、蕨类、苔藓类及绿藻地衣等生物。

（2）特征

植物界和其他生物类群的主要区别是含有叶绿素，能进行光合作用，自己可以制造有机物。但菟丝子、天麻、水晶兰等部分寄生或腐生的植物虽然不能光合作用，属于异养生物，但仍属于植物界。此外，除少部分低等藻类例外，植物绝大多数是固定生活在某一环境，不能自由运动。

2.植物的分类

（1）依据营养来源的不同分

① 自养植物：具有叶绿素等光合色素，能自己合成有机物的植物。绝大部分的绿色植物都属自养植物。

② 异养植物：不含叶绿素等光合色素，不能自己合成有机物，依赖于现成有机物吸收营养的植物。如寄生植物菟丝子和腐生植物天麻、水晶兰等。

（2）依据是否形成种子分

① 孢子植物：指不能形成种子，只能产生孢子，并用孢子繁殖的一类植物的总称。孢子植物又可分为藻类、苔藓和蕨类等。它们一般喜欢在阴暗潮湿的地方生长。

② 种子植物：体内有维管组织——韧皮部和木质部，能产生种子并用种子繁殖的一类植物的总称。种子植物是植物界最高等的类群，又可分为裸子植物和被子植物。裸子植物的种子裸露着，其外层没有果皮包被，如银杏、松、杉等；被子植物的种子不裸露，外层有果皮包被，如杨树、核桃、月季。被子植物又分为双子叶植物和单子叶植物两大类群。种子内具有两片子叶（子叶是植物体最早的叶，着生在胚芽之下胚轴的两侧）的植物是双子叶植物，如香樟、桂花、桃树等；种子内只有一片子叶的植物是单子叶植物，如水稻、小麦和毛竹等。

（3）依据茎的木质化程度和形态分

① 木本植物：指茎和根因增粗生长形成大量的木质部，而细胞壁也多数木质化的坚固的植物。木本植物体木质部发达，茎坚硬，是木材的来源，均为多年生植物。如松、杉、枫杨、樟等。人们常将木本植物称为树，而对应的草本植物称为草。

木本植物又分乔木和灌木。乔木是指主干明显直立，通常高在3米以上的非攀缘性的木本植物，又可按高度不同分为大乔木、中乔木和小乔木；灌木是指主干不明显且高在3米以下的矮小丛生的木本植物。如茶、月季和木槿等。

② 藤本植物：植物体细长，不能直立，只能依附别的植物或支持物，缠绕或攀援向上生长的植物，又称攀缘植物。藤本植物依茎质地的不同，又可分为木质藤本，如葡萄、紫藤等与草质藤本，如牵牛花、长豇豆等。

③ 草本植物：茎是草质的或肉质的植物。草本植物多数在生长季节终了时，其整体部分死亡，包括一年生和二年生的草本植物，如水稻、小麦、萝卜等。多年生草本植物的地上部分每年死去，而地下部分的根、根状茎及鳞茎等能生活多

年，如芍药、天竺葵、芦竹等。草本植物中，一年生、二年生和多年生的习性，有时会随地理纬度及栽培习惯的改变而变异，如小麦和大麦在秋播时为二年生草本，在春播时则成为一年生草本；又如棉花及蓖麻在江浙一带为一年生草本，而在低纬度的南方可长成多年生草本。

（4）依据全年叶子的脱落情况分

①常绿植物：是一种全年保持叶片的植物，叶子可以在枝干上存在 12 个月或更多时间。常绿植物主要是常绿树，也有常绿灌木等。常绿植物是指它终年常绿，但不代表它不会掉叶子，它在四季都有落叶，但同时也有再长新叶。如马尾松、杉木、香樟等。

②落叶植物：指在一年中有一段时间叶片完全脱落，枝干将变得光秃秃的没有叶子的植物。如水杉、银杏、垂柳、枫香等。落叶性出现的原因与季节及气候有明显关系。由于在秋冬季节温度一般较低，气候亦较干旱以及易有缺水情况，致使植物生长停止，叶全部脱落，于翌年再长出嫩叶。

3.国内外植物资源概况

（1）全球植物资源概况

地球上的植物种类繁多，约有 40 万种，其中，被子植物 226 000 种（双子叶植物 172 000 种、单子叶植物 54 000 种），裸子植物 800 种，蕨类植物 12 000 种，苔藓 26 000 种，藻类 33 000 种，还有地衣等植物。种类最多的是被子植物，占到现存所有植物种类的一半以上。由于地域的自然条件、气候类型、植物区系和自然资源的差异，各大洲呈现出各自独特的植物分布，其数量和类型都有很大差异。

（2）中国植物资源概况

中国是世界上植物资源最为丰富的国家之一，有 30 000 多种植物，仅次于植物资源最丰富的马来西亚和巴西，居世界第三位。有苔藓植物 106 科 2 100 种，占世界科数的 70%，种数的 5.3%；蕨类植物 52 科 2 600 种，分别占世界科数的 80% 和种数的 26%；裸子植物 11 科 34 属 240 多种，分别占世界科数的 92%、属数的 48% 和种数的 30%，其中，针叶树的总种数占世界同类植物的 37.8%；被子植物占世界总科、属的 54% 和 24%，约有 25 000 种。种子植物中，有木本植物 8 000 种，其中，乔木约 2 000 种。

我国特有植物种类繁多，约 17 000 余种，如水杉、水松、杉木、金钱松、台湾杉、福建柏、杜仲、喜树等为中国所特有，而银杉、珙桐、银杏、百杉祖冷杉、香果树等均为我国特有的珍稀濒危野生植物。水杉被列为世界古稀名贵植物，银杏是我国植物的活化石。我国有药用植物 11 000 余种，牧草 4 000 多种，观赏花卉 2 000 多种，又拥有大量的作物野生种群及其近缘种，是世界上栽培作物的重要起源中心之一。

根据《中国珍稀濒危保护植物名录》记载，全国有濒危、渐危、稀有植物354种，其中，濒危植物121种。

（3）浙江省植物资源概况

浙江植物物种相当丰富，全省约有高等植物4 550余种，其中，木本植物1 407种（含常见栽培种、种下分类等级，1993年后发现的新记录未包括在内）。孢子植物约有674种，其中，苔类植物161种，隶属于31科58属；藓类植物513种，隶属于44科176属；蕨类植物499种，隶属于49科116属；种子植物3 379种，其中，裸子植物60种，隶属于9科34属；被子植物3 319种，隶属于173科1 125属。被子植物中双子叶植物2 539种，隶属于147科930属；单子叶植物780种，隶属于26科287属。

浙江省海洋浮游植物共有224种，其中，硅藻类占绝对优势，有167种和变种，甲藻类有48种和变种，另有蓝藻类5种和绿藻类4种。种类组成以近岸种和广布种为主。

根据1987年《中国珍稀濒危保护植物名录》第一册和1991年《中国植物红皮书》第一册记载，浙江省有珍稀、濒危保护植物55种，隶属于32科50属，其中濒危植物10种，稀有植物20种，渐危植物25种；列为国家二级、三级重点保护的植物分别有21种和34种。根据1999年《国家重点保护野生植物名录》，浙江省国家重点保护野生植物有51种，其中，属国家一级、二级重点保护植物分别有11种和40种。

（三）森林动物

1.什么是森林动物

森林动物是指依赖森林生物资源和环境条件取食、栖息、生存和繁衍的动物种群。森林动物是森林生态系统和森林资源的重要组成部分，包括爬行类、两栖类、兽类、鸟类、昆虫以及原生动物等，其中，鸟类和兽类是重要资源。

2.森林动物资源及其在生态平衡中的作用

森林能给动物提供丰富的食物、优越的庇护所和良好的小气候，有利于陆栖动物的繁衍生息。所以森林是动物最理想的生存环境，物种的种数也最多。地球上已知的动物（包括脊椎动物和无脊椎动物）大约有150万种，绝大多数生活在森林或者森林所涵养的水源和土壤中，绝大多数的陆生濒危动物和国家重点保护动物都分布在森林中。

我国幅员辽阔，自然环境复杂多样，是世界上野生动物最丰富的国家之一。

我国约有脊椎动物 6 266 种，其中陆栖脊椎动物约 2 200 种，包括鸟类 1 195 种，兽类 450 多种，爬行类 320 多种，两栖类 210 多种。

　　森林动物的种群数量大，分布范围广，经济价值高，与人类的关系至为密切。森林动物有的有益，有的有害。但同一种类的益害往往因种、因时、因地而异，并与种群数量有直接关系。有益影响表现在：某些动物的取食活动可以提高林木的授粉、结实率，扩大种子传播范围，促进森林更新演替。某些动物，特别是一些鸟类，是森林害虫的天敌，可以有效地抑制虫害的发生发展；动物的粪便、尸体有利于增加土壤肥力；土壤动物的掘穴和取食活动（如蚯蚓）可以改良土壤的物理、化学性质，有利于森林植物的生长和提高土壤保水力等。有害影响主要表现在某些动物啃食大量种子、幼芽、幼苗、幼树、树皮、树根，不利于森林更新和林木生长。

　　陆生野生动物是陆地生态系统的重要组成部分，是食物链中的重要一环，对维护生态平衡起重要作用。特别在森林生态系统中，通过动物的活动，维护着生态环境的协调，对控制一些动植物种群的消长有着重要作用。在生态环境协调的情况下，生物与生物、生物与环境之间相互制约，相互依存，稳定发展，否则，就失去平衡（图1-4）。

图1-4　森林中的动物和植物

　　野生动物不仅在维护生物多样性和生态平衡中起重要作用，而且在经济、文化、科学研究以及国际活动中均有重要意义。物种是无价之宝，是一种不可再生的资源，一旦灭绝就无法再生，给人类生产和生活带来难以估量的损失。因此，保护野生动物资源，是历史赋予我们的重要职责。

（四）森林植被和生态系统

1.什么是植被

　　植被是林地上的地衣、苔藓、蕨类、草本植物、藤本植物和木本植物的总称。植被作为构成森林的植物成分，能影响地表土壤、小气候条件、林木的更新和幼苗幼树的生长发育。

2.植被分布的地带性

（1）植被分布的水平地带性

　　植被在陆地上的分布，主要取决于气候条件，特别是其中的热量和水分条件，热量和水分在地球平面沿纬度或经度有规律的递变，引起植被沿纬度或经度成水平有规律的更替，这一现象称为植被分布的水平地带性。分纬度地带性和经度地带性。

　　由赤道沿纬度向南北两极推移，由于太阳辐射提供给地球的热量有规律性差异，因而形成不同的气候带，如热带、亚热带、温带、寒带等。与此相应，植被也形成带状分布。以北半球为例，在湿润的气候条件下，植被类型从低纬度到高纬度依次出现热带雨林、亚热带常绿阔叶林、温带落叶阔叶林、寒温带针叶林、寒带冻原和极地荒漠，构成植被分布的纬度地带性。但这不是绝对的，常因陆地距海洋远近、流经附近的洋流性质，以及地形、大气环流等地理因素的不同而发生变化，因此，在世界范围内植被的纬度地带性并非严格地沿着纬线分布。在同纬度的情况下，可以出现不同的植被带。

　　以水分条件为主导因素，引起植被分布由沿海向内陆发生更替，这种分布格式，称为植被的经向地带性。由于海陆分布、大气环流和大地形等综合作用的结果，从沿海到内陆降水量逐步减少，因此，在同一热量带，各地水分条件不同，植被分布也发生明显的变化。例如，北美洲中部，其东面濒临大西洋，西面是太平洋，从大西洋沿岸向西依次出现森林、草原、荒漠，至太平洋沿岸又出现森林。又如我国温带地区，在沿海空气湿润，降水量大，分布着落叶阔叶林；离海较远的地区，降水减少，旱季加长，分布着草原植被；到了内陆，降水量更少，气候极端干旱，分布着荒漠植被。

（2）植被分布的垂直地带性

植被的分布不仅表现在纬度和经度的水平地带性，而且也表现在山地从下到上按海拔高度交替变化的垂直地带性。植被分布的垂直地带性，是由于随着海拔的增高，年平均气温逐渐降低，降水量逐渐增加，太阳辐射增强，风速增大等综合因素造成的。这种垂直植被带大致与山坡等高线平行，并具有一定的垂直厚度。山地植被带依次出现的具体顺序，称为森林垂直带谱。各个山地由于所处的地理位置、山体高度、距海的远近以及坡向、坡度的不同，垂直带谱是不同的，但仍可反映出一定的规律性。如长白山的植被垂直带谱是：海拔 250~500 米为落叶阔叶林带，海拔 500~1 000 米为针叶落叶阔叶混交林带，海拔 1 000~1 600 米为亚高山针叶林带，1 600~1 900 米为山地矮曲林带，1 900~2 744 米为山地冻原带。

植被分布的垂直地带性是以纬度地带性为基础的，植被垂直带谱的基带与该山体所在纬度的水平地带性植被相一致，因此不同纬度起点的山地，植被垂直带数目的多少不同。

3.国内外森林植被分布概况

（1）世界森林植被分布

地球表面各地由于气候的差异，形成不同的气候带，而在任何的气候带，都有其一定的植被分布。世界总体上植被分布是：

①寒带针叶林：分布在北纬 45°~70° 的地带。

②温带混交林：主要分布在北半球中纬度地区。

③暖温带湿润林：主要分布在南北半球的亚热带地区。

④热带雨林：分布在赤道附近。

⑤干旱林：广泛分布在亚洲、非洲、南美洲和大洋洲具有严重干旱季节的地区。

世界森林植被分布在高纬度区和低纬度区的植被带比较单一，具有环大陆分布形式，明显地表现出纬向地带性特点。而中纬度区的植被带比较复杂，它们在大陆东西岸之间不连续，在气候干旱的大陆内部出现了经向地带性的分布。此外，南北两半球森林植被呈现出不对称的现象。在北半球高纬度地区分布着辽阔的北方针叶林带，代表树种有云杉、冷杉、落叶松等。在北纬 30°~50° 附近分布着由橡树、槭树、千金榆等树种组成的落叶阔叶林。在湿润的亚热带地区分布着以壳斗科、樟科、山茶科等植物为建群种的亚热带常绿阔叶林；在亚热带冬雨型地中海气候地区分布着以多种常绿栎类等树种形成的硬叶常绿阔叶林。在潮湿热带地区分布着树种组组成繁多、层次结构复杂的热带雨林；在干湿季分明的地区分布着热带季雨林和热带稀树林。在南半球南回归线以南，森林面积不大，主要分布于沿海和山地（图1-5）。阔叶树主要为分布于澳大利亚的桉树属和假水青冈属，针叶树种为南洋杉属和贝壳属等。

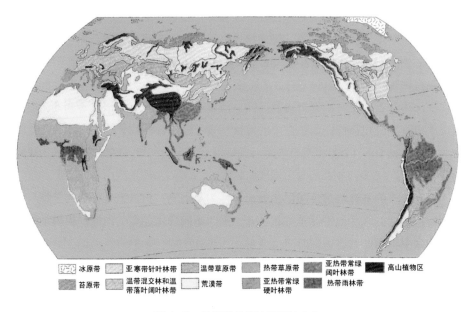

| 冰原带 | 亚寒带针叶林带 | 温带草原带 | 热带草原带 | 亚热带常绿阔叶林带 | 高山植物区 |
| 苔原带 | 温带混交林和温带落叶阔叶林带 | 荒漠带 | 亚热带常绿硬叶林带 | 热带雨林带 | |

图1-5 世界森林植被类型与分布

（2）中国的森林植被分布

我国植被分布具有明显的纬向地带性和经向地带性。在东部湿润森林区，按气候带分布从北向南有寒温带针叶林、温带针阔叶混交林、暖温带落叶林和针叶林、亚热带常绿阔叶林和针叶林、热带季雨林、雨林，充分反映了我国植被的纬度地带性分布。其中，亚热带森林在物种多样性及重要性方面是世界同一地带其他地区无与伦比的。西部由于位于亚洲内陆腹地，在强烈的大陆性气候笼罩下，再加上从北向南出现了一系列东西走向的巨大山系，如阿尔泰山、天山、祁连山、昆仑山等，打破了纬度的影响，这样，西部从北到南的植被水平分布的纬向是：温带半荒漠、荒漠带、暖温带荒漠带、高寒荒漠带、高寒草原带、高原山地灌丛草原带；我国从东南沿海到西北内陆受海洋季风和湿气流的影响程度逐渐减弱，依次有湿润、半湿润、半干旱、干旱和极端干旱的气候。相应的植被变化也由东南沿海到西北内陆依次出现了三大植被区域，即东部湿润森林区、中部半干旱草原区、西部内陆干旱荒漠区，这充分反映了中国植被的经度地带性分布（图1-6）。

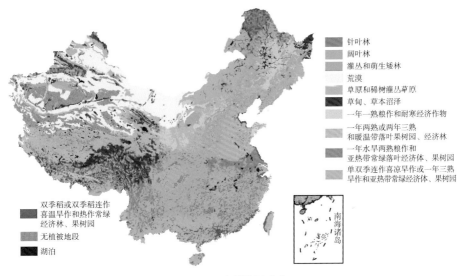

针叶林
阔叶林
灌丛和萌生矮林
荒漠
草原和稀树灌丛草原
草甸、草本沼泽
一年一熟粮作和耐寒经济作物
一年两熟或两年三熟
和暖温带落叶果树园、经济林
一年水旱两熟粮作和
亚热带落叶经济体、果树园
单双季连作喜凉旱作或一年三熟
旱作和亚热带常绿经济体、果树园

双季稻或双季稻连作
喜温旱作和热作常绿
经济林、果树园
无植被地段
湖泊

南海诸岛

图 1-6　中国植被分布

4. 什么是生物多样性

生物多样性是指在一定时间和一定地区所有生物（动物、植物、微生物）物种（含类型、数量）及其遗传变异和生态系统的复杂性总称。它包括遗传（基因）多样性、物种多样性、生态系统多样性和景观生物多样性四个层次。生物多样性维护了自然界的生态平衡，是地球生命的基础，并为人类的生存提供了丰富的生活、生产原料和良好的环境条件。

森林是陆地上生物最多样、最丰富的生态系统，是动植物和微生物的自然综合体，所以保护森林就是直接和间接保护生物多样性。

5. 森林生态系统的概念及其特点

（1）森林生态系统的概念

森林生态系统是以乔木为主体的生物群落（包括植物、动物和微生物）及其非生物环境（光、热、水、气、土壤等）综合组成的生态系统，是森林群落与其环境在功能流的作用下形成一定结构、功能和自我调控的自然综合体。

（2）森林生态系统的特点

① 森林占据空间大，林木寿命延续时间长。森林不仅水平分布面积广，垂直分布高度一般可以达到终年积雪的下限，在低纬度地区分布可以高达4 200~4 300 米，而且森林群落高度高于其他植物群落，有最大的利用空间的能力。另外，森林的主要组成是树木，树木生长期长，有些树种的寿命很长。从生态的角度看，能够长期地起到覆盖地面、改善环境的作用。正因为森林生态系统在空间和时间上具有这样的优势，所以森林是陆地上最大的生态系统，对环境的

影响面大，持续期长，生态效益显著。

②森林是物种宝库，生物生产量高。在广阔的森林环境里，繁生着种类众多的森林植物和动物。森林中的动植物种类和数量，远远大于其他陆地生态系统。而且森林植物种类越多，结构越多样化，发育越充分，动物的种类和数量也就越多。在森林分布地区的土壤中，也有着极为丰富的动物和微生物。据统计，1平方米表土中，有数百万个细菌和真菌，数千只线形虫；森林有很高的生产力，加之森林生长期长，又经过多年的积累，它的生物量比其他任何生态系统都高。因此，森林不仅是丰富的物种宝库，而且是最大的能量和物质的贮存库。

③森林是可以更新的资源，繁殖能力强。森林只要不受人为或自然灾害的破坏，在林下和林缘能不断生长幼龄林木，形成下一代新林，并且能够世代延续演替下去，不断扩展。在合理采伐的森林迹地和宜林荒山荒地上，通过人工播种造林或植苗造林，可以使原有森林恢复，生长成新的森林；森林中的多种树木，繁殖更新能力很强，而且繁殖的方式随着树种的不同而多种多样。

总之，森林生态系统是生物种类最多、结构最复杂、功能最完整、生物生产力最大、生态效益最强的生态系统，是陆地生态系统的主体，对维系整个地球的生态平衡起着至关重要的作用，是人类赖以生存和发展的资源和环境。

6.生态平衡的概念及其影响意义

（1）生态平衡的概念

生态平衡是指在一定时间内生态系统中的生物和环境之间、生物各个种群之间，通过能量流动、物质循环和信息传递，使它们相互之间达到高度适应、协调和统一的状态。也就是说当生态系统处于平衡状态时，系统内各组成成分之间保持一定的比例关系，能量、物质的输入与输出在较长时间内趋于相等，结构和功能处于相对稳定状态，在受到外来干扰时，能通过自我调节恢复到初始的稳定状态。在生态系统内部，生产者、消费者、分解者和非生物环境之间，在一定时间内保持能量与物质输入、输出动态的相对稳定状态。

（2）生态平衡的影响意义

生态平衡是动态的平衡。在生物进化和群落演替过程中就包含不断打破旧的平衡，并通过生态系统内部一定的自我调节能力，建立新的平衡的过程。但生态系统的内部调节能力是有限度的，如果外力的影响超出这个限度，或其中某一成分过于剧烈地发生改变，都可能出现一系列的连锁反应，使生态平衡遭到破坏。如果某种化学物质或某种化学元素过多地超过了自然状态下的正常含量，也会影响生态平衡。

作为生物圈一分子的人类，对生态环境的影响力目前已经超过自然力量，而且主要是负面影响，成为破坏生态平衡的主要因素。这种超限度的影响对生态系统造成的破坏是长远性的，生态系统要重新回到和原来相当的状态往往需要很长的时间，甚至造成不可逆转的改变，这就是生态平衡的破坏。例如，我国原来不仅南方森林茂密，就是在北方也有许多苍翠的莽莽林海。但历史上主要由于长期的人为破坏，尤其是毁林开垦、乱砍滥伐，再加上战争破坏、火灾虫害等影响，森林资源大大减少，生态平衡曾遭到严重破坏，并给我们带来了水土流失、风沙肆虐、气候失调等系列惨痛的生态恶果。人们毁林开荒的目的是为了多得耕地，多产粮食，可是结果适得其反，农作物反而减产，挨饿的人越来越多。人们滥伐森林的目的是为了多得木材，获取燃料，可结果也是事与愿违，木材越伐越少。我国西北广大地区 4 000 年前曾覆盖着茂密的森林，如今林海湮灭，植被破坏，好多地方已经沦为千沟万壑、童山濯濯的旱原。尽管后来我们采取了植树造林、恢复植被等积极措施，生态环境有所改善，但生态失衡的后果至今还难以彻底修复，有的甚至难以逆转。

生态系统的平衡往往是大自然经过了很长时间才建立起来的动态平衡。一旦受到破坏，有些平衡就无法重建了，带来的恶果可能是人的努力无法弥补的。因此，人类要尊重生态平衡，绝不要轻易去干预大自然，引起这个平衡被打破。与此同时，人类应从自然界中受到启示，不要消极地看待生态平衡，而应以人与自然和谐相处为出发点，发挥主观能动性，去维护适合人类需要的生态平衡（如建立自然保护区），或打破不符合自身要求的旧平衡，建立新的平衡（如把沙漠改造成绿洲），使生态系统的结构更合理，功能更完善，效益更高。

生态平衡是生物维持正常生长发育、生殖繁衍的根本条件，也是人类生存的基本条件，为人类提供适宜的环境条件和稳定的物质资源。

（五）森林资源

1. 森林资源及其相关基本概念

（1）森林资源

广义的森林资源包括森林、林木、林地及其所在空间内的一切森林植物、动物、微生物、以及这些生命体赖以生存并对其有重要影响的自然环境条件的总称。狭义的森林资源主要指的是树木资源。

森林资源是地球上最重要的资源之一，是生物多样性的基础。森林资源可以更新，属于可再生的自然资源，也是一种无形的环境资源和潜在的"绿色能源"。反映森林资源数量的主要指标是森林面积和森林蓄积量。

（2）林地

也称林业用地，包括有林地、疏林地、灌木林地、未成林造林地、苗圃地、无立木林地、宜林荒山荒地和辅助生产林地。

（3）森林面积

包括郁闭度 0.2 以上的乔木林地面积和竹林地面积，国家特别规定的灌木林地面积，农田林网以及村旁、路旁、水旁、宅旁林木的面积。

（4）森林蓄积量

是指一定面积森林（包括幼龄林、中龄林、近熟林、成熟林、过熟林和枯立木林分）中，生长着的林木总材积（用立方米表示）。主要是指树干的材积。

（5）森林覆盖率

是指一个国家或地区森林面积占土地面积的百分比，即：

森林覆盖率（％）＝（有林地面积＋国家特别规定灌木林面积）÷土地总面积 ×100。该公式是反映森林资源的丰富程度和生态平衡状况的重要指标。

（6）林木覆盖率

是指林木覆盖面积（包括有林地面积、灌木林面积、林网占地面积和四旁树折算的占地面积）占土地总面积的百分比，即：林木覆盖率（％）＝（有林地面积＋灌木林面积＋林网占地面积＋四旁树占地面积）÷土地总面积 ×100。

（7）林分郁闭度

是指森林中乔木树冠彼此相接而遮蔽地面的程度。用十分法表示，以完全覆盖地面的程度为 1，分为十个等级，依次为 1.0、0.9、0.8……0.1。

2．国内外森林资源概况

（1）全球森林资源现状及其分布

① 现状：联合国粮食与农业组织（FAO）的 2010 年全球森林资源评估主要结果显示，全球森林面积约 40.33 亿公顷，约占土地面积的(不含内陆水域面积)的 31%，人均森林面积 0.6 公顷。森林立木蓄积总量估计为 5 272 亿立方米，单位面积蓄积 131 立方米 / 公顷。全球人工林面积 2.64 亿公顷，约占世界森林面积的 7%。从森林功能来看，全球商品林面积接近 12 亿公顷，生物多样性保护林面积超过 4.6 亿公顷，防护林面积 3.3 亿公顷，分别占世界森林面积的 30%、12% 和 8%。

② 分布：从世界各国情况看，森林面积的分布极不均衡。全球 2/3（67%）的森林集中分布在俄罗斯（20.1%）、巴西（12.9%）、加拿大（7.7%）、美国（7.5%）、中国（5.1%）、刚果民主共和国（3.8%）、澳大利亚（3.7%）、印度尼西亚（2.3%）、苏丹（1.7%）和印度（1.7%），其中，前 5 个国家的森林面积占了 53.3%；而在共有 20 亿人口的 64 个国家中，森林占土地面积少于 10%。这

些国家包括干旱地区的几个相当大的国家和许多小岛屿发展中国家（SIDS）及属地，其中，10个国家和地区［卡塔尔、直布罗陀、教廷、摩纳哥、圣马利诺、斯瓦尔巴特群岛、圣巴泰勒米、瑙鲁、托克劳、福克兰群岛（马尔维纳斯）］报告没有符合2010年森林资源评估中定义的森林。

世界的森林覆盖率以南美洲为最高，达49%，其次是欧洲45%、北美洲33%，非洲和大洋洲均为23%，亚洲为19%（其中，西亚和中亚仅4%）。

③ 特点：全球37%的森林是原生林，人工林约占7%。原生林集中分布在巴西、俄罗斯联邦、加拿大、美国和秘鲁等国。原生林占本国森林面积的比重大于50%的国家和地区有19个，其中，巴西的原生林占92%，秘鲁89%，加拿大53%，墨西哥53%，印度尼西亚50%；人工林主要分布在中国、美国、俄罗斯联邦、日本、苏丹和巴西。人工林占森林面积的比重大于20%的国家和地区有38个，有些国家如阿联酋、阿曼、科威特、利比亚和埃及的森林全为人工林。

全球森林总蓄积量中，针叶林蓄积量约占39%，阔叶林约为61%。各大洲中，南美洲的森林总蓄积量最大，为1 772.2亿立方米，依次是欧洲1 120.5亿立方米、北美洲864.2亿立方米、非洲769.5亿立方米、亚洲536.9亿立方米、大洋洲208.9亿立方米。

（2）中国森林资源现状及其分布

① 现状：据2014年发布的第八次全国森林资源清查结果显示，全国森林面积2.08亿公顷，其中乔木林16 460万公顷，占80%；森林覆盖率21.63%，森林蓄积151.37亿立方米。其中，人工林面积0.69亿公顷，蓄积24.83亿立方米。森林面积和森林蓄积分别位居世界第5位和第6位，人工林面积仍居世界首位。

② 分布：全国绝大部分森林资源集中分布于东北、西南等边远山区和台湾山地及东南丘陵，而广大的西北地区森林资源贫乏。东北林区是我国最大的天然林区，森林资源主要集中在大兴安岭、小兴安岭和长白山地。主要用材树种有针叶树的落叶松、红松、樟子松、云杉、冷杉等；阔叶树的桦、杨、水曲柳、黄菠萝、胡桃楸、椴、榆、槭、柞树等。西南林区（包括四川省、重庆市、云南省、西藏自治区）是我国第二大天然林区，主要处在横断山脉，这里天然原始林和成、过熟林比重大，面积占90%以上，蓄积量比重超过95%；东部的秦岭、淮河以南，云贵高原以东的广大山区，则是我国主要的经济和人工林区。南方地区自然条件最好，森林资源的分布比较均匀，也是历来林业发达的地区，人工林占有很高的比重。山区的农民也有经营林业的习惯。因此南方地区也是我国最大的经济林和竹林基地。

全国森林覆盖率为21.63%，其中，以中国台湾省和香港特别行政区为最高，达 70%。此外，森林覆盖率超过 50% 的有福建省（65.9%）、江西省（63.1%）、广西壮族自治区（62%）、浙江省（60.9%）、海南省（60.2%）、湖南省（59.5%）、广东省（57%）、云南省（54.5%）；超过 30% 的有贵州省（49%）、黑龙江省（47.3%）、吉林省（43.9%）、陕西省（42%）、湖北省（39.6%）、重庆市（39%）、北京市（37.6%）、四川省（35.5%）、安徽省（32%）和辽宁省（31.8%），其余各省、自治区、直辖市多在 30% 以下，而青海省、新疆维吾尔自治区不足 5%。

③ 特点：我国森林资源总量持续增长，近 5 年净增 1 223 万公顷；质量不断提高，每公顷蓄积量达到 89.79 立方米，森林结构有较大改善，林种结构逐渐调整优化，林龄结构上，近成熟林和成熟林逐步增多；天然林稳步增加，达到 12 184 万公顷；人工林快速发展，增加到 6 933 万公顷。目前，森林资源进入了数量增长、质量提升的稳步发展时期。但我国仍然是一个缺林少绿、生态脆弱的国家，森林覆盖率远低于全球 31% 的平均水平，人均森林面积仅为世界人均水平的 1/4，人均森林蓄积只有世界人均水平的 1/7，而且总体分布不均，林地利用率低，生产力低下。森林资源总量相对不足、质量不高、分布不均的状况仍未得到根本改变。生态环境形势仍然不容乐观。

（3）浙江省森林资源现状及其分布

① 现状：根据 2014 年浙江省森林资源复查结果，全省林地面积为 659.77 万公顷，其中，森林面积为 604.99 万公顷，森林覆盖率为 59.43%（若按浙江省以往同比计算口径，则森林覆盖率为 60.91%），位居全国前列；活立木蓄积为 3.14 亿立方米，其中，森林蓄积为 2.81 亿立方米；毛竹总株数为 25.73 亿株。全省乔木林（不含乔木经济林）单位面积蓄积量为 65.86 立方米/公顷，乔木林分平均郁闭度为 0.59。毛竹林每公顷立竹量为 3 026 株。

② 分布：浙江省的森林资源分布总体上与地貌分布基本一致，呈现从东北向西南逐步增加和从东向西逐步增加的趋势，以浙西南地区为最丰富，有林地面积和森林蓄积量都以丽水市为最多，约占全省的 23% 和 30%，其次是杭州市和温州市，最少的是舟山和嘉兴，有林地面积和森林蓄积量都仅占全省的 1% 上下。天然林资源也以丽水和杭州为多。

③ 特点：全省林地面积和森林覆盖率稳步增长，森林面积和蓄积也持续增长，但单位面积蓄积量和人均森林资源占有量少（表）；林龄结构不合理，以幼、中龄林为多；森林资源的地域分布不均匀，浙江省南部和西北地区约占全省森林资源的 80% 以上，而沿海地区和浙北平原相对较少。另外，全省经济林、竹林资源丰富，名特优产品较多，其中，有不少为我国特有，如山核桃、香榧等。

表 1-1　森林资源主要指标比较表

单位	森林面积（万公顷）	森林覆盖率（%）	林木蓄积量（万立方米）	每公顷蓄积量（立方米/公顷）	人均森林面积（公顷/人）	人均蓄积（立方米/人）
世界	403 300	31.00	52720 000	131.00	0.60	78.10
中国	20 800	21.63	1513 700	89 79	0.15	11.12
浙江	604.99	60.91	31 400	65.86（乔木林）	0.11	5.38

（六）森林的变迁

1. 全球森林的变迁

地球表面是一个"鹰击长空，鱼翔浅底，万类霜天竞自由"的生命世界。这样一个绚丽多彩的生命世界，是经历了几十亿年的漫长岁月，在不断演化中陆续产生出来的。随着地史的演变，植物界的演化从简单到复杂、从低级到高级，大致经历了菌藻植物、裸蕨植物、蕨类和种子蕨植物、裸子植物及被子植物 5 个时代。在距今 4 亿多年前，尽管有陆生植物裸蕨类的出现，但它们都个体矮小，结构简单，种类贫乏，几乎全是草本，形不成森林群落。到了晚泥盆纪，由于陆生植物的繁衍，在空气中释放的氧不断增加，气候逐渐温暖湿润，有利于植物的发展，才开始了森林的纪元。

历史漫长的沧桑巨变，物竞天择，植物和森林资源此消彼长。至人类文明初期，地球上有 76 亿公顷的森林，覆盖着近 2/3 的地球陆地。农业革命的兴起，大面积森林被开垦成农田。工业革命的发展，又有大面积的森林变成了工业原材料。到 19 世纪中期，全球森林面积减少到 56 亿公顷，而目前已减少到仅 40.3 亿公顷。人类大规模的开发、改造自然和对森林掠夺性滥用的种种破坏，使地球上的森林约减少了一半，其中，约 30% 的森林被变为农业用地。原始森林 80% 遭到破坏，剩下的原始森林不是支离破碎，就是残次退化，而且分布不均。全球总体上生态平衡遭到严重的破坏，难以支撑人类文明的大厦。

值得警惕的是，世界森林面积减少的趋势仍在继续，特别是热带原始森林正在遭受毁灭性的破坏，正以每年 1 700 万公顷的速度减少着，等于每分钟失去一块足球场大小的森林。与 20 世纪 90 年代相比，南美洲已经超过非洲成为每年原始森林资源减少最多的地区。在 2000~2010 年，南美洲每年遭受的森林净损失为 399.7 万公顷，非洲为 341.4 万公顷。与此同时，北美、欧洲及中国等地的森林面积则出现了净增长。虽然世界一些地区的森林有所恢复，全球森林退化和消失的速度有所减缓，但全球森林总量仍在减少。据联合国粮食及农业组织（FAO）《2010 年森林资源评估》报告，2000~2010 年期间，全球森林每年净减少量为 520 万公顷，略大于哥斯达黎加的国土面积，相当于每天损失高于 1.42 万公顷的森林。

2.中国森林的变迁

中国在远古时代曾是一个森林茂盛的国家，森林覆盖率在60%左右。尤其是东北、华北、华中、华东、华南和西南地区东部，森林覆盖率约为90%，到处林海莽莽，郁郁葱葱。就是现在森林植被稀少的西北黄土高原，也有30%的土地上覆盖着茂密的森林。此时的森林为人类提供着充足的衣食来源，森林与人类和谐共处。

夏商西周时期，由于毁林开荒种田、火田狩猎、战争、薪炭、建筑等原因，森林资源遭到破坏，到西周末全国范围内的森林覆盖率降至51%左右。随着历史的进程，由于人口增加，开拓耕地、生活用柴、营造宫室及部族间频繁的战争、征服和兼并等原因，森林不断地被开发或破坏，全国森林覆盖率不断下降，从春秋战国末的46%左右降到秦汉末的41%左右、魏晋南北朝末的37%左右、隋唐末的33%左右、五代末的27%左右、元代末26%左右，直至明代的21%左右。到了清代，毁林垦种、滥伐森林、外国殖民主义者宰割掠夺、国内外频繁的战争和森林大火等仍然不断地破坏森林资源，尽管森林更新和人工造林有发展，但总体上看，全国的森林面积、蓄积及野生动物还是急剧减少，且不说失去的国土上的森林，就按今天的国土面积计算，到了晚清时期，我国的森林覆盖率下降到14.5%。

特别是晚清的森林破坏达到了有史以来的最高峰。由于森林的大幅度消失，全国各地频繁发生严重的生态灾难，水灾、旱灾、风灾、虫灾、疫灾等自然灾害越演越烈。到民国时期，由于期间生产生活、帝国主义的战争和掠夺、乱砍滥伐及森林火灾等各种破坏森林资源的现象有增无减，损毁的森林大大超过天然更新和新造的森林。1934年，全国森林覆盖率下降到仅8%，此后有所增长，到新中国成立时的1949年，全国森林覆盖率只有12.5%。这一时期的森林破坏达到了有史以来的又一高峰，我国已成为一个贫林国家，生态环境十分脆弱，水灾、旱灾等生态灾难极其严重，灾荒还造成人口的大量死亡。

新中国成立后，我国的经济、政治和文化取得了瞩目的成就。尽管大力开展人工造林，护林防火等也开始加强，但由于人口增长、经济发展和政策上的失误等原因，森林资源发展不稳定，并有时起时落现象，总体上增长比较缓慢。据1976年统计，全国森林面积为12 186万公顷，森林覆盖率为12.7%。到了20世纪90年代初期以后，由于各级重视，加上工程造林育林、采伐限额制度等的实行，森林资源才开始逐步的稳定增长，至1993年，全国森林覆盖率为13.92%，1998年为16.55%，2003年为18.21%，2008年为20.36%。

根据最近的第八次全国森林资源清查结果，目前我国的森林面积2.08亿公顷，森林覆盖率21.63%，森林蓄积151.37亿立方米。

二、森林的功能

森林是地球上结构最复杂、功能最多和最稳定的陆地生态系统，被誉为大自然的"总调节器"和"地球之肺"，在维持生态平衡、促进人与自然和谐、护佑人类生存与发展中具有决定性和不可替代的作用。森林又是宝贵的自然资源，是人类生存和发展的重要物质基础。

（一）森林的生态功能

1970 年，联合国《人类对全球环境的影响报告》中首次提出生态系统服务功能的概念，自此，森林具有的调节气候、净化空气、固碳释氧、减轻温室效应、保持水土、涵养水源、固坡护堤、防风固沙、抵御灾害、吸尘杀菌、保护物种、保存基因、保持生物多样性等强大的生态功能逐步被社会所认知，并越来越受到重视。

1. 森林是氧气的制造厂、二氧化碳的储存库

每一棵树都是一个氧气发生器和二氧化碳吸收器。森林植物通过光合作用吸收二氧化碳，放出氧气，把大气中的二氧化碳以生物量的形式固定在植被和土壤中。科学研究表明，森林每生长 1 立方米，平均吸收 1.83 吨二氧化碳，放出 1.62 吨氧气。地球上绿色植物吸收的二氧化碳中森林占了 70%，全球森林每年吸收大约 1 400 亿吨二氧化碳。地球大气层的氧，60% 以上是森林中的植物提供的。

一个成年人每天呼吸约需要 0.75 千克氧气，排放出约 1 千克二氧化碳。每公顷森林每天可吸收二氧化碳 1 000 多千克，相当于 1 000 多人呼出量，同时生产氧气 730 多千克，相当于 970 人的氧气吸入量。城市居民如果平均每人占有 10 平方米树木或 25 平方米草地，他们呼出的二氧化碳就有了去处，所需要的氧

气也有了来源。

　　森林是陆地上最大的储碳库和最经济的吸碳器。陆地生态系统一半以上的碳储存在森林生态系统中，全球森林碳储量达到2 890亿吨。全球森林面积尽管占全球陆地总面积的1/3，但每年吸收的二氧化碳却占生物固碳总量的4/5。根据第八次全国森林资源清查，我国森林面积为2.08亿公顷，森林蓄积量为151.37亿立方米，每公顷年均生长量为4.23立方米，全国森林植被总碳储量达84.27亿吨，年固碳量16.1亿吨（图2-1）。

图2-1　森林是人类向往的神秘之地

小知识

　　一个20万千瓦机组的煤炭发电厂1年约排放87.78万吨二氧化碳，可被3.2万公顷人工林吸收。

　　一架波音777飞机从北京到上海来回旅程约4个小时，按一天一个来回算，一年约排放2.8万吨二氧化碳，可被0.1万公顷人工林吸收。

　　一辆奥迪A4汽车一年的二氧化碳排放量约20.2吨，可被0.73公顷人工林吸收。

与工业减排相比，森林固碳具有投资少、代价低、综合效益大等优点。发展林业，加快森林资源培育，增强森林的碳汇功能，已成为全球应对气候变化的共识和行动。2007年，我国提出了"建立亚太森林恢复和可持续管理网络"的重要倡议，被誉为应对气候变化的森林方案，得到了国际社会的高度评价。我国在2009年联合国气候变化峰会上作出了"大力增加森林碳汇，争取到2020年森林面积比2005年增加4 000万公顷，森林蓄积量比2005年增加13亿立方米"的承诺，赢得了世界各国的高度评价。

2. 森林是大自然的空调器

森林有调温增湿的作用。浓密的林冠下，冬暖夏凉、夜暖昼凉，温差较小。夏季，树冠下的气温比空旷地低8~14℃，林区气温较其他地区低3~4℃，而空气湿度可以增加10%~20%。冬季，树木可阻挡寒风，降低风速50%左右，林中的气温又较其他地区高2~3℃。温差还可形成一级风，疏散热量。林区的年均蒸发量比市区低19%。一株成年树，生长季节一天可蒸腾约400千克的水，相当于5部2 500千卡/小时的冷气机开20小时。强大的蒸腾作用有助于消耗热能而使温度下降，空气湿度增加。单位面积树木增加的空气湿度大约是水面的10倍。

3. 森林是水土保持的卫士和特殊的蓄水库

森林能有效地截持降水的地表径流，防止和减少水土流失。天然降雨落到森林地带，经过枝叶的阻挡、截留降水作用，15%~40%的降雨量被林冠截留，其余的50%~80%被林地上植被、枯枝落叶与森林土壤贮蓄起来，变成缓慢的地下径流，既有利于削弱洪峰水量，又利于森林水分、土壤的保存，从而明显地减少地表土的冲刷流失。如枯枝落叶的吸水量可达到自重的2~5倍，一般占年降水量的1%~5%。林地上的枯枝落叶层还能大大削弱雨滴的冲击力，使土壤免于雨水溅击和地面径流的冲刷。地表只要有1厘米厚的枯枝落叶，就可以把地表径流量减少到裸地的1/4以下，泥沙减少到裸地7%以下。研究表明，每公顷森林可蓄贮300~1 000立方米的水（每亩*蓄水20~67立方米）。营造1万公顷的森林，就相当于修建一座库容300万~1 000万立方米的水库。据统计，全国森林植被年涵养水源量5 807.09亿立方米，年固土量81.91亿吨，年保肥量4.30亿吨。

森林通过林冠截留降水、林地枯落物持水和土壤调节，实现对降水的再分配和净化，不仅能涵养水源，贮蓄水分，还能降低水的硬度，提高水的碱性，并可防止水资源受到物理、化学、热能及生物的污染，有改善水质的功能。"山青水秀"、"青山绿水"就是这个道理（图2-2）。

---

* 1亩 ≈ 667平方米，15亩 =1公顷，全书同。

图2-2　山青水秀好风光

4.森林是改良土壤的排头兵

森林能有效地改良土壤。树木的根系发达，根系的穿透能改善土壤的物理结构。林地的枯枝落叶、种子、芽、树皮等残落物、死地被物和动物尸体，在风、降水、阳光、微生物和各种动物的作用下，能分解成肥力很高的腐殖质，提高土壤的有机质含量和植物生长所需的氮、磷、钾等元素，从而提高了土壤肥力。同时，森林中有许多鸟类、兽类，其粪便对肥沃森林土壤也起着很大的作用。植物通过根系还可以吸收土壤中的镉、铅、铜、锌、汞等重金属，减轻土壤重金属的污染。

5.森林是自然界的防疫员

许多树木能分泌和挥发很多种杀菌素或含有杀菌素、抗生素等化学物质的气体，能够抑制和杀死原生病毒和细菌。1公顷阔叶林一昼夜能产生植物杀菌素2千克，而针叶林为5千克以上，其中，1公顷松柏林每天能分泌30千克的杀菌素，可杀死白喉、肺结核、痢疾、伤寒等病菌。喜树、三尖杉、长春花等植物散发的气体可抑制癌细胞的生长，杨树、樟树的挥发性物质也可杀灭结核、霍乱、赤痢、伤寒、白喉等病原体。林区空气中含菌量是城市闹区的1%左右，森林中每立方米空气中只有500~1 000个的细菌，市区街道每立方米空气中含菌量为30 000~40 000个，而在闹市区每立方米空气中细菌量竟高达400多万个。

6.森林是抗污染的宪兵

树木花草能吸附、吸收污染物，如二氧化硫、氮氧化物、氨、氯气、氟化氢和汞、铬等重金属。二氧化硫有强烈的腐蚀作用，是酸雨的主要成分。酸雨不仅可造成土壤、水源污染，使森林植被受到破坏，农作物生长、兽类繁殖等受到不良影响，还能腐蚀各种金属制品和工业设备。当空气中二氧化硫浓度为 1×10^{-5} 时，就能引起人的哮喘、肺水肿等疾病，达到 $(1 \sim 4) \times 10^{-4}$ 时，人就有生命危险。柏木、加杨、油松、柳杉等吸收二氧化硫的能力很强，每公顷柏木林每月可吸收 54 千克的二氧化硫，加杨每克干叶最高含硫量可达 124.6 毫克，每克干叶的吸硫能力大于 10 毫克的树种有垂柳、杨树、臭椿、榆树、苹果、刺槐、桃树、蓝桉、枣树和夹竹桃等；氯在空气中每升含量达到 3 毫克时，就会引起人畜死亡。每公顷桎树、皂荚和刺槐林分的年吸氯量分别可达 140 千克、80 千克和42 千克。银桦、柳树对氯化物也有较强的吸收能力。另外，氟化氢的浓度仅相当于二氧化硫有害浓度的 1% 时即可伤害许多植物，但每千克橘子叶含氟量可达113 毫克而不受害，污染地区每千克樱桃叶和悬铃木叶的含氟量可高达 37.85 毫克，它们的吸氟能力都很强。能较好吸收空气中氟化氢的树种还有枣树、银桦、榆树、油茶、桑树、垂柳等；对二氧化氮吸收能力强的有赤桉、金合欢、冬青、法国梧桐和刺槐等树种；每千克梧桐叶可吸收空气中 300 多毫克的含铅物质，吸铅量高的树种还有桑树、黄金树、臭椿、榆树、梓树等；棕榈、臭椿能有效降低空气中的汞蒸汽。工厂周围如有 500 米宽林带，就会减少空气中二氧化硫含量的70%，氮氧化物含量的 67%。树木花草还能吸收和掩盖烟味或其他气味，使人感到愉快爽心。

7. 森林是优良的吸尘器

林木枝繁叶茂，1 公顷森林的叶面积可达 75 公顷。林冠能降低风速，使灰尘迅速降落。当气流经过树林时，树木花草枝叶的气孔、绒毛、蜡质和分泌物还对粉尘有吸附和过滤作用。许多测试数据表明，每公顷绿地每年能滞留粉尘数百千克至 10 吨，而每公顷森林平均每年能吸收粉尘 50~80 吨。与空旷地相比，森林中空气的灰尘可减少 20%~50%。绿地覆盖率达 33% 的区域，降尘（PM100，即空气中直径小于等于 100 微米的总悬浮颗粒物）的浓度比绿地覆盖率 5% 的区域低 59%，而绿地覆盖率 98% 的区域比绿地覆盖率 33% 的区域的降尘浓度又低 50% 以上，为绿地覆盖率 5% 的区域的 1/6。在绿化良好地区的街道上，距地面 1.5 米处（人的呼吸带）的含尘量比没有绿化地段的含尘量约低60%。绿地上的尘土一般要比城市街道少 1/3~1/2。另据测定，每公顷水青冈、山毛榉、桧树和云杉的林分年吸附飘尘（PM10，即粒径小于等于 10 微米的可吸入颗粒物）的量分别为 68 吨、64 吨、36.4 吨和 32 吨。成片林木还可有效降低空气中微尘（PM2.5）的浓度。

什么是PM2.5？

PM2.5指空气中直径小于或等于2.5微米的细小颗粒物的总称，也称为可入肺颗粒物。它的直径还不到人的头发丝粗细的1/20，可进入人的肺泡。

PM2.5来源：

PM2.5的来源广泛，成因复杂，主要为人为排放，包括燃煤燃油、烧秸秆、烧烤、机动车出行、餐饮油烟、建筑施工等扬尘、喷涂喷漆装修等。虽然PM2.5只是地球大气成分中含量很少的组分，但它对空气质量和能见度以及人体健康等都有重要的影响。

（1）PM2.5是雾霾天气的主凶

雾霾是漂浮在大气中的PM2.5等尺寸微粒、粉尘、气溶胶等粒子，在一定的湿度、温度等天气条件相对稳定状态下产生的天气现象。雾霾天气时，视野能见度低，空气质量差，既影响交通安全，也影响人们的思想情结，给人造成沉闷、压抑、烦躁的感受，又易造成传染病增多，而且还对人体有很大直接的危害。

PM2.5对人体的危害很大。与较粗的大气颗粒物相比，PM2.5粒径小，富含大量的病毒、细菌和重金属等有害有毒物，且在大气中的停留时间长、输送距离远，因而对人体健康的影响更大。人在呼吸时，PM2.5能通过支气管和肺泡进入血液，从而容易引发上百种疾病，如导致鼻炎、喉炎、气管和支气管炎、肺炎、哮喘等呼吸道疾病，诱发心绞痛、心肌梗塞、心力衰竭、高血压、冠心病、中风、脑溢血等心脑血管疾病以及抑郁症、癌症等。如果空气中PM2.5的浓度每增加10微克/立方米，总的死亡风险就上升4%，得心肺疾病的死亡风险上升6%，得肺癌的死亡风险上升8%。

（2）森林是降低PM2.5浓度的生力军

森林植物能有效降低PM2.5浓度。这是因为：

一是植物枝叶繁茂，能降低风速，降落PM2.5。许多植物的叶比较粗糙，又有折皱，有的具有绒毛、蜡质或油脂，有的还能分泌黏液，也有利于阻挡、吸附、黏滞、固定空气中的PM2.5微粒；二是植物不仅能驱散、拦阻PM2.5微粒，而且还有吸收和转化有毒物质的能力，能吸附空气中的硫、铅等金属和非金属；三是植物叶片蒸腾水分能增加空气的湿度，让尘土微粒不容易漂浮起来；四是植物通过光合作用能增加空气中的氧气密度。

一般来说，叶片上有茸毛、能分泌汁液、叶片粗糙的树种，吸附灰尘、降低

PM2.5浓度的效果比较好，叶片光滑的树种不易于吸附灰尘等颗粒物；叶片数量多、面积大的树种，吸附灰尘等颗粒物比叶片数量少、面积小的树种效果更好；常绿乔木由于树叶长期存在，比落叶乔木吸附效果更好。在树林中，PM2.5浓度可以下降10%~50%。森林公园中PM2.5均值一般28微克/立方米，而市区均值高达174微克/立方米。

负氧离子具有主动出击捕捉PM2.5的能力，森林中空气负氧离子相当丰富。当空气中负氧离子的浓度达到每立方厘米2万个时，飘尘量会减少98%以上。

（3）吸附PM2.5能力强的植物

被誉为"植物中的大熊猫"的红豆杉，吸附PM2.5的能力相当强。研究表明，由于红豆杉叶片粗糙，表皮毛丰富，还可分泌一些黏性物，叶片可以有效地将细小的颗粒物滞留在表面，甚至将一部分PM2.5吸纳到叶片气孔内部。

与红豆杉类似的有龙柏、侧柏、油松等针叶树。根据专家测算，在3米/秒的风速下，针叶树单位面积可以吸附20%~30%的PM2.5。阔叶树则有季节区别，在夏天长满绿叶时，银杏、白杨、毛白蜡、元宝枫等阔叶树也可吸附20%左右的PM2.5。

8.森林是天然的隔音板

森林树木粗糙的树干、茂密的枝叶以及林下的枯枝落叶层有反射、吸收和阻隔噪音的作用。一条宽40米的乔木林带可降低噪音10~15分贝，最高达30分贝；20米的乔木林带可降低噪音8~10分贝。城市中绿化的街道比无绿化的能减少噪音3~10分贝。公园内成片的林木能减低噪音26~34分贝。一般情况下，噪音与居民区之间有30米宽的林带可使居民感到安静。

9.森林是防御自然灾害的绿色屏障

森林具有的多种生态效能，使得森林能减少旱灾、水灾、风灾、雹灾、霜冻、沙尘暴、泥石流等自然灾害的发生。当自然灾害发生后，又能抵御和减轻灾情，在防灾抗灾中发挥重要的作用。

森林里树木密集，能控制气团的流动，削弱风速、改变风向，使风力变小。当风受到森林阻碍之后，被迫分成两路前进，一路从森林的隙缝中穿流而过，一路从林冠上越过，这样风速一般可降低40%~60%。宽度50~200米的乔木防护林带能有效减轻台风的危害。当台风夹带着风暴潮来临时，来不及逃生的人们还可爬到大树上，高大的乔木能当作"救命树"。

沿海的红树林是生长在热带、亚热带滩涂海岸潮间带的密生灌丛木本植物群落，涨潮时被海水浸淹，退潮时暴露。红树林茂密丛生，盘根错节，消浪和护堤固滩等作用十分明显，是抗御海啸的天然屏障。2004年12月，印度洋大海啸时，就是成片成片的红树林抵挡着排山倒海之势的海浪而使印度南部的泰米尔纳德省沿海一带离海岸仅有几十米远的村落躲过了海啸的袭击，村民很幸运地死里逃生。亲临这场大海啸灾难的村民们无不对红树林顶礼膜拜（图2-3）。

图2-3 "海岸卫士"红树林的雄姿

森林能蓄水保土，减轻地表径流，削弱洪峰，因此能减轻泥石流和山体滑坡的危害，对水利工程的蓄水拦泥也起着重要的辅助作用；而森林的固碳释氧作用也能避免温室效应的产生，减少厄尔尼诺现象。

小知识

厄尔尼诺（El Nino），又称圣婴现象，南方涛动。是秘鲁、厄瓜多尔一带的渔民用以称呼一种异常气候现象的名词。主要指太平洋东部和中部的热带海洋的海水温度异常地持续变暖，使整个世界气候模式发生变化，造成一些地区干旱而另一些地区又降雨量过多。

10. 森林是农作物的"保姆"

森林能调节小气候，改善农作物的生长环境。据测试，通常情况下，林区降水量较其他地区高10%~15%。夏季林区气温较空旷地低3~4℃，冬季高2~3℃，有利于农作物的生长。与空旷无林的农田地区相比，农田林网内通常可减缓风速 30%~40%，提高相对湿度 5%~15%，增加土壤含水量 10%~20%，能有效地防止干热风。一个完好的防护林体系，一般能使粮食和蔬菜增产 10%~15%（图 2-4）。

图 2-4　森林是良田和农作物的"保姆"

11. 森林是大自然的氧吧

森林通过光合作用可产生大量氧气，提高空气中氧的含量，呼吸这些新鲜空气能清肺强身，让人心旷神怡。森林植物还能产生大量负氧离子。据测定，森林空气中负氧离子含量大大超过无林区。森林里每立方厘米空气中含负氧离子高达 2 万个以上，而城市的空气质量达到一级时，负氧离子含量也只有 1 000 多个，城市的室内还不到 200 个，少的仅有 40~50 个负氧离子。城市林带中空气负氧离子的含量是城市房间里的 200~400 倍。空气负氧离子又称"空气维生素"，它对各种细菌、病毒产生较强的抑制作用，而且能中和空气中有害物质，抑制病菌生长，还可通过呼吸道经肺部进入人体血液，促进血液循环，刺激中枢神经系统，调节人的情绪，提高人体的免疫力，对人体有很好的生理效应，并带来一定的医疗保健作用。世界卫生组织公布清新空气的标准为每立方厘米空气负氧离子含量为 1000~1500 个。医学研究证明，每立方厘米空气负氧离子含量达到 500 个左右时能满足人体健康的需要，在 200 个左右时身体容易陷入亚健康，在 50 个以下易诱发心理性障碍疾病，甚至癌症。高密度的负氧离子对高血压、神经衰

二、森林的功能

27

弱、心脏病都具有辅助治疗作用。当每立方厘米空气中集中了 20 万 ~100 万个负氧离子时，空气将变为神医良药（图 2-5）。

图 2-5　森林"氧吧"

12. 森林是天然物种的宝库和摇篮

森林不仅分布区域广、自然地理环境类型繁多，而且它是地球上结构最复杂和最稳定的陆地生态系统，食物链完整而复杂，不但为各种植物和微生物提供了生存的基底和营养来源，也为动物提供了栖居场所和丰富的食物，适宜众多物种的生存繁衍。陆地植物有 90％ 以上存在于森林中，或起源于森林；森林也是动物赖以生存的天然乐园，森林中的动物种类和数量，远远大于其他陆地生态系统。主要的种类有：细菌、真菌、放线菌、原生动物、线形虫、环节动物、节足动物和哺乳动物等。而且森林植物种类越多，结构越多样化，发育越充分，动物的种类和数量也就越多。地球上有 500 万 ~3 000 万种各类生物，绝大多数与森林有密切的关系，有一半以上的物种在森林生态系统中栖息繁衍，其中，有不少属于珍稀或濒危动、植物种类。森林是生物种类和数量最多、生物多样性最丰富的生态系统，最大程度地保存物种的种质资源和基因库，既是开发利用的基础，又是一项重要的生态安全维护措施。假如森林从地球上消失，陆地 90％ 以上的生物将灭绝（图 2-6）。

图 2-6　森林是人类赖以生存的资源宝库

　　科学家经测算发现，人类正常的衣食住行约需要 4 万种生物来维持。而每一种物种的绝迹，都预示着很多物种即将面临死亡。科学家观察发现，一种生物的消失会引起相关联的 20 个物种的消失。因此，我们要呵护自然，保护森林，维护生物多样性。

小知识：一颗树的生态价值

1.印度加尔各答农业大学教授德斯研究结果

一棵 50 年树龄的树，以累计计算，产生氧气的价值约 31 200 美元。

吸收有毒气体、防止大气污染价值约 62 500 美元。

增加土壤肥力价值约 31 200 美元。

涵养水源价值 37 500 美元。

为鸟类及其他动物提供繁衍场所价值 31 250 美元。

产生蛋白质价值 2 500 美元。

除去花、果实和木材价值，总计就能创造价值约 196 000 美元。

2.科学家还测算过，一棵正常生长 50 年的平原普通树种，按市场上的木材价值计算，最多不到 2 000 元，但它每年创造的生产氧气、净化空气、涵养水源、调节气候等生态价值高达 120 多万元，50 年能达到 6 000 多万元。而天然林的生态功能则更为强大。

3. 一棵树就是一把伞。一般树冠能截留 15%~40% 的雨水，可保护地表免遭雨水的冲刷；一棵树就是一台抽水机。一棵中等大小的树，1 年可从土壤中吸水 4 000 千克左右，并通过蒸发湿润空气；一棵树就是一个吸尘器。一棵中等大小的树，它能滞留大量粉尘，使降尘量减少 23%~55%，飘尘量也可减少 37%~60%；一棵树就是一台制氧机。一棵中等大小的树，每小时可放出氧气 1.8 千克，白天生产的氧气能满足 64 个人的需要；一棵树就是一台吸毒器。一棵中等大小的树吸收的有毒气体有时多达 10 多种，是"吸毒"的能手，如松柏树、樟树、夹竹桃等（图 2-7）。

图 2-7　古樟雄姿

13. 中国森林的生态服务功能

调查监测结果表明，我国拥有 2.08 亿公顷的森林，覆盖了 21.63% 的国土面积，森林植被总生物量为 170.02 亿吨。在生态服务功能方面，全国森林总碳储量达 84.27 亿吨，森林生态系统每年提供的生态服务价值达 12.68 万亿元，相当于全年 GDP 总值的 23%，相当于每年为每位国民提供了 0.94 万元的生态服务。其中，森林年涵养水源量 5 807.09 亿立方米，年价值量达 31 823 亿元；年固土量 81.91 亿吨，年保肥量 430 亿吨，保育土壤年价值量达 20 037 亿元；年吸收污染物量 0.38 亿吨，年滞尘量 58.45 亿吨，净化大气环境年价值量达 11 774 亿元。

根据浙江省2014年森林资源复查报告，全省共有森林面积为604.99万公顷，森林覆盖率为60.91%，活立木蓄积为3.14亿立方米，森林植被总生物量为4.54亿吨，森林植被总碳储量为2.25亿吨。全省森林每年吸收二氧化碳为5 811.86万吨，释放氧气为4243.01万吨。全省森林年生态服务功能总价值为4388.32亿元，林地平均每公顷每年生态效益为6.65万元。具体构成为：固碳释氧价值为642.39亿元，涵养水源价值为1512.27亿元，固土保肥价值为333.41亿元，积累营养物质价值为50.13亿元，净化大气价值为182.06亿元，保护森林生物多样性价值为986.96亿元，森林旅游价值为681.10亿元。

随着我国经济社会发展和人们生活水平的不断提升，人们不仅期待安居、乐业、增收，更期待天蓝、地绿、水净，人们对生态产品和良好生态的需求越来越强，对发展林业、增强森林生态功能的期盼越来越高。

（二）森林的经济功能

1. 森林是木材的制造厂

人类自诞生以来，就一直离不开木材资源。木材和钢铁、水泥是经济建设不可或缺的世界公认的三大传统原材料。木材被广泛应用于建筑及装修业、家具制造业、造纸业、生产交通工具等。和钢材、水泥相比，木材是绿色、环保、可降解的原材料，用木材代替钢材和水泥，单位能耗可从800万吨标准煤/亿元降到100万吨标准煤/亿元，可以减少大量的二氧化碳排放，对发展低碳经济、建设环境友好型社会意义十分重大。

森林的生长是林木蓄积不断增长的过程。全球森林每年为世界奉献30亿立方米的木材。我国是木材消耗大国，目前年均消耗达3亿~3.3亿多立方米，2015年达4.6亿立方米。随着经济的发展，我国木材需求量还将大幅度增加，未来每年木材供求之间最小缺口达1.2亿~1.7亿立方米，供需矛盾十分突出，需要大量进口木材。而全球保护森林资源的呼声日益高涨，许多国家开始限制原木出口。维护木材安全已成为我国一个重大战略问题。我们必须逐步改变大量依靠进口木材的局面，立足国内43亿亩林地，加紧人工林营造、森林抚育、采取各种木材节约措施和发展木材代用品来解决我国的木材供应问题。这是我国必须长期坚持的重大战略（图2-8）。

2. 森林是能源的大储仓

森林是一种仅次于煤炭、石油、天然气的第四大战略性能源资源，而且具有可再生、可降解的特点。在化石能源日益枯竭的情况下，森林能源，包括薪材、

图 2-8　茂密而富饶的森林资源

木炭和作为燃料用的其他木质产品，越来越被国际社会重视。

地球上的植物通过光合作用，每年生物质的生成量在 1 000 亿吨以上，相当于目前世界能源消耗的 8~10 倍，发展森林生物质能源已成为世界各国能源替代战略的重要选择。每立方米木材可产生热量约 1 670 万千焦。世界每年作为薪炭材而耗费木材约有 12 亿立方米，占世界木材总产量的 46.9%。在发展中国家，薪炭材能源占总能源的比重达 84.7%。我国每年薪材消费量高达 2.5 亿吨标准煤，相当于 3.69 亿立方米，对森林资源造成很大的威胁。如何保护森林资源和生态环境又保障能源安全已经成为当前一项重大课题；我国有种子含油量在 40% 以上的木本油料树种 154 种，每年还有可利用枝桠剩余物燃烧发电的能源量约 3 亿吨。用林木的果实或籽提炼柴油，用木质纤维燃烧发电等方式解决能源危机前景十分广阔。目前，利用麻风树、沙棘等开发的生物质能已成为新能源发展的热点和趋势。我国利用现有的林地，可培育能源林 2 亿亩，每年可提供生物柴油 500 多万吨，木质燃料近 4 亿吨，折合标准煤约 2.7 亿吨。

3.森林是工业原料的天然基地

森林不仅为人类提供了木材主产品，木材和木块、木屑还可以用机械和化学的加工方法，生产胶合板、刨花板、纤维板等多种人造板，制成人造纤维，提取糖类制品和制成甲醇、乙醇、糠醛、活性炭、醋酸等。许多植物还可以提制松香、松节油、橡胶、栲胶、紫胶、单宁、生漆、芳香油等，为我们提供了丰富的工业原料。如松香、松节油是由松树脂提炼加工而成的，用途十分广泛；天然橡胶是从橡胶树等植物中提取胶质后加工制成，是国计民生不可缺少的物资，橡胶和钢铁、石油、煤炭并称为世界四大工业原料；栲胶是从含单宁的松类、栎类等的树皮、果壳、树叶、树根和木材中提取的膏状或固体物质，是用途很广的重要工业原料；紫胶是紫胶虫吸取寄主树树液后分泌出的紫色天然胶质物，具有绝缘、黏着力强、膨胀系数小、光泽度高、防潮、防锈、防腐力强等优点，广泛用于国防、电气、涂料、橡胶、塑料、医药、制革、造纸、印刷和食品等工业部门；生漆是从漆树上采割的乳白色胶状液体，具有优异的防潮、防腐、绝缘、耐高温、耐火、耐水浸等特性，被誉为"涂料之王"。用生漆涂饰的家具、木器及各种工艺品，光亮美观，经久耐用。中国的漆树分布较广，生漆产量居世界第一位，年产200万~300万千克，是传统的出口商品，每年出口量达总产量的1/6，为国家创造大量外汇。

油桐、乌桕还是我国工业用木本油料的支柱。而霍霍巴（原产墨西哥，我国1970年从美国引进）的种子含油量在50%以上，是耐高温高压的高级润滑油，价格昂贵，有"液体黄金"之称。

4. 森林是巨大的绿色食品库

(1) 森林绿色食品种类繁多

森林中的植物通过光合作用，将阳光、矿质营养和水转化成有机物质，能向人类提供品种繁多的水果、干果、木本油料、木本饮料、木本食料和森林蔬菜等食物。水果有苹果、荔枝、龙眼、杨梅、枇杷、柑橘、桃、梨、杏、柿、猕猴桃等（图2-9）；干果有板栗、香榧、山核桃、核桃、枣等。松子、杏仁等林木的种子也是美味的食品；木本油料有油茶、油橄榄、油棕、椰子、核桃等，木本饮料有茶叶、咖啡、可可、金银花、茉莉花、桃浆、苹果汁、杨梅汁等；木本食料（香料植物）有花椒、胡椒、桂皮、八角、橘皮、茴香等；森林

图2-9 硕果累累的"摇钱树"——杨梅

蔬菜有香椿、蕨菜、薇菜、大麦冬、土茯苓、野百合、竹笋、山芹菜等。林副产品中香菇、蘑菇、猴头菇、木耳、银耳、竹荪等也是佳肴珍品。另外，在餐桌上还有玫瑰、桂花、菊花、黄花菜、牡丹等花卉食品，栀子、紫苏、乌饭、胡萝卜等可提取无公害的天然色素，不少植物的枝、干、叶中也可提炼食用淀粉、维生素、糖等。

森林对维护国家粮油安全具有重要意义。目前，中国食用植物油60%靠进口，每年需进口大豆6 300多万吨、食用油670多万吨，才能满足国民的需求，相当于增加6亿多亩耕地来种植油料作物才能解困。我国有各种木本油料树种200多种，其中含油量在40%以上的有150多种，在50%~60%的有50多种，作为食用油料栽培的有10多种，其中，油茶、油橄榄、核桃等都是优良的油料树种。我国种植面积最大、油的品质最好的主要是油茶，而含油量最高的是油棕，含油量达60%，被称为"油料大王"。我国适宜种植木本粮油的山地丘陵近4.5亿亩。如果种植和改造9 000万亩高产油茶林，就可年产茶油450多万吨，不仅可以使我国食用植物油进口量减少50%左右，还可腾出1亿亩种植油菜的耕地来种植粮食，这对于维护我国粮油安全具有重要的战略意义（图2-10）。

图2-10　果实满枝的油茶

（2）森林食品

指以森林生态环境下生长的植物、微生物及动物为原料进行采集食用或经初加工的各类食品。森林食品来自森林，符合人类自然、环保、清洁生产技术要求，是生态、优质、健康、营养的食用林产品。

森林食品在产品范围上，它是以森林环境为前提，对象是可食林产品；在产地环境上，它来自山野，产于森林；在技术规程上，其生产以森林生态系统的能量和营养循环为理论，基本不使用化肥、农药及除草剂等；在产品质量上，它达到了国际标准的质量安全要求。

〔3〕森林蔬菜

又称山野菜，是指可作蔬菜食用的森林植物体及其制品。在广阔的森林中，有许多植物的芽、茎、叶、花都可以作为蔬菜食用。

森林蔬菜生长在空气新鲜的林地环境中，几乎没有受到废气、污水、农药、化肥和浮尘等有害物质的污染，是绿色无公害的蔬菜。森林蔬菜含有人体所需的蛋白质、脂肪、碳水化合物、维生素、矿物质等营养成分，其胡萝卜素、维生素等的含量普遍高于一般蔬菜，它不仅野味鲜美诱人，营养丰富，而且具有独特的保健和药用价值，是既好吃又能治病的食、药两用蔬菜，对人体十分有益，故被誉为"林海珍品"、"山珍"和"绿色食品"。森林蔬菜是风行世界的健康食品之一，在日本、西欧和东南亚等国被称为天然食品、健康食品。

小知识

我国森林蔬菜资源丰富，种类多，分布广。人们采食森林蔬菜已有几千年的历史。《诗经》里就有"陟彼南山，言采其蕨"、"谁谓荼苦，其甘如荠"等诗句。其中的"蕨"就是指蕨菜，"荠"就是指"荠菜"。我国可供食用的森林蔬菜达6 000多种，包括可食用的茎、叶、花、果等种类。

花菜类：菊花、兰花、桂花、芙蓉花、栀子花、木槿花、黄花菜等。

叶菜类：香椿、马兰、马齿苋、刺龙芽、鼠曲菜、豆腐柴、野鸭椿、紫苏、槐叶、柳叶、榆叶等。

果菜类：茅栗、板栗、苦槠、酸豆、木通等。

茎菜类：竹笋、蕨菜、山芹菜、水芹、何首乌、野豌豆等。

根菜类：茯苓、黄精、野百合、魔芋、桔梗、大麦冬等。

真菌类：香菇、黑木耳、银耳、灵芝、松茸、冬菇、猴头、竹荪等。

5.森林是天然的药材宝库

野生药用植物含有能预防和治疗疾病的活性物质，是中医用来防治疾病和医疗保健的物质基础。森林中药用植物资源异常丰富，价值无比，素有"药用宝库"之美称。据统计，大约有1万种药材资源来自植物。我国药用植物达3 000多种，大部分生长在林区。《本草纲目》中就记载了1 893种药物。另据报道，全球大约有2 200种植物具有治癌抗癌等奇特功效，20世纪70年代，人类已从喜树、三尖杉等植物中提炼出抗癌药物。医药专家预言，攻克艾滋病等人类绝症也要依赖植物。美国科学家已在多种高等植物中检测到抗艾滋病活性。森林中许多动植物产品和林副产品还是名贵药材，用其制造的药品，对治疗疾病、保障健康作用极大。如杜仲、厚朴、当归、茯苓、麻黄、川芎、黄连、刺五加、毛冬青、人参、灵芝、天麻、三七、猪苓、平贝母、冬虫夏草以及来源于动物的麝香、熊胆、虎骨、豹骨、鹿茸、麝香、五灵脂等都是名贵中药。用白果种仁制成的中成药或者保健饮料，对心脏病、冠心病、支气管炎、妇科方面的疾病都有很好的效果。枸杞既是传统名贵中药材，又是一种营养滋补品，具有益精明目、补虚安神、滋肾润肺以及护肝抗肿瘤等作用，在卫生部公布的63种药食两用的名单中，名列榜首。

小知识：林下经济

　　林下经济主要是指以林地资源和森林生态环境为依托，发展起来的林下种植业、养殖业、采集业和森林旅游业，既包括林下产业，也包括林中产业。它是充分利用林下土地资源和林荫优势从事林下种植、养殖等立体复合生产经营，从而使农林牧各业实现资源共享、优势互补、循环相生、协调发展的生态经营模式。发展林下经济，对提高土地产出率，缩短林业经济周期，增加林业附加值，促进林业可持续发展，开辟农民增收渠道，发展循环经济和绿色经济，巩固生态建设成果等都具有重要意义。

　　林下经济的主要模式有：①林粮模式，如林下种植棉花、小麦、绿豆、豇豆、甘薯等农作物；②林油模式，如林下种植大豆、花生等油料作物；③林药模式，如林内间种乌药、铁皮石斛、金银花、白术、板蓝根等药材；④林菌模式，如林下间作种植香菇、黑木耳等食用菌；⑤林菜模式，如林下种植菠菜、辣椒、甘蓝、洋葱、大蒜等蔬菜或鸭儿芹、山马兰、紫莴、败酱、三脉紫菀等山野菜；⑥林茶模式，如林中套种茶叶、苦丁茶等；⑦林苗模式，即在林中间种造林绿化苗木；⑧林草模式，如林下种植假剑草、黑麦草等牧草或保留自然生长的杂草；⑨林畜（禽、蛙、蜂）模式，如林地放养肉猪、奶牛、山羊或鸡、鸭、鹅等家禽及林蛙、蜜蜂等；⑩林游模式，即依托森林发展森林旅游休闲养生产业。

林业是最大的绿色经济体，承载着潜力巨大的生态产业、可循环的林产工业、内容丰富的生物产业。发展林业，有助于缓解资源和能源困境，促进经济结构调整和壮大绿色产业，为人类创造更多更好的物质财富。

（三）森林的社会功能

1.森林是人类生存和社会发展的根基

森林是人类的摇篮，人类的祖先最初是生活在森林里的。而且，在艰难完成了"树叶蔽身，摘果为食，钻木取火，构木为巢"4个基本动作后，我们的祖先便开始了漫长的起源和发展。在孕育层面，人类历史上的古巴比伦、古埃及、古印度、古黄河四大文明，都发源和昌盛于森林茂密、水草丰美之地。直至今日，世界上仍有3亿人口以森林为家，靠森林谋生。森林是全球三大生态系统之一，有巨大的生态、经济、社会和文化功能，事关生存安全、淡水安全、物种安全、经济安全、木材安全、粮油安全、社会安全以及全球气候安全等人类社会发展的根本性问题。发展林业、培育森林及其相关产业还可使很大一部分人得到最适宜、最直接、最可靠的就业机会，实现安居乐业、兴林富民，加快城乡一体化发展。在历史的宽度和长度里，作为陆地生态系统的主体，森林奠定了人类生存和社会发展最根本的基础。

森林兴则文明兴，森林衰则文明衰。古巴比伦、古埃及、古印度、古黄河四大文明的衰落，根本性的原因就是由于大量砍伐森林，植被破坏，生态环境日益恶化的结果。欧洲的复活节岛原来是一个生态优美的地方，曾经居住着7 000多居民，随着森林的破坏，最终失去了人的生存条件，成为人类无法居住的荒岛。历史和现实告诉我们，如果没有森林或者森林被破坏，人与自然就不会和谐，失去森林，人类将失去未来、失去一切。也正因为森林是如此重要，中国《资本论》研究会副会长、复旦大学张薰华教授早就提出："林业是国民经济基础的基础"，他认为农、林、牧、副、渔的排序不妥，"在大农业的排序中，应'林'字当头。农业搞不好，会饿死一些人。林业搞不好，人类生存的基础就没有了。"联合国粮食与农业组织前总干事

图2-11　森林与人类

萨乌马也说过:"森林即人类之前途,地球之平衡。"英国生态学家格兰杰也一再警告说:"森林是一切生命之源,当一种文化达到成熟或过熟时,它必须返回森林,来使自己返老还童;如果一种文化错误地冒犯了森林,生物的衰败就不可避免。"可怕的是,人类对森林的破坏已经到了十分惊人的程度,全球森林已从人类文明初期的 76 亿公顷减少到现在的 40.3 亿公顷。

联合国指出,全球森林已减少了约一半,难以支撑人类文明大厦。因此,我们应该从生命基础设施和经济社会发展之根的高度来认识和看待森林、保护森林、培育森林,推进生态文明,促进人与自然和谐共存,最终实现整个经济社会的可持续发展,实现整个地球的可持续生存和发展(图 2-11)。

2. 森林是大地的美容师

森林,是大地最基本也是最主要的形貌之一。倘若大地上没有一株草,也没有一棵树,光秃秃的浑黄一片,那将是怎样的荒凉和绝望?繁茂的森林和草木不仅绿化了广大丘陵山区、荒漠地带和众多的乡村城镇,为大地披上了绿衣,而且让大地充满着蓬勃的生机和活力。森林还能优化生态,而它所具有的优美的林冠,千姿百态的枝、叶、花、果以及随季节而变化的绚丽多彩的各种颜色,更能有效地改善自然面貌,打造形态各异、风景秀丽的森林景观,美化环境,是建设美好家园和美丽中国的基础。

良好的森林景观和生态环境还在树立地方形象、改善投资环境中发挥着主导作用。一个地区的绿化好了,林木覆盖率高了,环境就漂亮了,形象就能大为改

图 2-12　森林环抱的美丽城市

观，人们的生活品质就会明显提升，经济发展的环境容量也会大大增加，投资的吸引力将明显增强，就会形成投资重地，吸引大量的资金、人才和技术，加快区域经济社会的发展。形成良好的森林生态系统和优美的生态宜居环境，还能促进土地的明显升值，带动房地产业等的发展。当前，"以林促房，以房养林"的建设模式也已受到海内外广大投资商的关注，并成为投资的热点。很多资料显示，在公园或公共绿地附近的住宅可增值 15%~20%，公园绿地附近的楼价每平方米上涨至少上千元（图 2-12）。

小 知 识
如今植树种草，绿化城市和乡村已成为衡量一个地区外在形象、投资环境和生活品质的重要标志。让森林走进城市、让城市拥抱森林已成为各地追求的目标，森林进城、园林下乡也是城乡绿化一体化的发展方向。许多城市正在向花园城市、园林城市、森林城市和生态城市的目标推进。树木花草环抱、生态良好、景观环境优美的花园式住宅区也已成为都市人们首选的目标。

3.森林是休闲旅游的"伊甸园"

灯红酒绿、繁华喧闹的城市让人身心疲惫，"采菊东篱下，悠然见南山"，如此田园牧歌的诗意生活让不少现代都市人心驰神往。崇尚自然、回归自然、返璞归真已成为时代潮流，也是我们内心的呼唤。森林中树木、花草品种繁多，千姿百态，景观优美，鸟语花香，环境幽静。在森林环境里，人们还能进行攀缘、徒步、观光、狩猎、探秘、露营、避暑、漂流等多项活动，是度假、旅游、娱乐、休闲的好场所。绝大多数的景区、度假区也离不开森林。走进满目苍翠的森林，使人能亲近自然、享受自然，感悟到"天地与我共生，万物与我齐一"的天人合一境界，从而舒缓压力，消除疲劳，愉悦心情，陶冶情操，修身养性，增进健康，享受人生，同时能激发人们的想象力和创造力。利用森林环境所开展的森林旅游不仅在满足国民精神文化生活、传播生态文化等方面发挥着不可替代的作用，而且可在不消耗森林资源的情况下获取远高于木材价值的经济效益，带动区域经济的发展，是极具潜力、可持续发展的朝阳产业、富民产业和生态绿色产业。

国外森林休闲游憩起步较早，目前规模也大。我国以森林公园为龙头、以林业自然保护区、湿地公园、植物园、野生动物园、狩猎场等为主体的森林旅游发展格局也日趋成熟。2014 年，全国各类森林旅游景区数量已超过 7 500 处，森林旅游年接待游客已达到 7.6 亿人次，约占国内旅游人数的 1/4，森林旅游直接

图 2-13　方兴未艾的森林旅游休闲

收入 685 亿元。创造的社会综合产值近 5 200 亿元，约占国内旅游消费总额的 1/5。未来，人类休闲观光的去处将更多地投向森林大自然的怀抱。据统计，近年来我国森林旅游人数和总产值正以每年 20% 以上的速度递增（图 2-13）。

4. 森林是心理调节的良医与社会和谐的催化剂

森林具有良好的绿色心理效应。绿色的基调，结构复杂的森林，舒适的环境，对人的心理作用比较明显，能产生四种心理效应：满足感、安逸感、活力感、舒适感。在森林中，人们普遍会感到舒适、安逸，情绪一般也较为稳定。

据测定，森林环境能在一定程度上减少肾脏腺素的分泌，降低交感神经的兴奋性。经常处在优美、安静的绿色环境中，或在森林公园内游览，人的皮肤温度可降低 1~2℃，脉搏恢复率可提高 2~7 倍，脉搏次数能减少 4~8 次，呼吸慢而均匀，血流减缓，心脏负担减轻，听觉和思维活动的灵敏性增加近一倍。居民每周进入森林绿地休闲的次数越多，其心理压力指数越低。社会圈中的人，如果感到精神压抑，就可以到森林中呼吸新鲜空气，感受安逸的绿色自然环境，释放心理压力，促进身心健康。

绿色的生活环境，能让人们放松精神，减轻烦燥郁闷的心情。"绿视率"理论认为，在人的视野中，绿色达到 25% 时，就能消除眼睛和心理的疲劳，使人的精神和心理感到舒适，烦躁的心情得以缓解，从而可以减少争吵、械斗的现象，有利于社会治安。

对城市中的居民来说，居住区楼房间的绿地、小游园、街头绿地也是居民的户外活动空间和人际交往的主要场所。它为居民提供了游憩和聊天的良好场地，人们在这里闲谈中互相传递信息，交流感情，密切交往，邻里关系将更为融洽。因此，绿色环境有利于改善人际关系，促进社会和谐（图 2-14）。

图 2-14　绿荫葱郁的居住环境

5. 森林是神奇的绿色康养院

　　森林环境幽雅，空气中植物杀菌素含量高、负氧离子含量高、氧气含量高、菌类含量低、污染物含量低、噪音低，人们沐浴在森林中，对调节情绪、消除疲劳、疗养保健、增强免疫机能等有诸多妙效。

　　优美清静的森林环境可以调节体内血清素的浓度，有效缓解"血清素激惹综合症"引起的弱视、关节痛、恶心呕吐等。植物杀菌素和大量的负氧离子，可抑制各种细菌、病毒的产生，并像保健品一样调节人体的生理机能，改善人体呼吸和血液循环，调整代谢过程，稳定血压，提高人的免疫力。同时可刺激人体的中枢神经系统和某些器官，改善神经功能，对神经衰弱、忧郁症、心脏病有辅助治疗作用，并能起到消炎、镇痛、镇静、利尿、祛疾甚至防癌等效果，增强机体的功能和活力。植物还能产生人体需要的大量维生素、微量元素和水蒸气,滋润干燥的空气,达到人体适宜的湿度,消除静电。森林的诸多色彩对人体也有医疗作用,尤其是绿色,最能给人以生命的愉悦。美国加利福尼亚大学一位教授做过实验,绿色植物对光谱的反射率为30%~40%,对人的视网膜的刺激恰到好处,且能吸收对人眼有害的紫外线,可减轻对眼睛的刺激,消减人们的视觉疲劳。患假性近视的人,多看绿色有助视力恢复。森林中的鸟鸣、小溪流水声和触摸树皮等产生的感觉也会让人心旷神怡。

总之,良好的森林能促进人们身心愉悦和健康长寿。我国四川省彭山区、广西壮族自治区巴马瑶族自治县、湖北省钟祥市和浙江省永嘉县之所以成为长寿之乡,其共同特点就是森林覆盖率高,环境优良,空气清净,负氧离子丰富。

森林对人类的保健养生价值不可低估,欧洲、美国、日本等国家和地区很早就盛行在森林中修建疗养所,接纳病人治疗和开展相关研究。"森林浴""森林医院""森林疗养"也帮助许多疾病患者恢复了健康。森林保健和医疗将会越来越受到瞩目(图2-15)。

图2-15 神奇的森林康养保健

6.森林是国防的天然屏障

森林是地理环境中十分重要的因素,在国防建设中是必不可少的组成部分。战国时期，我国著名军事家孙武就在《孙子兵法》中对利用森林取得战争胜利作过重要论述。中国共产党领导的游击战，多数也是利用林区森林隐蔽和山地有利的地形，取得胜利的。在现代战争中森林更具有其不可替代的作用：一是掩蔽作用。幽闭的森林，能阻挡光线，使各种依靠可见光侦察的仪器失灵，即使在空间技术、遥感技术高度发达的今天，也很难准确及时地发现隐藏在森林深处的军事目标，使得导弹和其他远射武器失去效用，从而对军队兵力和军事设施起着屏障作用；二是阻滞作用。森林可有效阻止坦克和装甲部队的推进，丛林也给直升机空降和步兵行动带来困难，能御防敌军的突袭。另外，树木会改变弹头的飞行方向，影响枪弹的命中率。手榴弹在丛林中的杀伤半径也会缩小；三是防核作用。森林能吸收和过滤大部分放射性污染，对冲击波、光辐射及生化武器有一定的防护作用。在密林地区，光辐射的强度削弱为原来的1/10~1/5，原子武器的杀伤半径也比平原减少一半；四是解决给养作用。在极端困难下，森林中大量的野果、野菜等可补充给养，渡过难关。森林中丰富的药用植物也是治疗伤员的重要药源；另外，森林中的木材、橡胶、桐油、生漆、松香、木炭等都是军工生产的重要原料。因此，可以说森林是军事作战的"天然掩体"，是军事设施的"天然屏障"，是军需物资的"天然仓库"，是生化武器和核武器的"天然防护衣"和"天然过滤器"。

（四）森林的文化功能

森林文化指以森林为背景或以森林为载体的文化现象和精神表述。森林的文化功能是指在人与森林相互联系的过程中，森林以自身的客观品质或者人类所赋予的品质对人所产生的身体和精神方面的影响，从而使人类获得生理和心理上的满足。森林是人类的摇篮，影响着人类生存发展的各个方面，而人在不断认识和改造森林的过程中，不断调整着两者的关系，使森林具有了人类的文化特征，也使人类生活烙上了森林的印记。森林文化随着人类的产生而产生，并随着人与森林的相互作用和社会的发展而不断丰富的。拓展提升并充分发挥森林的文化功能，有利于人们充分认识和挖掘森林的价值和效益，有利于促进社会主义文化的大繁荣大发展，对推进生态文明建设起到重要的导向、激励和鼓舞作用。

1.森林与汉字发展

（1）汉字的形成与林木密切相关

汉字属象形文字，其基本笔划是以树木为原型的，"一"、"丨"分别是树干的放倒和直立，"丿"、"丶"是树冠的方向，"丶"是树木的种子，"〈"是树干的某一分叉。在象形文字形成上，最早是草、木、土、石、水这些部首字类的出现，甲骨文中有"木"和不少"木"部汉字，如松、柏、桑、栗等。一撇一捺的"人"字，形同树冠，意味着人类的祖先是居住在树林下的。我国最早的一部较完整的字典《说文解字》，全书分列540个部首，共收字9 353个，其中，以"木"为部首的字达445个，以"艹"为部首的有464个，以竹为部首的有151个，占总收字数的11.3%。许多汉字的形成，也源于树木，如"果"的原形♣是树上的果实，"采"的原形♣是一只手在采摘果子，"休"的原形♣是一个人在树下休息，"相"用木和目并列，表示木杖替代盲人眼睛，有辅佐和帮助的意思。可以说，汉字包含着森林树木深深的烙印。

（2）森林树木在文字语言上有很多的积淀

如姓氏中的林、李、杨、柳、梅等，又如"桑梓"，古代村旁多栽桑和梓，"桑梓"成为故乡的代称；古印刷刻版多用梓木，故书籍印刷谓为"付梓"；杞、梓为良材，所以，木匠又称"梓匠""梓人"，"杞梓"比喻有能力的人；黄连木俗称"楷树"，树干挺拔，枝繁叶茂，适应性强，耐干旱瘠薄，寿命长，且木材纹理致密，质地柔韧，久藏不腐，亦不暴折。相传模树经冬不凋，色泽纯正，"不染尘俗"，而且都生长在圣贤的墓旁。楷树、模树为诸树之榜样，它们的形状与质地又为人们所喜爱、钦敬。所以后人便把那些品德高尚、受人尊敬、可为师表的模范榜样人物称为"楷模"，比喻人们的典范；椿树被认为是长寿树，故后人以"椿龄"作祝寿之辞，还称"椿庭"为父亲，"椿萱"为父母；古时桃、李遍植大地，所以"桃李"又作门生、弟子、学生之解，如"桃李满天下"。

语言上的积淀更是举不胜举。如"折柳"表示别离，成语"竹马之交"形容童年时代就要好的朋友，"金兰之交"指情谊契合、亲如兄弟的朋友，"青梅竹马"指自幼亲密玩耍的青年男女，"木已成舟"比喻事情已成为不可改变的定局，"胸有成竹"比喻做事之前早有通盘的考虑和谋划；又如谚语、俗语中的"十年树木、百年树人""失之东隅、收之桑榆""红花还得绿叶扶""树大招风、花开引蝶""没有梧桐树、哪来金凤凰""前人栽树、后人乘凉""只见树木、不见森林"，歇后语中的"树上的松鼠——上蹿下跳""树倒猢狲散——各奔前程""树林里放风筝——缠住了""芭蕉插在古树上——粗枝大叶""拔节的竹笋——天天向上"不熟的葡萄——酸味十足""不开裂的石榴——满肚花点子"等。

2. 森林与景观审美

森林具有形态美、色彩美、音韵美、芳香美、泉瀑美、意境美等，是自然美的重要组成部分。不同起源的森林、不同植物组成和不同层次的森林以及同一森林在不同的季节，都有各不相同的景观、意象和境界，供人游览鉴赏，给人以丰富的美感，这是森林美景的客观存在。可以说，北京香山有了亮丽的红叶才名闻天下，黄山有了壮美的黄山松才秀盖五岳，九寨沟有七彩的森林，才冠以"童话世界"。森林给人带来美的体验，人类还在欣赏森林之美的同时，通过景观的人工改变来创造森林的美，提高森林的美。如庭院花木、树桩盆景、插花艺术、园林造景和当前的城市林业、多功能林业，也是将艺术和森林相结合，让森林的美为普通大众所欣赏，使国土河山秀丽多姿，风光无限（图2-16）。

森林还能够激发人们的情感。各种花草树木，以其灵动和特有的生命力，让人可以感受寓含其中的种种涵义，有的甚至衍生出"花语"，让人触景生情，观树思境。如红豆代表相思，而人们看到红豆也会自然萌发对恋人的思念之情；百合的花语是纯洁、高贵、百事合意，红玫瑰的花语是热恋、我爱你。此外，萱草忘忧、花开富贵、竹报平安等都是寓意于植物中，而反过来又激发人们的情感。可见，森林和树木既可因其自身形态展现美，也可通过各种景象触发人类的情感。

图2-16　优美的森林景观

3. 森林与认知启迪

古代，森林和树木曾对汉字的发明和博物学知识作出重要贡献。现代，围绕着森林已经形成了林学、生物学、生态学、园艺学和药物学等众多学科，森林也成为了这些学科研究的对象和实验的基地。森林是一座知识宝库，包括天文、地理、数理化、文学艺术等，应有尽有，取之不尽，用之不竭。比如，一种植物、一片林木、一所公园、一条林带或一处公共场所的绿色植被，就含有许多种类不同的形态特征、生态习性、艺术效果以及养护管理等方面的知识，足够各代各层次的人士学习、研究和探索。某些植物还具有内涵丰富的文化，形成了独特的专门文化，如梅文化、竹文化、兰文化、茶文化等。通过对森林的不断探索和研究，不仅推动着相关科学的发展和进步，也让人们认识到生命的本质和人类自身的发展历程。

森林不仅对专业人员具有研究意义，而且对普通人也有着重要的教育意义。通过森林，人们可以认知生物的多样性，了解生物与人类、森林与环境的关系，从中获取智慧，吸取自然科学的营养，获得生态文化知识。走进森林，我们更能充分认识到森林的自然属性和价值，油然产生对森林的热爱之情，感悟自然界万物的同存共处与生命和谐，从而可以增强对环境的珍惜和保护意识，更加牢固地确立人与自然和谐相处的生态文化观。同时，可充实和净化自身的内心世界，并诱发对人生、社会的深层次思考。这种实地接触的教育往往比课堂教育有着更明显的效果。中国儒家"天人合一""仁民爱物"和道家"道法自然"等思想的形成都与森林有着重要的联系，他们更是自然智慧的践行者。因此，森林是人们接受科学教育的最佳课堂，也是实施生态文明教育的理想场所。近年来，欧洲国家普遍重视对青少年开展户外生态文明教育，我国也十分重视森林生态文化的教育及其基地的建设，目的就是为了更好地认知森林与自然，启迪人类的智慧，激发人类的灵感，增强人们的生态文明观。而这些智慧的发挥和观念的强化又会进一步加强森林的文化功能。

4. 森林与历史承载、地理指示

（1）森林有传承历史的价值

森林是人类文明的发源地，人类的发展史一直与森林休戚相关。一片森林、一棵古树便是一部历史，它在悠久的生长岁月里，记录了所经历的气候、水文、土壤及环境变化等信息。同时因为它与特定年代的人类活动息息相关，因而形成了特定的文化价值，具有特殊的历史意义。例如，天台国清寺的隋梅、泰山上的五大夫松等都和一定的历史人物和事件相联系。此外，特定的森林和一定的历史事件相关，成为具有历史功能的纪念林。例如，威海刘公岛森林公园，因为甲午海战而成为中国重要的历史坐标和爱国主义教育基地。即便是某单一树种也是一部历史，例如在中国，从夏商开始就种植柳树，延续至今，积淀形成了丰厚而别致的柳文化，像折柳惜别的民俗、关于柳的诗文等。而其他如松柏、银杏、竹、槐等也无不形成了自己特有的历史文化。

（2）森林有彰显地理的功能

首先，树木由于生长习性不同，其分布带就会不同，从而形成了以主要树种命名的区域，也可以通过该区域的主要树种分布来确定其地理位置，如热带雨林、亚热带常绿阔叶林、温带落叶阔叶林、沿海的红树林、东北的红松林等。其次，很多地方以某种树木而命名。例如巴西（名字来自巴西木）、巴巴多斯（名字来自于葡萄牙语，指遍地都是野生的无花果树）和我国的兰州、林芝、桂林、榆林、柳州、梅州、牡丹江、枣庄、柘城以及浙江省的桐乡、松阳、兰溪、枫桥、柳市、竹口等。北京市还有很多胡同也是以胡同中种的树命名的，例如柳树胡同、枣林胡同、椿树胡同等。再者，因为某些树木与当地地理气候和文化等紧密相关，一提起某种树木就很容易让人联想到这个地方，从而起到地理标志的作用。例如新疆的胡杨林、香山的红叶、洛阳的牡丹、黄山的黄山松、海南的椰子树等。有的因某一树种，在国名之称外，还有雅称，如日本（樱花之国）、加拿大（枫叶之国）、澳大利亚（桉树王国）、伊拉克（椰枣之乡）、马来西亚（橡胶王国）、斯里兰卡（红茶王国）、菲律宾（世界椰王）、葡萄牙（软木之国）、突尼斯（橄榄之邦）、坦桑尼亚（丁香岛）。此外，森林还可以发挥道路标志、田地分界等地理指示功能。

5. 森林与人文精神

人类在与森林的共同相处中，森林中的各种花草树木因为其本性特征经常会引起人们对某种品德、精神的感悟，人们也经常将某些德行、品格赋予一些花草树木，使其成为这种人文精神的载体。

（1）森林有一股刚正、高洁的精神

森林中空气良好、环境清静，森林树木昂然直立、挺拔向上，这是贞洁、刚正精神的外在表征，其内涵包括刚正不阿、不卑不亢、不事权贵、不随波逐流的品格和精神。梅花开在百花之先，独天下而春，凌霜傲雪，她不与百花争春，斗雪吐艳，凌寒留香，清雅俊逸，冰清玉洁，象征着奋力当先、勇敢担当、坚信不疑、自强不息的精神和坚贞不屈、纯洁高尚的品格。竹子修直挺拔，亭亭玉立，任凭风打雪压，宁折不弯，是高洁、刚直、不亢不卑的精神的表现。"未出土时尚有节，入云霄处仍虚心"，竹子空心，象征着虚心谦逊的品格，竹节拔高，比喻高风亮节。竹子高洁、刚直、谦虚的品格，常被看作不同流俗的高雅之士的象征。从苏东坡诗中的"宁可食无肉，不可居无竹"更可以领悟到竹子具有许多人格化的精神与品格。

（2）森林有一种坚韧、固守的精神

不同的森林树木，以其特有的耐瘠、耐旱、耐湿或耐盐等特性，坚强地在自然界生存，表现出强大的适应性和忍耐性。树木盘根错节、根系纵横交织，固守着大地，永不放弃，是固守精神的最好表现。有了森林树木的固守和坚韧，人类才得以有立足的绿洲和赖以寄托的精神家园。马尾松、黑松是绿化的先锋树种，它们不择地势，哪怕在瘠薄的山崖缝隙，也苍劲挺拔，枉而不屈，而且四季长青，是坚韧不拔、强固不屈的精神象征。陶渊明在《饮酒二十首》中写道："因值孤生松，敛翮遥来归。劲风无荣木，此荫独不衰"，也赞颂了松树不畏恶劣环境而坚韧挺拔的精神。无产阶级革命家陶铸还把松树的风格喻作共产主义风格。木麻黄为了适应盐碱地恶劣的生态环境，叶片全部退化，以枝代叶，倔强地生存。红树林不仅能很好地适应盐碱地的生境，而且能在潮间带生存繁衍，海潮涨时，沉入海水下，海潮退后，一片森林，人称"海底森林"。它们充满着坚持不懈、执着不怠、坚守不松的品质。胡杨"在缺水的大漠中顽强地生长，在如刀的沙漠风中勇敢地抗争，顽强地生存，在如火的骄阳中不屈地拼搏，在严寒的隆冬坚强地屹立""生而一千年不死，死而一千年不倒，倒而一千年不朽"，持久地坚守在贫瘠和少水的沙漠，生命力特别顽强，被世人称为"英雄树"，更是中华民族坚定不移、坚强不挠、坚固不弃的精神象征（图2-17）。

图2-17 胡杨：不朽的沙漠"英雄树"，顽强的风沙"守护神"

（3）森林有一份包容、和合的精神

森林中生长着不同科、属、种的植物以及相互依存的各种动物和微生物，是一种无私的接纳和包容。森林不管酷暑严寒和风吹雨打，都能荣辱不惊，从容自如，坦荡胸襟，吐故纳新，更体现了宽容大度的风格。森林中各种动植物和微生物在森林生态系统中各得其所，各得所需，不同植物之间以及植物和动物、微生物之间和谐相处，共生共荣，形成了一个融洽、协调、平衡的森林生态系统，又充满着中和、善合与协同的精神。"森林"一词，由 5 个木组成，更表明森林不是单独的一棵树，而是一个群落、一个由许多树木组成的团队，同一森林中不同的生物分布在不同的生态位上，而不同的森林又分布在不同的自然地理环境中，也充分体现了森林的协作和配合精神。

6. 森林与文学艺术

森林不仅为文学家、音乐家和艺术家等提供安静、舒适、优美的创作环境，而且还为他们产生"灵感"创造了条件，是文学艺术创造的源泉。法国文艺理论家丹纳曾经说过："艺术家是种子，而他的环境则是培养这颗种子的土壤和气候。森林环境，无疑是作家、艺术家、音乐家创作最好的温床和环境"。

（1）文学、影视作品中有很多森林内涵

我国第一部诗歌总集《诗经》中，提到了松、桧、桐、梓、杨等乔木 25 种，杞、榛等灌木 9 种，桃、李、梅等果树 9 种以及竹子等。从《楚辞》的"袅袅兮秋风，洞庭波兮木叶下"、汉代乐府古诗《古绝歌》的"秋霜白露下，桑叶郁有黄"以及《长歌行》的"阳光布德泽，万物生光辉"中，就可看出森林对这些诗歌的深刻影响。民歌、史诗、散文、小说等也有太多森林因素的影响，如乐府民歌的《陌上桑》《上山采蘼芜》《孔雀东南飞》等。《孔雀东南飞》中就有"东西植松柏，左右植梧桐；枝枝相覆盖，叶叶相交通"。古今文人的著名诗词中，吟咏绿色、寄情森林树木花草的更是举不胜举。如王维的《相思》、李白的《南轩松》、杜甫的《高楠》、白居易的《松声》、杜牧的《山行》、王安石的《桃源行》、苏轼的《孤山竹阁》、陆游的《咏梅》以及鲁迅《送增田涉君归国》、郭沫若的《黄山即景》和毛泽东的《咏梅》等都是吟颂树木花草或借绿抒情的，蒙古族的《江格尔》、藏族的《格桑尔王传》及《红宝石》《黑白战争》等史诗也是以森林、草原等为背景的。散文徐霞客的《徐霞客游记》、茅盾的《白杨礼赞》，小说《林海雪原》《山乡巨变》和电影《青山恋》《阿凡达》等，不是以树木花草为题材，就是以森林树木为背景。此外，就连传说中也还有各种树神、树精的故事。

（2）音乐中含许多森林元素

一方面森林是音乐的天堂，森林的树木花草及森林中的诸多声音，如风声、雨声、流水声、鸟鸣和竹、木本身的声音等，都是音乐创作的源泉，如《小白杨》《牡丹之歌》《在那桃花盛开的地方》《我爱米兰》《月光下的凤尾竹》与《二泉映月》《空山鸟语》《迷雾森林》《挪威的森林》等。另一方面，不少乐器是以竹材、木材等为基本材料制作的，如竹笛、箫、笙、京胡、朋筒、渔鼓、竹板琴等丝竹管弦大多是竹制的，琵琶、古筝、扬琴等弹拔乐器的琴体和二胡、板胡等拉弦乐器的琴杆、琴筒是用乌木、红木、紫檀或花梨木等制成。外国的乐器同样多数是木材制作的。可以说，森林与音乐的关系密不可分。

（3）绘画多数以森林或植物为题材

山水画涵盖了森林树木，如罗梭描绘森林的风景画，给人印象深刻。中国画也更多的凸现了森林和树木花卉，尤其是以松、竹、梅为题材的作品。

（4）工艺品不少以森林树木为材料

如木竹雕刻、根雕、家具和玩具、工艺品、竹编草编藤编、树桩盆景、艺术插花等等，可以说木竹是绝好的施艺对象，可充分展现工艺作品的风采。

7. 森林与宗教民俗

森林是人们生活、生产的物质基础之一，也是社会文化的一个烙印，所以，宗教、民俗与森林之间的关系千丝万缕。

（1）宗教与森林源远流长

"古来寺庙多树木"，宗教的场所绝大多数都选择在名山丛林，如佛教的"四大名山"和道教的"五岳"无不茂林环绕，杭州的灵隐寺和天台的国清寺、华顶寺也是层林环抱（图2-18）。而且宗教同树木的缘份密切，几乎每一个宗教都有自己的圣树，如佛教的菩提树、基督教的圣诞树，道教则视松树为仙树。据传，如来佛诞生在一棵菩提树（七叶树）下，并在那里受到启蒙教育。以至后人把菩提树当成佛的象征。而在希腊神话中，把不同的神树分给了每个神。在希腊古城（Dodona），有一棵栎树的叶片沙沙作响，就被认为是至高无上的神宙斯（God Zeus）在显圣。在德国和斯堪的纳维亚的神话中，栎树是属于掌管文化、艺术、战争、死者的最高之神 Odin 的，而椴树则是属于保护婚姻生活之神 Freyja 的。宗教教义还有植树护林的思想和信奉。如佛教历来提倡种树护绿，佛言"应经行处种树"（《大藏经》）。禅师栽树为什么，"一与山门作境致，二与后人作榜样"。国清寺历任的主持都非常重视植树和封山护林，寺内的"隋梅"相传为国清寺首任主持灌顶亲手种植的，已有1 400多年，至今老枝横斜，新枝繁茂，苍老遒劲，冠盖丈余，它是我国现存最古老的梅树之一（图2-19）。国清寺内院和四周苍松翠柏，森林茂密，是寺内和尚不懈栽种和长期巡守保护的成果。唐僧插梅、宋僧栽柏、元僧种杉、明僧植山茶、清僧种玉兰之说更是广为流传。且历代禅师

图 2-18　苍松翠柏与神圣的宗教之缘

图 2-19　天台国清寺内遒劲繁茂的千年古隋梅

一直倡导亦禅亦农，农禅结合，以生产自给，"修行不离生产，生产不离修行"成了寺庙弟子行持的准则，如江西云居山真如寺弟子禅修农耕，在海拔 1 300 米的山地种植和经营林木、果茶 3 600 多亩。宗教还把灵魂终极归宿于森林乐园，如佛教的佛国净土是树林满园，道教的仙人境界不仅山青水秀，而且长满巨柯乔林和奇花异草；基督教的天国花园是伊甸园，是树木茂盛、水草肥美的地方。

（2）民俗习惯与森林密切相关

各地的民俗习惯中，很多与森林树木有关。如桃符是历史悠久的汉族民俗文化。古人在辞旧迎新之际，在桃木上画"神荼""郁垒"二神的像或用桃木板分别写上二神的名字，悬挂或嵌缀于门首，用于压邪驱鬼，祈福灭祸。王安石有《元日》诗："总把新桃换旧符"，指的就是更换"桃符"；新年燃放"爆竹"也是一个传统民俗，在没有发明火药和纸张时，古人便用火烧竹子，使之爆裂发声，以驱逐瘟神，因竹子焚烧发出"噼噼叭叭"的响声，故称"爆竹"或"炮仗"；清明门上插柳、头戴柳环也是民俗。清代杨韫华《山圹棹歌》俗云："清明一霎又今朝，听得沿街卖柳条。相约比邻诸姐妹，一枝斜插绿云翘。"还有"清明不戴柳，红颜成皓首"之说呢；此外，端午插菖蒲、挂艾草，中秋有吴刚伐桂故事，重阳插茱萸、饮菊花酒等节日风俗都与树木花草有关；其他好多生产、生活等风俗，也与森林有关。

"图腾"就是将某种动物或植物等特定物体视作与本氏族有亲属或其他特殊关系的崇拜行为。处于氏族社会的原始人相信本氏族起源于某一动物、植物或其他特定物类，并认为这种物类是其氏族的象征和保护者，因而对之加以特殊爱护并举行各种崇拜活动，被称为图腾崇拜。我国传统最早记录时间顺序的"天干地支"，其最早的取义是树木的干和枝，至今农历纪年仍在延用，而"五行"中的"木"就是指树木。旧时民俗遇天旱祈雨时，有崇拜神树之俗，民宅落成时也有，前者崇拜的神树是桃树和柳树，后者是桃树，用桃木削成桃木剑，置于檐下以安宅。当然，崇拜神树，各民族有所不同。欧洲各民族树神崇拜的例子则更多，祭拜的树种对象和方式也更多。有些服饰风俗习惯也离不开森林

图 2-20 扎满符条的大树

植物，如古代先民头上戴的笠，是用藤蔓枝叶、竹叶或蒲葵叶扎制的，竹笠至今还有戴用。另如以前的草鞋、木屐等，也是以草、木为材料的。丝绸服装要用丝绸制作，生产丝绸要养蚕，而养蚕需要桑树。

生老病死同样与森林树木关联。我国有些地方在结婚时有不少祈子仪式，但往往都少不了枣、花生、桂园、李子和杏子等，寓意"早生贵子"。不少地方还有生了小孩拜树神的风俗，在宅旁村边的大树下点香挂符，以托拜树神保佑孩子健康成长。有的生了病也拜树神，在古树下烧香叩头，顶礼膜拜，企求树神来驱除病魔。不少人还在大树上扎符挂锁，以企盼树神来佑助心想事成或婚姻美满等（图2-20和图2-21）。古时有"为长者折枝"的敬老风俗，把树木作为权柄的象征。而"福、禄、寿"是中国人传统的完美追求，家庭中

图2-21 "神树"承载着人们对生活、情感的寄托

习惯悬挂的福、禄、寿图案中少不了桃、梅、兰、竹、菊等植物。桃是最常见的长寿象征，给老人祝寿便用寿桃。寿联上一般也写上"寿比南山不老松"，是人们把树木的生命作为追求的参照系。丧葬习俗和葬式中，棺椁普遍用楠木等良材制作。满、蒙民族人死后，有"树木杆于庭，上挂长幡"的现象，高挑的大幡作为招引亡魂的旗子，离不了树木。丧葬方式上还有树葬，古老的树葬是把死者置于深山或野外的大树上，任其风化。而现代的树葬则是把死者火化后的骨灰埋在土中，然后植上树木（或埋在已种上的树木根部）。这是一种值得推行的最为生态环保的葬法。

各地还有植树种花的各种习俗和新规。不少地方的村落有种养"风水林""风水树"的习惯，即在村宅前后栽种风水林、风水树，在所认同的风水处也大力植树。由于村民相信风水林、风水树能为村落带来好运，因此他们都会通过村规民约等严加保护。又如过去江浙一带的生女种樟和一些少数民族的添丁植树以及当前国内外盛行的节日（如植树节等）植树、新婚植树、定居植树、购车

植树以及相关的认种认养活动等。在年长的老人心目中，还把种树和造桥、铺路视为世人行善积德的三大行为风范，劝告人们要多种树绿化，以求功德无量、佑荫子孙。当今有的领导还对"树"字作了有意义的说文解字，即"树"由"木"和"对"组成，说明种树都是对的，"千对万对，种树最对；千错万错，种树没错"，倡导全社会要形成多种树木花卉的氛围。庭院绿化中还有树种选择上的风俗习惯。古人云：前不栽桑，后不栽柳，这是大部分人都知道的常识。但古今有"前樟后朴"之种植习俗，而柏树往往作为"坟头树"，普遍习惯栽种在坟山墓道上。此外，还有植榉树寓意"中举"，种香泡寓意"一炮打响"，栽枣子寓意"早生贵子"，种杏树寓意"幸福"，种石榴寓意"多子多福"，栽柿子寓意"红红火火"，种植罗汉松寓意"长寿、安康、吉祥"等习说。

另外，人们用来美化身边环境的一些植物或其商品名也是人们对福、禄、寿美好生活的期盼，如长寿花、万年青、含笑、合欢、吉祥草、元宝枫等，又如辛氏龙树称为富贵竹或万寿竹、开运竹，幌伞枫叫成富贵树，菜豆树称作幸福树，兰屿肉桂称为平安树，雪铁芋叫作金钱树，马拉巴栗叫为发财树，萱草又称忘忧草，红心凤梨叫作鸿运当头，连翘又叫黄金条，而"不老松"指的是龙血树等。

（五）树木与草坪的综合效益比较

1. 树木与草坪的生态效益比较

根据科学家研究测算，种植树木产生的生态效益是草坪的30多倍。

（1）碳氧平衡

1株乔木的绿量比1平方米草坪的绿量大20倍，每天比草坪吸收的二氧化碳多26倍，释放的氧气多24倍。

（2）吸收有毒有害气体

每公顷草坪年吸收二氧化硫21.7千克，而每公顷林木年吸收二氧化硫可达30.2千克。1公顷乔灌复层的绿地比1公顷草坪吸收的二氧化硫等有毒有害气体多38.5倍。

（3）除尘效果

据上海园林科学研究所测定，树木的减尘率是30.8%~52.7%，而草坪的减尘率是16.0%~39.3%，树木的减尘效果比草坪高出近1倍。

（4）减噪效应

树木的叶丛好似一种多孔材料，具有一定的吸音作用。生长方向各异的叶片能反射噪声波而造成微振，使声响强度减弱，而草坪几乎没有减噪作用。

（5）调节小气候

树木能把太阳辐射面和蒸腾面抬到离地面较高的位置，降低了地面温度，增加了空气的湿度，能有效改善小气候，并创造了荫蔽的人为活动空间。草坪由于植株低矮，太阳辐射面几乎接近地面，对地面降温作用不大，热气使人在夏季难以接近。

2. 树木与草坪的经济效益比较

首先，从投入上看，树木种植费用与草坪相差不大，但草坪的修剪、浇水、除草、复壮、除虫等比树木要求高得多，种植后的维护费用要远远高于树木。相同绿化面积下，种植树木和草坪的投资比例大约为 1∶10；草坪大都不耐践踏，且易感染病虫害。如果管理跟不上，草坪很快会荒废，常常造成很大的浪费；另外，因经常需要浇水，1 公顷草坪比 1 公顷树木的用水量多 37 倍以上。大面积的草坪浇水，对普遍缺少淡水资源的城市来说更是一个制约性的问题。这些也不符合节约型绿化的原则。其次，从收益上看，树木长大后，其木质产品和非木质产品的经济价值都较高，而草坪几乎没有什么经济收入。

3. 树木与草坪的社会效益比较

草坪低矮，景观相对单一，而树木高大，景观比较丰富；公共绿地上种植的草坪几乎都是观赏性的草坪，不耐践踏。为降低维护费用，常用"不准践踏草坪"等牌子把本是游憩和健身的地方，拒人之外，往往造成绿地面积很大，看上去很舒适，但活动面积很小，难以使生活在"水泥森林"中的人们接近自然、舒展身心。而用乔灌木配置的立体绿化，可以让人们更好地走进自然、亲近自然，并开展娱乐、休闲和健身等活动；在居住小区中，如有限的公共绿地上以铺植草坪为主，也违背了心理学上的私密性原则；另外，与草坪相比，树木寿命较长，还可以积淀文化、见证历史。因此，相同的绿化覆盖率，树木的社会效益比草坪大得多。

当然，绿化时要根据具体的环境和立地条件，因地制宜选择植物，宜树则树，宜草则草。如能将树木与草坪科学配置，融为一体，结构比例适当，可以达到虚实相宜、层次分明、错落有致、季相丰富的景观效果，综合效益也更佳。

（六）破坏森林的后果

森林是陆地生态系统的主体，对维持陆地生态平衡起着决定性的作用。但是，最近 100 多年来，人类对森林的破坏达到了十分惊人的程度。从全球角度看，森林锐减将直接导致六大生态危机。

1. 土地严重荒漠化

荒漠化是"地球的癌症",是全球生态危机之首。荒漠化最主要的原因之一是森林植被的破坏。由于森林植被的破坏,导致世界四大文明发祥地的衰落。非洲一些地区,在 20 世纪 50 年代以前还有许多森林植被,由于滥伐滥垦,许多地区如今已变成沙漠。撒哈拉沙漠每年向南侵吞 150 万公顷土地,向北侵吞 10 万公顷农田,现已向南扩展了 5 600 万公顷。南美洲的哥伦比亚,在近 150 年间由于砍伐了 1 500 万公顷的森林,导致 200 万公顷土地变成荒漠。目前,全球荒漠化土地面积已经达到 3 600 万平方千米,占陆地总面积的 1/4,成为全球生态的"头号杀手",而且每年仍以 5 万 ~7 万平方千米的速度在扩展。地球上已有 1/4 的土地基本失去了人类生存的条件,1/6 的人口受到危害。破坏森林导致的土地荒漠化,危害深重而残酷,甚至造成文明的转移、政权的衰败和人类生存空间的萎缩。

2. 水土大量流失

水土流失是森林破坏导致的最直接最严重的后果之一。研究表明,在自然力的作用下,形成 1 厘米厚的土壤需要 100~400 年的时间。森林是土壤重要的成土因素和最有效的保护层,失去森林就意味着失去肥沃的土地。据测定,在降雨 340 毫米的情况下,每公顷林地的土壤冲刷量仅为 60 千克,而裸地则达 6 750 千克,流失量比有林地高出 110 倍。只要地表有 1 厘米厚的枯枝落叶层,就可以把地表径流减少到裸地的 1/4 以下,泥沙量减少到裸地的 7% 以下;林地土壤的渗透力更强,一般为每小时 250 毫米,超过了一般降水的强度。一场暴雨,一般可被森林完全吸收。由于森林的严重破坏,全球水土流失日益加剧。目前,全球有 1/3 的土地受到严重侵蚀,每年约有 600 多亿吨肥沃的表土流失,地力衰退和养分缺乏的耕地面积已达 29.9 亿公顷,占陆地总面积的 23%。

3. 干旱缺水严重

森林能对降水起到重新分配的作用,将其大部分变成有效水。没有森林,降水会很快流失。森林被誉为"绿色的海洋""看不见的绿色水库"。据测定,每公顷森林可以涵蓄降水 300~1 000 立方米。美国前副总统戈尔在《濒危失衡的地球》一书中写道,埃塞俄比亚过去 40 年间,林地所占面积由 40% 下降到 1%,降水量大幅度下降,出现了长期的干旱、饥荒。由于森林锐减及水污染,造成了全球性的严重水荒。目前,60% 的大陆面积淡水资源不足,100 多个国家严重缺水,其中,缺水十分严重的国家达 40 多个,20 多亿人饮用水紧缺。争夺水资源而导致的邻国纠纷甚至诉诸武力,已成为引发社会动荡的根源之一。

4.洪涝灾害频发

森林凭借它庞大的林冠、深厚的枯枝落叶层和发达的根系，能够起到良好的调节降水、减少水土流失、防止水体淤积和减轻涝灾的作用。孟加拉国由于大量砍伐森林，洪水灾害由历史上的50年一次上升到20世纪70~80年代的每4年一次。非洲、拉丁美洲由于天然林的大面积砍伐，水灾也频繁发生。

5.物种纷纷灭绝

森林是"物种之家"，森林的消失，必将伴随的是物种的消亡。科学家分析，一片森林面积减少10%，能继续在森林中生存的物种就将减少一半。地球上有500万~3 000万种生物，其中，一半以上在森林中栖息繁衍。由于全球森林的大量破坏，现有物种的灭绝速度是自然灭绝速度的1 000倍。目前，地球上的物种已消失了25%，还有20%~30%的物种存在灭绝的危险。

6.温室效应加剧

人类大量使用化石燃料，使得大气中二氧化碳浓度在过去110多年里由270毫升/立方米上升到350毫升/立方米，引起了温室效应，导致北极地区的冰盖已减少了42%。近100年来，海平面也因此上升了50厘米。如果温室效应继续下去，海平面再上升50厘米，全球30%的人口就得迁移。森林能固碳释氧，每公顷森林平均每生产10吨干物质，能吸收16吨二氧化碳，释放12吨氧气。营造森林是成本最低的控制二氧化碳，减缓温室效应的措施。森林的破坏，无疑会助加温室效应。

小知识

科学家断言：

假如没有森林；

沙漠扩大，水土流失严重；

90%的动植物将面临干渴的威胁；

风速将增加60%~80%，亿万人将毁于风灾；

陆地上90%的生物将消失，450万个物种将灭绝；

全世界70%的淡水会白白流入大海，人类将现淡水危机；

人类得不到木柴、建材、林副产品，经济生活将遇到巨大困难；

生活用炭将减少70%，生物放氧将减少67%，二氧化碳将大量增加；

空气污染、噪声污染、太阳辐射增加，地球不断升温，人类将无法生存。

可以看出，破坏森林的后果是极其严重的。目前，森林锐减导致的一系列生态危机，已经构成了对人类的严重威胁，国际社会对此给予了前所未有的关注。1984 年，罗马俱乐部的科学家们强烈呼吁："要拯救地球上的生态环境，首先要拯救地球上的森林。"联合国粮农组织原总干事萨乌马指出："森林即人类之前途，地球之平衡。"1992 年，世界环发大会《关于森林问题的原则声明》称："在本次世界最高级会议要解决的问题中，没有任何问题比林业更重要了。"

三、植树造林和城市森林建设

（一）植树造林

1.常用术语

（1）绿化

就是把一定的地面（空间）通过植树造林和种花种草等措施覆盖或装点起来，以改善生态、美化环境的活动。

（2）造林

种植树木面积较大而且将来能形成森林和森林环境的，称为造林。

（3）植树

种植树木面积很小，将来不能形成森林和森林环境的，称为植树。

（4）垂直绿化

是利用较小的上地面积，通过棚架、墙体、悬垂等形式绿化空间的一种绿化方式。

（5）"四旁"植树

指在村旁、路旁、水旁、宅旁进行的植树活动。

（6）良种

遗传品质好（即品种优良）或播种品质好，即发育健全，纯净、饱满、种粒大而重、发芽率高、生命力强，无病虫害的种子。

（7）壮苗

就是苗木茎干通直、粗壮、高粗均匀、枝梢充分木质化，具有坚实饱满的顶芽，根系发达、主根短而粗、侧根须根多，无病虫害和机械损伤的苗木。

良种壮苗是造林成活、生长健康和成林成材的重要因素。

（8）造林成活率

造林后一年内成活的株数占造林总株数的百分比。造林成活不等于成林，造林成活率仅反映造林后的短期效果，一般只作为衡量造林工程质量的尺度之一。

（9）造林保存率

造林后郁闭成林的面积占造林累计总面积的百分比。一般要在造林后第二年起才能计算。它是反映较长期间造林投资效果的指标之一。

（10）绿化覆盖率

指一个地区或单位树木花草等所有植被的绿化覆盖面积（即绿化垂直投影面积）占该地区或单位土地总面积的百分比。

绿化覆盖率 (%)= 绿化的垂直投影合计面积 / 土地总面积 × 100。

（11）绿地率

指一个地区或单位范围内各类绿地面积的总和占土地总面积的百分比。绿地面积即是用于绿化的土地面积。

绿地率 (%)= 各类绿地合计面积 / 土地总面积 × 100。

（12）人均公共绿地面积

指一个城市（镇）或地区的公共绿地面积与相应区域范围内的人口之比（即人均占有量），以平方米 / 人表示。

人均公共绿地面积 = 公共绿地面积 / 人口数量。

（13）人均公园绿地面积

指一个城市（镇）或地区的公园绿地面积与相应区域范围内的人口之比（即人均占有量），以平方米 / 人表示。

人均公园绿地面积 = 公园绿地面积 / 人口数量。

2.造林的方法和基本措施

（1）造林的方法

根据造林时所使用的造林材料不同，分为播种造林、植苗造林和无性繁殖造林 3 种。

① 播种造林，也叫直播造林：指把种子直接播在造林地上而培育森林的方法。可分为人工播种和飞机播种两种方法。人工播种又有块播（块状播种）、穴播、条播和撒播等方法。

② 植苗造林：指用苗木作为造林材料进行造林的方法。它适用于绝大多数树种的造林，应用最为广泛。

③ 无性繁殖造林：利用树木的部分营养器官（主要是根、茎等），直接栽种在造林地上的造林方法。这种方法适用于无性繁殖能力强的树种，技术相对简

单，易于掌握，并可保持母本的优良性状。根据所用营养器官和具体操作的不同，又可分为插条、插干、分根和地下茎造林。

（2）植树造林的基本措施

植树造林的基本措施：良种壮苗，适地适树，细致整地，合理密度，精心栽培，抚育管护。

（3）栽植苗木的要点

栽植苗木的要点：苗要扶正，根要舒展，土要踩实，水要浇透（图3-1）。

（4）什么叫适地适树？如何做到适地适树

适地适树就是指造林树种的特性（主要是生态学特性）与造林地的立地条件相适应，使所选择的树种尽可能充分利用地力，在该立地栽种的林分能达到在当前的技术经济条件下可能达到的最大效益。

要做到适地适树，有4种途径：一是选树适地，即根据造林地的立地条件选择在此条件下最适宜的树种；二是选地适树，即根据树种的特性选择最适宜的造林地；三是改地适树，即当造林地的条件不能满足造林树种的要求而必须种植发展这一树种时，可以采取人为的措施改善造林地条件，使该造林地的条件与所要种植树

图3-1　植苗造林

种的特性相适宜，这种途径相对难度较大；四是改树适地，即通过引进别的外地树种或通过育种改变树种的原有特性，使之适应原来不适应的造林地立地条件。

这4条途径是相互补充、相辅相成的。在当前的技术、经济条件下，改地、改树都是有限的，而且这二者也只有在地与树尽量适应的基础上才能有效。在实际上应多提倡立足于应用乡土树种，通过选树适地或选地适树，开展植树造林。

3.植树造林的树种选择

（1）浙江省不同立地类型植树造林的主要树种

① 平原（含道路、河渠等两侧）绿化主要树种：水杉、池杉、落羽杉、墨西哥落羽杉、中山杉、湿地松、香樟、重阳木、银杏、黄连木、香椿、臭椿、马褂木、黄山栾树、无患子、垂柳、枫杨、苦楝、榔榆、朴树、榉树、桤木、女贞、乌桕、杜英、珊瑚朴、喜树、冬青、红叶石楠、金合欢、水松、水紫树、薄壳山核桃、桂花、木芙蓉、夹竹桃、木槿、鸡爪槭、紫薇、红叶李、樱花、紫穗槐、柑橘、枇杷、桃、梨、柿、石榴、枣和桑等。

② 城镇、村庄绿化主要树种：雪松、金钱松、南方红豆杉、水杉、池杉、落羽杉、墨西哥落羽杉、东方杉、中山杉、湿地松、香榧、罗汉松、银杏、悬铃木、梧桐、龙柏、桧柏、侧柏、圆柏、竹柏、玉兰、广玉兰、紫玉兰、乐昌含笑、深山含笑、乳源木莲、红枫、鸡爪槭、厚朴、杜仲、重阳木、香樟、浙江樟、杜英、浙江楠、华东楠、红楠、石楠、檫木、合欢、金合欢、垂柳、香椿、苦楝、桤木、榔榆、朴树、榉树、南酸枣、女贞、金叶女贞、冬青、龟甲冬青、乌桕、黄山栾树、马褂木、珊瑚朴、喜树、黄连木、红叶石楠、无患子、薄壳山核桃、棕榈、海枣、蒲葵、丝葵、珊瑚树、桂花、木芙蓉、金丝柳、夹竹桃、木槿、鸡爪槭、紫薇、碧桃、红叶李、梅花、樱花、海棠、茶花、茶梅、佛肚竹、孝顺竹、凤尾竹、青皮竹、水竹、淡竹、紫竹、雷竹、柑橘、枇杷、桃、梨、杏、梅、李、柿、石榴、香泡、枣、桑、十大功劳、杜鹃、含笑、海桐、火棘和红花檵木等。

③ 沿海滩涂造林主要树种：

a. 含盐量4‰以上：秋茄*、柽柳、海滨木槿、夹竹桃、木麻黄*、邓恩桉*、赤桉*、弗栎、红千层*、滨柃、蜡杨梅、紫穗槐等。

b. 含盐量2‰~4‰：加拿利海枣、白蜡类（绒毛白蜡、常青白蜡、洋白蜡等）、圆蜡、肉花卫矛、珊瑚树、木芙蓉、墨西哥落羽杉、东方杉、北美落羽杉、苦槛蓝、红叶石楠、哺鸡竹、竹柳、刺槐、紫穗槐、胡枝子、桤木、重阳木、美洲黑杨、大叶榉、黄连木、无患子、女贞、丝葵和棕榈等。

c. 含盐量1‰~2‰：中山杉、水杉、池杉、落羽杉、湿地松、桧柏、侧柏、龙柏、红楠、臭椿、香椿、苦楝、樟叶槭、香樟、合欢、黄山栾树、蓝果树、冬青、乌桕、水松、杨树、榆树、垂柳、柳杉、紫薇、红叶李、海桐、梨、无花果、柑橘和桑等。

注：带"※"的树种适于台州湾及以南地区种植

④丘陵山地造林主要树种：木荷、枫香、苦槠、甜槠、杜英、香樟、浙江樟、普陀樟、深山含笑、青冈栎、杉木、马尾松、湿地松、火炬松、柏木、柳杉、浙江楠、紫楠、闽楠、红楠、红豆树、红豆杉、江南油杉、银杏、榧树、毛红椿、光皮桦、黄连木、南酸枣、马褂木、檫木、香椿、薄壳山核桃、香榧、朴树、栾树、榆树、栲树、石栎、榉树、无患子、重阳木、乳源木莲、乐昌含笑、大叶冬青、女贞、杨梅、柑橘、枇杷、板栗、柿树、厚朴、杜仲、毛竹和油茶等。

（2）对有害物质具有抗性的树种

有些企业在生产过程中会产生有害物质，对环境造成污染，不仅有碍人体健康，可能还会影响生产的顺利进行和产品的质量。选择具有特种抗性的树种进行绿化，可阻隔、吸收有害物质，改善生态环境，补充生产条件，促进企业职工和周围群众的身心健康。

①抗二氧化硫的树种（适用于种植在大量燃煤的钢铁厂、发电厂等厂区绿化）

a.抗性强的树种：大叶黄杨、雀舌黄杨、瓜子黄杨、女贞、小叶女贞、龙柏、桧柏、侧柏、夹竹桃、加杨、棕榈、凤尾兰、构骨、枇杷、金橘、构树、无花果、青冈栎、白蜡、桑树、白榆、柳树、卫矛、丁香、十大功劳、枫杨、刺槐、臭椿、香椿、日本柳杉、红茴香、鹅掌楸、凹叶厚朴、深山含笑、细叶香桂、杜仲、红花油茶、厚皮香和枸杞等。

b.抗性较强的树种：花柏、竹柏、罗汉松、苦楝、朴树、榉树、毛白杨、丝棉木、木槿、泡桐、槐树、合欢、银杏、樟树、乌桕、金银木、紫荆、柿树、粗榧、桉树、交让木、胡颓子、八角金盘、七叶树、月桂、紫薇、天目木兰、皂荚和山楂等。

②抗氟化氢的树种（适用于铝电解厂、磷肥厂、磷酸厂、炼钢厂、砖瓦厂等厂区绿化）

a.抗性强的树种：大叶黄杨、海桐、蚊母、山茶、棕榈、凤尾兰、瓜子黄杨、悬铃木、龙柏、桧柏、杨树、朴树、石榴、香椿、丝棉木、红茴香、细叶香桂、柑桔、樱桃、杜仲、红花油茶和厚皮香等。

b.抗性较强的树种：女贞、白玉兰、珊瑚树、无花果、垂柳、桑树、桂花、枣树、樟树、夹竹桃、青桐、木槿、楝树、榆树、臭椿、刺槐、合欢、皂荚、白蜡、柽柳、侧柏、泡桐、月季、鹅掌楸、乌桕、天目木兰、野玉兰、凹叶厚朴、深山含笑和紫薇等。

③抗氯气的树种（适用于塑料厂、化工厂等厂区绿化）

a. 抗性强的树种：龙柏、大叶黄杨、海桐、蚊母、山茶、女贞、夹竹桃、凤尾兰、棕榈、构树、木槿、紫藤、无花果、樱花、构骨、臭椿、细叶香桂、杜仲、厚皮香、白蜡、桑树和柳树等。

b. 抗性较强的树种：珊瑚树、樟树、广玉兰、栀子花、青桐、桑树、楝树、朴树、无花果、侧柏、桧柏、鹅掌楸、合欢、木麻黄、蒲葵、罗汉松、桂花、石榴、紫薇、紫荆、紫树槐、榆树、槐树、刺槐、毛白杨、石楠、榉树、泡桐、乌桕、悬铃木、水杉、天目木兰、野玉兰、凹叶厚朴、月桂和红花油茶等。

④抗乙烯的树种（适用于人造纤维工厂等厂区绿化）：夹竹桃、棕榈、悬铃木、凤尾兰、黑松、女贞、榆树、枫杨、重阳木、乌桕、红叶李、柳树、香樟、罗汉松和白蜡等。

⑤抗氯化氢的树种：龙柏、夹竹桃、大叶黄杨、女贞、罗汉松、茶花、凤尾兰、臭椿、构树、枫杨、加杨、朴树、白榆、枣树、无花果、合欢、槐树、乌桕、垂柳、樱花、紫藤、紫薇、木槿和木芙蓉等。

⑥抗二氧化氮的树种：龙柏、夹竹桃、大叶黄杨、悬铃木、赤桉、棕榈、女贞、冬青、刺槐、樟树、构树、广玉兰、臭椿、无花果、桑树、楝树、合欢、构树、枫杨、乌桕、垂柳、石榴和泡桐等。

⑦抗硝酸雾的树种：罗汉松、臭椿、无花果、桑树、石榴、泡桐、木槿和木芙蓉等。

⑧抗苯的树种：棕榈、女贞、无花果、楝树、桑树、法国梧桐、枫杨、喜树和月季等。

⑨抗乙炔的树种：日本柳杉、女贞、珊瑚树、构树、臭椿、石榴、柳树和紫荆等。

⑩抗臭氧的树种：悬铃木、枫杨、刺槐、银杏、柳杉、日本扁柏、樟树、青冈栎、女贞、夹竹桃、冬青和马褂木等。

（3）乡土树种

乡土树种是指本地区原有天然分布的树种，通常所说的土生土长的树种，也包括引种多年且在当地一直表现良好的外来树种。乡土树种经过了本地气候环境的长期考验，适应性强，不仅造林成活率、保存率较高，而且种植后长势较好，具有成本低、风险小、效益高的优势。

浙江省可用来植树造林的乡土树种主要有：香樟、浙江樟、浙江楠、红楠、石楠、紫楠、刨花楠、榉树、花榈木、苦槠、甜槠、青冈栎、麻栎、栲树、木荷、枫香、杜英、重阳木、檫木、合欢、黄连木、黄檀、南酸枣、朴树、乌桕、无患子、梧桐、皂荚、深山含笑、乳源木莲、毛红椿、厚朴、杜仲、南方红豆杉、榧树、枫杨、苦楝、榔榆、杏椿、臭椿、浙江柿、冬青、女贞、木槿、石斑木、黄杨、檵木、柃木、胡枝子、紫穗槐、棕榈、杉木、柏木、柳杉、毛竹、柑桔、杨梅、枇杷、板栗、锥栗、柿、桃、梨、桑、茶叶和油茶等。

（4）珍贵树种和彩色树种

①珍贵树种：是指属于我国特产稀有或濒于灭绝的树种以及目前虽有一定数量，但也逐渐减少的优良树种的统称。

浙江省共有木本植物 109 种 423 属 1 400 多种，是全国珍贵树种种源最丰富、分布较集中的省份之一，其中列入《中国主要栽培珍贵树种参考名录》的就有南方红豆杉、红豆树、楠木类、榉树、银杏、香榧树、毛红椿、光皮桦和黄连木等。

浙江省绿化造林优先推荐的珍贵树种有银杏（非嫁接）、江南油杉、柏木、南方红豆杉、香榧树（非嫁接）、光皮桦、赤皮青冈栎、榉树、浙江楠、闽楠、桢楠、浙江樟、刨花楠、檫木、杂交马褂木、红豆树、毛红椿、香椿、黄连木、黄檀等 20 种；一般推荐的珍贵树种有南方铁杉、黄杉、金钱松、薄壳山核桃、少叶黄杞、多脉铁木、普陀鹅耳枥、锥栗、栲树、甜槠、细叶青冈栎、长序榆、青檀、光叶榉、连香树、香樟、普陀樟、红楠、紫楠、舟山新木姜子、天目木姜子、乳源木莲、深山含笑、伯乐树、细柄蕈树、华东稠李、南岭黄檀、花榈木、黄杨、南酸枣、大叶冬青、小果冬青、南京椴、蓝果树、浙江柿、香果树等 55 种；引进推广的珍贵树种有格木、紫檀、印度黄檀、降香黄檀等 4 种。

②彩色树种：通常指的是具有彩色观赏效果的树木，可分为观叶、观花和观果树种。

常见的观叶树种有银杏、红叶石楠、枫香、红枫、无患子、乌桕、黄连木、檫木、野漆树、金叶女贞、马褂木、红叶李、黄山栾树、槭树、黄栌、黄金槐、落羽杉、中山杉、丝棉木、红花檵木和火棘等（图3-2）。

常见的观花树种有桂花、梅花、樱花、白玉兰、紫玉兰、黄山栾树、海棠、碧桃、紫薇、紫荆、木芙蓉、月季、茶花和茶梅等（图3-3）。

常见的观果树种有大叶冬青、红果冬青、柿树、杨梅、柑橘、枇杷、石榴、柚子、桃、杏、李、金橘、佛手、火棘和南天竹等（图3-4）。

4. 植树节及与绿化造林相关的其他节日

（1）植树节由来

"植树节"是一些国家以法律形式规定的以绿化宣传与动员群众参加义务造

图 3-3　黄山栾树

图 3-2　银杏

图 3-4　柿树

林等为活动内容的节日。按时间长短可分为植树日、植树周或植树月，总称植树节。通过这种活动，以提高人们对森林功能和作用的认识，激发人们爱林、造林的感情，促进国土绿化，达到爱林、育林、护林和扩大森林资源、改善生态环境的目的。

近代植树节最早是由美国的内布拉斯加州发起的。19 世纪以前，内布拉斯加州是一片光秃秃的荒原，树木稀少，土地干燥，大风一起，黄沙满天，人民深受其苦。1872 年，美国著名农学家朱利叶斯·斯特林·莫尔顿提议在内布拉斯加州规定植树节，动员人民有计划地植树造林。当时的州农业局通过决议采纳了这一提议，并由州长亲自规定今后每年 4 月的第三个星期三为植树节。这一决定做出后，当年就植树上百万棵。此后的 16 年间，又先后植树 6 亿棵，终于使内布拉斯加州 10 万公顷的荒野变成了茂密的森林。为了表彰莫尔顿的功绩，1885 年州议会正式规定以莫尔顿先生的生日 4 月 22 日为每年的植树节，并放假 1 天。

在美国，植树节是一个州定节日，没有全国统一规定的日期。但是每年 4—5 月，美国各州都要组织植树节活动。

（2）我国植树节的来历和演变

中国古代虽有劝民植树的做法，但由国家以法律形式明文规定植树节日则始于近代，又因时代的演变先后作了 3 次改定，即辛亥革命后、北伐完成后和中华人民共和国成立以后都确定过植树节。

辛亥革命后民国 4 年（1915 年），由当时农商部总长周自齐呈准大总统，以每年的清明节为植树节，指定地点，选择树种，全国各级政府、机关、学校如期参加，举行植树节典礼并从事植树。经当年 7 月 21 日批准，通令全国如期遵照办理。

民主革命先行者孙中山先生生前十分重视植树造林，他强调中国必须"急兴农学，讲求树艺"。民国 17 年（1928 年）北伐完成后，4 月 7 日由国民党政府通令全国"嗣后旧历清明节应改为总理逝世纪念植树式"。民国 18 年（1929 年）2 月 9 日，农矿部又以部令公布《总理逝世纪念植树式各省植树暂行条例》16 条。时任农矿部长易陪基遵照孙中山先生遗训，积极提倡造林，于民国 19 年（1930 年）2 月呈准行政院及国民政府，自 3 月 9 日至 15 日 1 周时间为"造林运动宣传周"，于 12 日孙中山先生逝世纪念日举行植树式，从此民国政府把孙中山逝世之日即 3 月 12 日定为植树节，以示纪念。

中华人民共和国成立以后，党和政府将绿化中华列为"功在当代，利在千秋"的伟大工程，毛泽东主席向全国人民发出了"绿化祖国"、"实现大地园林化"的号召。1979 年 2 月在第五届全国人民代表大会常务委员会第六次会议上，听取了时任国家林业总局罗玉川局长关于提请审议《中华人民共和国森林法》（试行草案）和决定以每年 3 月 12 日为我国植树节的说明后，大会予以了通过，确定每年的 3 月 12 日为我国的植树节，以鼓励全国各族人民植树造林，绿化祖国，改善环境，造福子孙后代。

虽然确定了植树节，但因我国幅员辽阔，各地气候差异很大，植树的适宜季节也不同。各省、各地区除了在 3 月 12 日的植树节前后大力宣传植树造林的意义和组织绿化造林外，还因地制宜确定了本省本地区的植树日、植树周或植树月。如北京把每年 4 月的第一个星期日作为植树日，浙江省把每年的 2 月 15 日至 3 月 15 日作为绿化造林月。

（3）中国植树节节徽

为了加深人们对我国植树节的认识，使植树造林、绿化祖国年复一年，世世代代地开展下去，更有力地吸引全国人民、海外侨胞和港澳同胞以及国际友好人士的关注，推动祖国绿化事业的持续发展，根据群众的建议和形势发展的需要，在广泛征求意见的基础上，1984 年 2 月，全国绿化委员会第三次全体会议审定通过了"中国植树节节徽"（图 3–5）。

三、植树造林和城市森林建设

中国植树节节徽是一个形象生动、内容丰富、寓意深刻的标志。

1. 树形：表示全民义务植树 3 至 5 棵，人人动手，绿化祖国大地。

2. "中国植树节"和"3.12"：表示改造自然、造福人类，年年植树，坚韧不拔的决心。

3. 五棵树：可会意为"森林"，由此引伸连接着外圈，显示着绿化祖国，实现以森林为主体的自然生态体系的良性循环。

图 3-5　中国植树节节徽和简要说明文字

（4）世界各国的植树节

据联合国统计，目前世界上已有 50 多个国家设立了植树节。因国情和地理位置的不同，其称呼和时间也不同。全年 12 个月，每月都会有国家欢度植树节。

1 月　巴勒斯坦：1 月 6 日。

约旦：1 月 15 日。

2 月　西班牙：2 月 1 日起的第 1 周作为"植树周"。

3 月　伊拉克、阿拉伯也门共和国：3 月 6 日。

中国：3 月 12 日。

爱尔兰：3 月 17 日。

法国：3 月为绿化月，3 月 31 日为植树日。

瑞典：每年 3 月开展"森林周"活动。

4 月　日本：4 月 1 至 7 日为绿化周，4 月 3 日为植树节。

朝鲜：4 月 6 日为全国植树节，4 月和 10 月为植树月。

美国：4 月 10 日。各州都有植树节。

德国：4 月 25—26 日。

5 月　澳大利亚：5 月第 1 个星期五。

多米尼加：5 月第 1 个星期日。

委内瑞拉：5 月 23 日。

危地马拉：5 月最后 1 个星期日。

洪都拉斯：5 月 30 日。

加拿大：5 月份内开展全国森林周活动。

6 月　多哥：6 月 1 日。

萨尔瓦多：6 月 21 日（与教师节合在一起）。

芬兰：把植树节和森林改良运动结合起来，时间为 6 月 10 日或 24 日。

尼加拉瓜：6 月最后 1 个星期日。

缅甸·6 月为植树月。

墨西哥：6—9 月雨季举行植树节。

7 月　印度：7 月第 1 周。

8 月　尼日尔：8 月 3 日。

巴基斯坦：8 月 4 日。

新西兰：8 月第 1 个星期三。

玻利维亚：8 月 20 日。

塞内加尔：8 月上旬到 10 月中旬。

9 月　菲律宾：9 月第 2 个星期六。

斯里兰卡：9 月 17 日。

巴西：9 月 21 日。

泰国：9 月 24 日（与国庆节同 1 天）。

埃及：9—11 月。

10 月　古巴：10 月 10 日。

哥伦比亚、厄瓜多尔：10 月 12 日。

11 月　新加坡：11 月 3 日。

西萨摩亚：11 月 5 日。

英国：11 月 6—12 日为全国植树周。

突尼斯：11 月 18 日。

意大利：11 月 21 日。

12 月　黎巴嫩：12 月第 1 周为植树周。

赞比亚：12 月 15 日。

印度尼西亚：12 月 17—24 日为全国植树周。

叙利亚：12 月最后 1 个星期四。

其他　阿尔及利亚：每年造林季节的每个星期五为义务植树日。

阿根廷：每年举行一次植树节活动，具体时间全国各地不统一。

俄罗斯：月份和日期由各地因地制宜而定。

希腊：每年仲秋时节或秋末，造林季节开始时举行植树节。

南斯拉夫：1947 年以来，春天举行"森林节"活动，秋天举行"造林周"活动。

（5）与绿化造林相关的其他节日

世界森林日

又称"世界林业节"，联合国粮农组织（FAO）把每年的 3 月 21 日确定为"世界森林日"。这个纪念日是于 1971 年，在欧洲农业联盟的特内里弗岛大会上，由西班牙提出倡议并得到一致通过的。同年 11 月，联合国粮农组织（FAO）正式予以确认。以引起各国对人类的绿色保护神——森林资源的重视，通过协调人类与森林的关系，实现森林资源的可持续利用。

1972 年 3 月 21 日为首次"世界森林日"。有的国家把这一天定为植树节；有的国家根据本国的特定环境和需求，确定了自己的植树节。"世界森林日"除了植树外，而今更加广泛关注森林与民生的更深层次的本质问题。

世界地球日

最初地球日选择在春分节气，这一天在全世界的任何一个角落昼夜时长均相等，阳光可以同时照耀在南极点和北极点上，这代表了世界的平等，同时也象征着人类要抛开彼此间的争议和不同，和谐共存。

1970 年 4 月 22 日，美国各地掀起了一场声势浩大的群众性的环境保护运动，大约有 2 000 万人参加了活动，旨在唤起人类爱护地球、保护家园的意识，促进资源开发与环境保护的协调发展，进而改善地球的整体环境。尔后它的影响随着环保事业的发展而日益扩大。2009 年 4 月 22 日，第 63 届联合国大会一致通过决议，将每年的 4 月 22 日定为"世界地球日"。

国际生物多样性日

生物多样性是地球上生命经过几十亿年发展进化的结果，是人类赖以生存的物质基础。1992 年在巴西当时的首都里约热内卢召开的联合国环境与发展大会上，153 个国家签署了《保护生物多样性公约》。决议将每年的 12 月 29 日定为"国际生物多样性日"，以提高人们对保护生物多样性重要性的认识。2001 年 5 月 17 日，根据第 55 届联合国大会第 201 号决议，国际生物多样性日改为每年 5 月 22 日，并每年确定一个活动主题。

联合国前秘书长安南说，生物多样性是人类生命支柱之一，对稳定气候和恢复土壤起着重要作用，是人类实现可持续发展和联合国千年发展目标的重要保障。但是，由于乱砍滥伐森林、植被破坏、滥捕乱猎和环境污染等原因，如今世界上的生物物种正在以每小时一种的速度消失。而物种一旦消失，就不会再生。消失的物种不仅会使人类失去一种自然资源，还会通过生物链引起连锁反应，影响其他物种的生存，导致丰富的生物多样性受到严重威胁。"国际生物多样性日"的诞生，说明人们开始认识自然保护的重要，并将由此引起国际社会、各国政府及公众更为广泛的关注。

世界环境日

1972 年 6 月 5 日，联合国在瑞典首都斯德哥尔摩召开了联合国第一次人类环境会议，通过了著名的《人类环境宣言》及保护全球环境的"行动计划"，提出"为了这一代和将来世世代代保护和改善环境"的口号，并提出将每年的 6 月 5 日定为"世界环境日"。同年 10 月，第 27 届联合国大会通过决议接受了该建议。世界环境日是联合国促进全球环境意识、提高政府对环境问题的注意并采取行动的主要媒介之一。

联合国环境规划署每年 6 月 5 日选择一个成员国举行"世界环境日"纪念活动，发表《环境现状的年度报告书》及表彰"全球 500 佳"，并根据当年的世界主要环境问题及环境热点，有针对性地制定"世界环境日"主题。中国环保部（原为国家环保总局）在这期间发布中国环境状况公报。

世界防治荒漠化和干旱日

1994 年 12 月 19 日，第 49 届联合国大会根据联大第二委员会（经济和财政）的建议，通过了 49/115 号决议，从 1995 年起把每年的 6 月 17 日定为"世界防治荒漠化和干旱日"，旨在进一步提高世界各国人民对防治荒漠化重要性的认识，唤起人们防治荒漠化的责任心和紧迫感。

荒漠化是指气候异常和人类活动等因素造成的干旱、半干旱和亚湿润干旱地区的土地退化，造成土壤表面沙化或板结从而成为不毛之地。全球荒漠化面积已达到 3 600 万平方千米，占到整个地球陆地面积的 1/4，相当于俄罗斯、加拿大、中国和美国国土面积的总和。全世界受荒漠化影响的国家有 100 多个，约 9 亿人。荒漠化被视为人类在环境领域面临的主要挑战之一。

1995—2001 年，每年的 6 月 17 日缔约方和相关国际组织按照自行确定的主题开展纪念活动。2001 年第五次缔约方大会期间在中国代表团的建议下，大会通过第 22 号决议，自 2002 年起，每年发布世界防治荒漠化和干旱日的国际主题。

5. 义务植树

（1）我国义务植树的发起和规定

我国义务植树是由邓小平于 1981 年 9 月发起倡议，经中央书记处讨论提出，由第五届全国人民代表大会第四次会议于 1981 年 12 月 13 日通过了《关于开展全民义务植树运动的决议》，决议规定："凡是条件具备的地方，年满 11 周岁的中华人民共和国公民，除老弱病残者外，因地制宜，每人每年义务植树 3~5 棵，或者完成相应劳动量的育苗、管护和其他绿化任务"。国务院还根据决议精神，制订了《关于开展全民义务植树运动的实施办法》。

（2）全民义务植树的性质

全民义务植树具有全民性、法定性和义务性。概括地说，全民义务植树就是适龄公民的一种法定的、无报酬的、为国家和集体服务的植树劳动。

（3）全民义务植树的作用和意义

全民义务植树运动是造福人民的一项公益事业。通过全民义务植树运动，可以有效地提高全社会植树造林、绿化美化环境的意识，加快国土绿化和生态环境建设，促进社会经济的发展和社会精神文明、生态文明的建设。

（4）我国公民义务植树的尽责形式

随着国土绿化的推进，为适应新形势发展的需要，义务植树的尽责形式丰富多样，逐渐向多元化转变，并更加贴近实际。适龄公民除直接参加植树劳动外，还有认养树木绿地、购买碳汇、参与绿化苗木培育、参加除草、浇水、施肥、修剪等绿化养护管理和森林防火、病虫害防治等森林资源保护工作，开展门前绿化"三包"、屋顶绿化、绿化公益文艺创作和宣传、节日摆花等活动以及出资代为植树、捐赠绿化基金等多种多样的尽责形式（图3-6）。

图3-6　我国公民义务植树

始于1981年的全民义务植树运动深入开展。截至2015年，中国适龄公民参加义务植树人数累计达149.2亿人次，累计植树688.4亿株，为推动国土绿化、建立美丽中国和应对气候变化作出了不可磨灭的贡献。

6. 植树的趣闻轶事

（1）我国古人植树趣闻与传奇

① 轩辕皇帝植树：轩辕皇帝是重视植树的先贤，提倡"时播百谷草木"。据考证，陕西黄陵轩辕庙至今依然生长有数十株古柏即为轩辕所栽，其中一株高有 19 多米，树龄已有 4 000 余年。

② 大禹封山护林：大禹具有良好的生态保护意识，不准人们在树木萌生季节乱伐滥砍。据《逸周书》记载，大禹在任时曾颁发禁令："春三月山林不登斧，以成草之长。"

③ 沙浚其庆功栽树：西周时期，"常胜大将军"沙浚其有个习惯，就是每打一场胜仗，都要命令全军将士在沙场上每人植上一株杨树。后来就连抓到的俘虏也令其栽树，作为"同庆"活动。这样既彰显了战功，又慰藉了战死在疆场上的英魂。随着沙其俊率兵打仗的不断胜利，这种"庆功栽杨"发展到栽柳、植槐。从此，沙浚其将军的庆功树遍布崇山峻岭。后来许多诸侯国把这种植树活动作为一种庆典形式延续了很久。

④ 管仲奖励植树：管仲十分重视山林川泽的管理，春秋战国时期诸侯混战，四方处于割据之中，但齐国丞相管仲依然没有忽视植树的观念，并有名言曰："为人君而不能谨守山林，不可以为天下王"。管仲对国家土壤性质、地势作出细致分析，提出了植树的基本要求，要求市民布衣利用房前屋后种桑麻，城墙周围种荆棘，以固城防，大堤上错落种植灌木与杨柏树，保护堤坝。管仲是提出以植树造林来固堤保土的第一人，并奖励植树有功者："民之能树艺者，置之黄金一斤，直食八石"（《山权数》），可见其对植树的重视。他还提出"以时禁发"，限制入山林砍伐时间，重视森林防火等问题。

⑤ 孔子讲学栽桧：曲阜孔庙内有一座黄瓦朱柱、彩绘精致的建筑，叫杏坛，坛前有四棵杏树，相传这是孔子当年弦歌讲学、弟子读书的地方。孔子在讲学期间种过好多树。杏坛的南面，有一棵挺拔高耸的桧树，相传就是孔子亲手栽下的。树旁至今立有明万历二十八年（1600 年）所立《先师手植桧》石碑一幢。据一些历史记载，孔子当年亲手植了 3 棵桧树，死了两棵，只活了现在的这一棵。实际上最初孔子所栽的，到晋代就已经枯死了，后来又发新枝，几番荣枯，如今看到的这棵是它枯萎后萌发的新枝长成的大树。

⑥ 秦始皇植树阻敌添荫：秦始皇开了大范围道路绿化的先河。为了北方边境的安全，在西起临洮东至辽东，修筑了万里长城。在河套长城一带广种榆树，以阻挡匈奴骑兵，人称榆关。这一条"绿色长城"是我国历史上第一条边防林。

此外，秦始皇统一中国后，大修"驰道"于天下，东到燕齐，南达吴楚。"道广五十步，三丈而树……树以青松"，即在宽达五十步的驰道两侧，每隔三丈种一棵树，使秦代的林荫大道遍及全国。可见当时植树之盛。另外，秦始皇"焚书坑儒"，但其允许存世刊印的书目中却有种树的书籍。

⑦ 楚霸王释怀活木：楚霸王项羽自幼爱树。相传有一次，他在一个村庄看到一个老人要砍桂树。楚霸王忙问缘由，老人说："我家院子四四方方象'口'字，这棵树长在院中，就成了困字，不是很不吉利吗？"楚霸王听后，灵机一动回答说："照你这么说，院中倒树留人，便成'囚'字，如此更不吉利。"老人觉得楚霸王言之有理，于是放弃砍树的念头。

⑧ 董奉治病种杏：三国东吴名医董奉，医术精湛，为人治病一向不收财礼，但如果治好一个轻病人，他就会要求对方植一株杏树。如果治好一个重病人，则会要求对方植5株杏树。时间久了，董奉的房前屋后竟有了10万余株杏树，他也被人们尊称为"董林杏仙"。每年杏子成熟后，董奉都会把杏子全部换成粮食，专门用于赈济穷人。这就是被历代传为美谈的"杏林佳话"，"杏林"也因此成了医学界的代名词，成为医德高尚、医术高明的雅称。

⑨ 诸葛亮植桑养家：为建立蜀国立下巨大功勋的诸葛亮，为倡导蚕丝的生产，推动当时社会发展蚕丝业，不但亲自植桑养蚕，还动员其夫人黄硕在隆中带领家人，在宅前宅后植桑八百株。在《临终遗表》中他说："臣家成都，有桑八百株，薄田十五顷，子孙衣食自有余饶。"他把自己和家人栽种的800株桑树作为子女生活费的来源，为子女生活作长久安排。一代名相，两袖清风，死后留给子孙唯有自己栽种的桑树。他还和大臣们在刘备陵园种植柏树，以示缅怀。两三百年后，刘备的陵园古柏苍郁，粗大者枝形如龙蛇盘绕，形成了一道奇特景观。

⑩ 张飞植树标路：被誉为"蜀道奇观"的"翠云廊"位于四川剑阁县境内。三国时代，蜀将张飞时任巴西太守，命令士兵沿驿道大力植树标路，民间称为"张飞柏"，亦称"汉柏"。这些古柏如今仍保存有1.3万多株，已组成苍翠的绿色长廊，分布在300余里的古驿道上。翠云廊古柏是世界上罕见的人工种植最早、规模最大的行道树廊，被誉为世界奇观、蜀道灵魂。

⑪ 冯跋植桑安民：冯跋任北燕大将时，军戍边疆，就令将士每人就地植桑，帮助百姓度过灾荒。做了皇帝后，"历意农桑，勤于政事"，为了发展农业生产，多次下书令百姓"人植桑一百根，柘二十根"，发动了历史上罕见的一场轰轰烈烈的植树造林运动。使得古时的朝阳遍地蚕桑，黎民百姓安居乐业。

⑫ 孝文帝分田植树：南北朝时，北魏孝文帝取消山泽之禁，给百姓分田植

树，而且对种树作了具体规定："男夫一人给田二十亩，课莳余，种桑五十株，枣五株，榆三株，限三年种毕"。这位以"汉化改革"著称的鲜卑族皇帝，不仅给百姓分田植树，连树的品种、数量及栽种时间都有详细规定。

⑬韦孝宽植槐替堠：韦孝宽是南北朝时期杰出的军事家、战略家，任雍州刺史时，发现境内官道上的里程碑都是用泥土堆的土台（古时叫"堠"），因风吹雨刷等容易损坏，毅然下令：土台一律改种槐树，作为官道里程标志。种上槐树以替堠，既避免了日常维护，又庇荫了行人。朝廷肯定了这一做法，并进一步予以规范和推广，令全国诸州官道每隔一里种植一树，每十里种三棵，百里则种五棵，从而一举变革了官道里程碑制度。

⑭隋炀帝栽柳赐姓：隋炀帝登基后，下令开凿了京杭大运河的北段，即通济渠和永济渠。工程完工后的一年初夏，隋炀帝南巡时发现堤上赶羊拉纤的千名殿脚女个个气喘吁吁，香汗淋漓，问计左右，翰林院学士呈对策：堤岸遍种垂柳，一可为殿脚女遮阳，二可加固河堤，三可摘柳叶喂羊，一举数得。隋炀帝听后大喜，即传旨在新开的大运河两岸大种柳树，并亲自带头栽植，还御书赐柳树姓杨，享受与帝王同姓之殊荣。从此柳树便有了"杨柳"之美称。他还大行奖励之策，"柳一株、赏一缣（即双丝的细绢）"。后来出现了千里运河岸绿柳成荫的景观。当地许多老人还叫运河两岸的柳树为"隋杨柳"。

⑮文成公主思乡植柳：唐代文成公主远嫁西藏松赞干布，特地从长安带去柳树苗种，栽植在拉萨道路两旁及大昭寺周围，不仅庇荫着拉萨世世代代的百姓，而且表达了对柳树成荫的故乡的思念。这些树被藏族人民亲切地称为"唐柳"或"公主柳"，现在已成为藏汉友好交往的历史见证。

⑯赵匡胤植树考绩晋官：宋太祖为鼓励植树，下令对于规劝、率领百姓植树成绩卓著的官吏，晋升一级，将植树实绩与官员考核晋级直接"挂钩"，同时诏令：凡是百姓垦荒植桑枣者，不缴田租。在他的有力鼓励下，城乡植树之风年盛一年，植树的范围十分广泛，当时从福建古田直至海南，除种上苍翠松桧之外，还杂种荔枝，远远望去恰似一片连绵不绝的茂林。

⑰忽必烈订制植树：把植树造林作为国家政策并制定制度加以贯彻最给力的要算元世祖忽必烈了。据《元史·食货志》载，忽必烈即位后诏书天下："国以民为本，民以食为天，衣食以农桑为本"。同时制订并颁布了《农桑之制》，规定每丁每岁种桑枣20株，如土性不宜，可改种榆、柳，均以种活长成为数。并要求各级官吏督促实施，如失职或申报不实，须按法律论罪。他还在全国大修驿道，广植树木，栽植最多的是楮树、杨树、樟树和乌桕，这些树种多为良好的用材树种。

⑱ **文天祥寓志植柏**：在江西吉安县固江乡精合黄村有一古侯城书院遗址。据载，民族英雄文天祥少年时候，有一次跟父亲去侯城书院，见到墙上挂着欧阳修、周必大、杨邦乂、胡铨等四个人物画像，在听了父亲的介绍后，决心要学习欧阳修的文章道德、周必大的气度学识、杨邦乂和胡铨的气节忠勇，长大了报效国家。为表达这种雄心壮志，他当即从附近的山坡找来五棵柏树苗，栽在书院门前。前四棵柏树象征画像中的四人，第五棵尾梢入土，兜根朝上，代表自己。并说"吾异日大用，必尽忠报国，此柏当年也"。后来，这五棵柏树不仅全成活了，而且长得格外苍翠。清代著名诗人胡友梅还写过一首《吊侯城书院古柏》的五言古诗呢！可惜的是，由于战乱，先后有三棵古柏被大火焚为灰烬，但幸存的两棵仍遒劲挺拔、枝叶茂盛。

⑲ **朱元璋植柿报恩**：朱元璋是历代帝王将相中植树最多的，人称"植树皇帝"。他少时家贫，常常饿腹。有一天，已二天没饭吃的他走到一个村庄，发现一棵柿树上的柿子正熟，就摘下一些果子饱食一顿。后来他当了皇帝，便不忘柿子之恩，念念不忘植树造林。诏令天下：有 5~10 亩地的人须种桑、木棉各半亩，有 10 亩以上的人还须种柿、核桃、枣等树。一家一年要种桑麻或枣树各两百株。还下令安徽凤阳、滁县等地百姓每户种柿树两株，不种者要罚。诏令颁布出去后还亲抓造林，指令在金陵钟山等地大规模种植桐树、棕榈、漆树和桑麻等经济林木，总量 50 余万株。而后逐年递增，直至栽树成风才停止。他还鼓励利用荒山闲地造林，实行"免税"政策，树木成材后归种树者。而对于砍伐、偷盗树木者，一律治罪，绝不手软。在他推动下，大明朝种树成风。到朱元璋晏驾时，全国种树规模在 10 亿株以上。当时安徽一带柿树很多也缘于此。

⑳ **杨达卿营林济贫**：明末清初，灾荒连年，民不聊生。福建绅士杨达卿决意开仓放赈，为防哄抢，他布告于众："植杉一株，偿粟一斗"，即领一斗谷者需上山种植杉树一株，灾民纷至植树。他就这样通过以工代赈，把荒山变成了声名远播的"万木林"，荒凉景象也消失了。造林后，杨达卿注意到护林的重要性，即对其家族立下严格家训："汝等当遵吾言，此山之木，誓不售人""勿售斧斤剪刈……有不如吾言者，非贤子孙"。为保护林木不受外人破坏，他又与乡人订了"乡规民约"。每年春天，杨达卿担心烧山开荒种植的人伤了草木昆虫，就设酒席聚乡人，劝戒不要焚毁山林，否则就要处罚。这样不但保护了林木，连昆虫动物也在保护之列。他还规定杉木林可用于"学校祠庙桥梁及养生送死之需"，以慈善济贫。"万木林"现在是国家级的森林保护单位。

㉑ **清帝植柳护堤**：康熙和乾隆两位清帝十分重视植树护堤，并发动百姓在河堤上大力种植柳树。康熙八年 (1669 年) 无为知州颜尧揆的"飞盖添铺绿，轻

衫映柳新；逢逢听伐鼓，喜是筑堤人"（《喜新堤筑成》）就是面对筑堤植柳后的景色而赋诗的。康熙十七年（1678 年），为广植护堤林，制定了捐资种树的政策，劝令文武属官，自道判、守备以上各出己资，栽柳树五千株；州同千总以下各出己资，栽柳一千株，方可称职，若超出此数议叙记功晋级。而乾隆帝则发动在望江县古雷池江堤"栽柳万株"，在太湖县植柳万株，名为"万柳堤"，在治理永定河工程中更是特别重视植柳，《永定河志》载，除河兵每人每年种柳百株并成活外，发动近河村镇村民大力植柳，成活五千株以上者报工部嘉奖。为总结植柳事，乾隆帝于永定河金门闸东侧作诗立碑，碑尚存。诗曰："堤柳以护堤，宜内不宜外；内则根盘结，御浪堤弗败；外惟徒饰观，水至堤仍坏；此理本易晓，倒置尚有在；而况其精微，莫解亦奚怪。经过命补植，缓急或少赖；治标滋小助，探源斯岂逮。"此诗是对当时河堤植柳的高度总结。

㉒ 左宗棠出征植柳：清代名将左宗棠在西北广种行道树木，可谓近代林业史上的一项壮举。公元 1875 年，左宗棠任陕甘总督督办新疆军务，深感西北气候干燥，一片荒凉，于是在兴筑从陕西通往新疆大道的同时，下令将士东起玉门关，西至迪化（乌鲁木齐），在河西走廊沿途长达 1 500 多千米的宜林地带和近城周围遍栽柳树，名曰"道柳"。并贴出告示："有毁树者，即军法从事"，以加强对新栽行道树的保护。一时间，垂柳夹道，绿荫蜿蜒，使昔日的荒漠大道变为绿色长廊。据记栽，当时沿途种植了柳树数百万株，种活的树就达 26.4 万株，时人有"新栽杨柳三千里，引得春风度玉门"称颂，甘肃等地的人还把这些柳树称为"左公柳"。如今，河西走廊仍绿柳成荫，春风荡漾，美不胜收。

㉓ 冯玉祥写诗护树：近代爱国名将冯玉祥爱树如命，他在带兵打仗时规定：驻防官兵要在驻地植树造林，即使行军打仗时，也不许践踏林木。驻兵北京时率领官兵广植树木，被誉为"植树将军"。屯兵徐州时也带兵种了大量树木。他还在军中立下护树军令："马啃一树，杖责二十，补栽十株"。并写了一首护林诗喻示军民："老冯驻徐州，大树绿油油；谁砍我的树，我砍谁的头。"严明了护林纪律。

（2）先贤诗人的植树故事

① 陶渊明：东晋田园诗人陶渊明最喜植树自乐。晋安帝义熙元年（405 年），陶公不满当时的黑暗社会，便毅然弃官回乡，遁隐躬耕，饮酒赋诗，过着隐居生活。他十分爱柳，不仅在隐居地遍栽柳树，而且特意在自家屋前栽了 5 株柳树，自号"五柳先生"，并为后人留下许多爱柳植柳的传世佳句。他还写下了"榆柳荫后檐，桃李罗堂前""萦萦窗下兰，密密堂前柳"等许多爱树的诗句。陶渊明还嗜菊如命。每有暇日，便坐在青松之下赏花，一有苦恼，就入菊圃丛中忘却人生的焦虑。他在庭院栽菊，去高山赏菊，因此他的诗辞里有很多关于菊的描写，

"采菊东篱下，悠然见南山"，已成千古绝唱。

②白居易：唐朝大诗人白居易堪称"种树迷"，无论升迁或贬官，都念念不忘植树，官做到哪里，树就种到哪里。"手栽两松树，聊以当嘉宾，白头种松桂，早晚见成林。"足见其爱树之情。唐元和10年（815年），白居易贬为江州司马，赴任时，他将庐山桂树移到江州官邸，并赋《厅前桂》小诗。他最爱的是松和柳，任杭州知府时，修筑白堤，以桃树和柳树作为堤边行道树，既美化了西湖环境，又使柳树成荫、桃花灿烂。"小松未盈尺，尽爱手自移""栽松满后院，种柳荫前墀"也可见证。他不但自己年年种植花木，而且还积极鼓励百姓植树。任忠州刺史时，他掏钱买花树，并率领童仆等，荷锄在县城东坡，栽种了许多桃、李、杏、梅等果树，"持钱买花树，城东坡上栽；但购有花者，不限桃李梅；百朵掺杂种，千枝次第开。天时有早晚，地力无高低；红者霞艳艳，白者雪皑皑；游蜂逐不去，好鸟亦来栖。"这首《东坡种花》诗就是他偕同属下及百姓在县城东城植树时随口吟诵的，成为了绝妙佳作。

③杜甫：诗圣杜甫在成都草堂居住时，四季不忘绿化，还以诗代札，向友人索取树苗："草堂少花今欲栽，不问绿李与黄梅。石笋街中却归去，果园房里为求来。"他还特别宠爱楠木树和桃花。据考证，杜甫生前对楠木情有独钟。他之所以选在成都浣花溪畔建草堂，原因就是这里有一棵高大的楠木树。"倚江楠树草堂前，故老相传两百年""红入桃花嫩，青归柳叶新"等，都是诗人钟情楠木、疼爱桃花的生动写照。

④柳宗元：唐宋八大家之一的柳宗元为官期间，特别重视植树造林，积极效法秦始皇"青松夹驰道""桃李垂于街"的环保、绿化、美化战略，并特别强调要多栽柳树，是一个嗜柳如命的"柳痴"。此外，他不但曾"手植黄柏二百株"，而且对提高种植树木的成活率很有经验。他的著名散文《种树郭橐驼传》不仅提示了在唐代植树造林已蔚然成风的史实，而且为我们总结出"植木之性，其木欲舒，其培欲平，其土欲故，其筑欲密"的植树要诀。这对指导中国南北农事和植树造林，都有很高的科学价值。

⑤欧阳修：北宋文学家、史学家欧阳修爱柳如宝，任扬州太守时，曾在平山堂掘土栽种垂柳数株，并在一首词中写道："手栽堂前垂柳，别来几度春风"。后人每当绿柳成荫、游人云集之时，均誉称垂柳为"欧公柳"。至今还有一株保留的"欧公柳"为扬州城增添秀色。他任柳刺史时号召和组织乡间的闲散劳力，开荒垦地，植树造林，仅大云寺处开出的荒地就种下了竹子三万竿。还亲自带头在柳江边种植柳树多株，并赋诗"柳州柳刺史，种柳柳江边"（《种柳戏题》）来自嘲。柳刺史柳州种柳也传为佳话。欧阳修还在琅琊山上亲手栽种梅树，至今还

存活着一株千年古梅，现在成为了"镇山之宝"。

⑥ 苏东坡：苏轼从小喜欢种树，"我昔少年时，种树满松冈，初移一寸根，琐细如插秧。"就是描写他少时种树的情景。"故山松柏皆手种，行且拱矣归何时"，满山青青的松柏，寄托着苏轼的乡愁。在陕西任职时，他对城东的饮凤池进行修筑扩建，植细柳，栽莲藕，建亭台楼榭。"东湖柳"成为"关中八景"之一。任杭州知州时，在西湖筑堤，"植芙蓉、杨柳其上，望之如画图"，成为西湖十景之一的"苏堤春晓"。谪居黄州时，曾筑东坡雪堂，周围栽种柳、桑、竹、枣、栗等树，并写诗曰"去年东坡拾瓦砾，自种黄桑三百尺"。

⑦ 王安石：宋代改革家、诗人王安石对种竹、植桃、栽柳极感兴趣，赋有诗句："乘兴吾庐知未厌，故移修竹似延雏""舍南舍北皆种桃，东风一吹数尺高""移柳当门何啻王，穿松作径适成三"。可见他对树木的热爱程度。"茅檐长扫净无苔，花木成蹊手自栽，一水护田将绿绕，两山排闼送青来"，王安石每当闲来无事，就乘着风和日丽，种上几株小树以绿化美化环境。

⑧ 石延年：北宋诗人石延年在连云港做官时，看到当地"山岭高峻，无花卉点缀映照"，便产生绿化荒山的念头。他想了个妙法，叫人用黄泥裹上桃核射到山上去。投核植桃的方法果然有效，两三年后，这里竟然"花发满山，烂如锦绣"。

（3）中国伟大的革命家与植树造林

植树造林是我们中华民族的传统。老一辈革命家更是身体力行，大力倡导植树，美化环境，绿化祖国。

① 孙中山倡导植树：伟大的革命先行者孙中山是近代史上最早意识到森林的重要意义和倡导植树造林的人。早在 1893 年，他就上书李鸿章，提出中国欲强，须"急兴农家，讲求树荫"，把植树造林提到振兴中华措施之一的高度。他多次倡导人工营造森林、政府设置林业管理机构、国家经营林业生产、发挥森林防护作用等，建议北洋政府以每年清明节为植树节获得赞同确定。在《建国大略》《建国大纲》中，反复阐述发展林业的重要性。他生前还酷爱植树，多次亲手栽种过松树、酸豆树等，其中，孙中山故居长着一株绿叶纷披的酸豆树是孙中山 17 岁留美回国时从美国檀香山带回的树籽栽种在此而生长起来的，在广州黄花岗上种植的一棵马尾松古树存活了 108 年。

② 毛泽东重视造林：毛主席一生热爱森林，关注自然，在林业建设方面作出了杰出的贡献。他在创建井岗山革命根据地时号召大家植树造林，注意保护森林。他在多次讲话中谈及林业问题，把林业建设提到很重要的位置。他发出了"植树造林、绿化祖国"的伟大号召，提出了"实行大地园林化"的宏伟蓝图。

毛主席是世界上第一个提出实行大地园林化的人。他号召制定植树计划、开展植树造林运动来加强生态建设，强调植树造林的制度化，鼓励营造经济林木以创造经济效益，要求尊重规律科学发展林业，保持自然生态与人文生态的协调，还十分形象地阐述了农、林、牧三者之间的辩证关系。

③ 周恩来关注育林：周恩来总理生前非常重视植树造林，他作出"林业工作为百年工作，我们要一点一点去增加森林""应以普遍护林为主，严格禁止一切破坏森林的行为""保林育林伐林要统一计划，统一管理""林业的经营一定要愈伐愈多，愈多愈伐，青山常在，永续作业"等许多重要指示，并身体力行植树绿化，就连出国访问也不忘植树。1964 年，他访问阿尔巴尼亚时，接受了阿尔巴尼亚政府一份珍贵礼物——万株油橄榄树苗。这批树苗运抵我国后，周总理在云南海口林场亲自带头栽植友谊树，使这一优良树种能在我国云南、广西、贵州等十几个省结出丰硕果实。

④ 刘少奇关心林业：刘少奇作为新中国党和国家的重要领导人，对林业工作始终极为重视。在新中国大规模的工业化建设时，他特别强调植树造林和林业的多种经营，倡导造林时重视植桑、栽果、种茶等。他作出"有计划地进行造林、育林与砍伐""禁止盲目开荒及乱伐山林"等指示。1961 年夏天，他利用休假时间，冒着暑热潮湿天气，深入大小兴安岭林区调查研究，对林业工作提出了"采育结合""更新要大于采伐"等许多重要指示。他还十分注重把保护森林同保护生态环境结合起来。他说："林业是一门很高深的学问，它既是工业，又是农业""它是生态的灵魂，在国民经济建设和人民生活中起到的作用是不可小看的。"因此，"造林栽树是个大工程，是改造自然的最基本工程，是无可比拟的生物工程。"并指出："我们国家的森林资源并不丰富，如果这些森林被我们采伐光了，不仅后代没有了木材用，而且还可能改变生态平衡，影响气候。"可见他对绿化造林的重视程度。

⑤ 朱德酷爱植树：朱德总司令生前十分关心祖国的绿化事业。他从小就喜欢植树，就读的小学里有他幼年种的核桃树和香樟树，至今躯干伟岸，树枝茂密。故居大湾半坡上有他青年时种的嘉陵桑。在仪陇县完全小学任体育老师时在校园及大门外种有金桂和皂桷树。革命战争年代，他对植树仍然情有独钟。他带领红军战士栽了不少"红军树"。1938 年春，他率领八路军总部从延安东渡黄河来到长治市龙泉山府君庙，对当地正在干活的农民亲切地说："这些地方要多栽松树，特别是多栽榆树，榆树是好木材。"说完后，他还亲手种了榆树。现在这里已变成林场。八路军总部驻扎在太行山腹地时，他掀起了大规模的植树造林活动，仅在王家峪一带就植树 2 万多株。他在西柏坡时种植的 10 多棵大叶杨被当

地村民称为"元帅杨"，在中南海保护的柳树被称为"卧龙柳"。回到四川故乡时他还号召山区要发展林木，多种树、桑、果，既绿化环境，又搞好多种经营，以发展山区经济。

⑥ 邓小平倡导义务植树运动：邓小平同志非常关心和重视林业建设，提出了一系列重要论断和思想观点，对指导我国林业建设产生了重大而深远的影响。他提出："植树造林，绿化祖国，是建设社会主义、造福子孙后代的伟大事业""绿化祖国，造福万代"，并要求"坚持一百年，坚持一千年，要一代一代永远干下去"。他于1981年倡导了全民义务植树造林运动，使植树造林、绿化祖国成为公民法定的义务。他还是义务植树运动的实践者，从1982年起他率先垂范，连续十几年参加义务植树活动。他倡导并身体力行的全民义务植树运动成了全民绿化祖国的一种重要形式，对加快国土绿化进程产生了巨大的推动作用。

⑦ 董必武情系林业：董必武在担任国家副主席期间，非常关心和重视林业发展，大力提倡植树造林，并倾注了大量心血。他号召全国人民树立发展林业的紧迫感，提出"中国的林业要赶上像芬兰、瑞典这样的林业发达国家。"并适时地提出了大办林业的口号，还写成《关于植树造林的几点设想》《植树造林工作应当注意解决的几个问题》，指出了一整套设想和相应的措施、办法，对我国林业发展具有重大意义。他要求贯彻"四自"（自来、自育、自造、自用）政策，动员农户把空地都植上树，还倡导公路两旁植树，发动部队、学生造林。并亲自抓了部队造林的试点工作，总结了一套较为完整的经验，大大推动了全国的植树造林工作。在森林采伐方面，他指出："采伐方式要很好地研究，不能采取大面积剃光头的办法，要考虑到森林后续资源，要做到永续采伐，越采越多，不能中断。"直至八十多高龄时，仍老骥驰驱，关心林业，志绿神州。

⑧ 彭德怀爱种果木树：解放后，彭老总回过几趟家乡，并在自己家里栽种了葡萄、橘子、竹子。如今已成了很大的葡萄藤架，年年结出又甜又香的葡萄，竹子长得青郁郁的一大片。有棵橘树死而复生成为当地的一件奇闻。十一届三中全会闭幕后不久，这棵死了几年的树突然长出绿叶。到了彭德怀平反的时候，整个树都长满了绿叶。1983年，这棵橘树竟然开了花，结上了果。

⑨ 刘伯承元帅与南京绿化：1950年10月，刘伯承同志在南京创建军事学院时，想到了南京的绿化问题，他请李达同志找来一些云南松的种子，送到中山陵植物园试种。他还多次到苗圃观察树苗生长情况。几年后，南京市变得绿树成荫，城市面貌大为改观。

⑩ 谢觉哉终生爱树：谢老生前十分重视绿化工作，人到哪里，就把树栽种到哪里。在宁乡云山书院任教时带领学生植树造林，他当年亲手栽培的香樟和多

株名木已成参天大树。抗日战争时期，在战火中的延安边区政府工作时也不忘在窑洞周围栽上几棵树。解放后，他在北京住的庭院里种了 200 多棵树，其中，有垂柳、翠柏、樱花，还有果树。那时，谢老虽已至古稀之年，但在紧张的工作之余，仍常给树木花草浇水、培土。由于他的精心管理，每到春暖花开的季节，庭院里林木争秀，百花争艳，仿佛是一座生气勃勃的小花园。同时，他十分强调森林的保护和管理，要求不能乱砍滥伐，还赋吟"爱小树如小孩，爱老树如老父""爱社抗风（乱砍滥伐风）不等闲"等诗句来劝导护林。谢老把对绿色环境的创造和保护当作终生的不懈追求。

7. 缤纷世界，风情各异的植树习俗

树木和人类息息相关，各地、各民族对植树造林都非常重视，长期以来便形成了一些独特的植树风俗。

① 建房栽树：印度西部古吉拉特邦阿默达巴德市规定，凡新建住房，至少要在房屋周围种 5 棵树，否则不能获得竣工证明。

② 定居植树：傣族人每迁到一个新的寨子居住，都要在自己的新居周围种树，让它生根、开花、结果。

云南省德宏地区的景颇族，每当新建的竹楼落成时，人们不仅敲响脚鼓祝贺，还要在竹楼的周围种植几蓬龙竹，使山寨苍翠碧绿。

云南省梁河县的阿昌族是个爱花的民族，他们把花草视为吉祥象征，在居住的房屋周围都栽满了各种绚丽的花草。

③ 求爱种树：在德国的波恩市，每年的植树季节，小伙子要送给姑娘一棵精心挑选的白桦树苗，亲手把它栽好，以表达爱慕之情，人们称之为"求爱树"。

④ 合欢植树：我国海南岛的黎族男女青年确定爱情时，女方赠男方两棵"订婚树"；结婚时，新娘要送婆家两棵"新婚树"；生子时，外公外婆又给外孙栽植两棵"满月树"。这些被人们称为"合欢树"。

⑤ 椰树陪嫁：在我国海南省文昌县，女儿出嫁办的嫁妆之一就是一棵棵椰树苗。到婆家后，要将椰树苗栽种在选定的地点，幼苗伴随恩爱夫妻茁壮成长。数年后，丛丛椰树，连成一片，成为蔚为壮观的"爱情林"，象征夫妻"百年好合，爱树常青"。

⑥ 新婚植树：南斯拉夫一项法律规定，每对新婚夫妇必须先种植油橄榄树70 株。

日本鹿儿岛等一些地区也有新婚夫妇要植树的规定，树旁立碑写明姓名和婚期，植后 50 年方能砍伐。

印度尼西亚爪哇岛法令条文规定，第一次结婚要种树 2 棵，离婚的要种 5

棵，第二次结婚必须种树3棵，否则不予登记。

目前，我国不少地方也开始流行新婚植树活动（图3-7）。

图3-7　新婚植树活动

⑦ 新郎植树：我国上海崇明岛过去的青年男女结婚时，新娘必须从娘家带来几株"万年青"树苗。洞房花烛后的第二天中午，由新郎将红绸裹着的"万年青"栽在住宅旁，既绿化了家园，又象征着爱情的四季长青。浙江临海等地过去也有类似的植树习俗。

⑧ 添丁植树：江西省婺源县部分地方，迄今仍保持"添了孩子必植树"的习俗。不管谁家，也不论生男生女，生后的三天内，必须种几棵树，越是贫苦人家，种树也越多。20年后，小孩长大，树也成了栋梁之材。是儿子的，娶媳妇可以打家具；是女儿的，可用来办嫁妆。当地人叫"解忧树"。

聚居贵州的侗族，每当家里生了孩子，就要在房前屋后种上几十株或上百株杉树苗，称之为"女儿杉"。待孩子长大结婚时，这些杉树便是新婚夫妇的家产。

在非洲坦桑尼亚的许多地方也有一种"添丁植树"的风俗：谁家生了孩子，便把胎盘埋在门外的土地里，并在那里种上一棵树，表示希望孩子像树一样茁壮成长。

波兰的一些地方规定，凡是生了小孩子的家庭均要植树3株以示庆贺，称之为"家庭树"。

⑨ "三日"植树：我国著名侨乡青田有这样的风俗：凡谁家生了女孩，常常要栽上几株"嫁妆树"。将来女儿出嫁时，用成材的大树砍来作嫁妆；而生长子时要栽"三旦（三日）树"。孩子做"三日"时，邀请亲友吃"三旦酒"，然后大家栽树一天。日后分配树木时，先抽"长子树"，其余的再由兄弟几个平分。

⑩ 增岁植树：在湖南省湘西的苗族，不论谁生了小孩，都必须种一株树。以后孩子每增一岁，再种一棵。结果时，男女双方就把这些树木作为共有的家产。

⑪ 辞乡植树：安徽省黟县部分地方仍保持"辞乡种树留情"的做法。哪家的孩子考上大学，当了兵，或者迁移他地，都要在自家或者本家族最亲的人房前种一棵石榴或樱桃，这两种树一般三年后开花结果。当树开花结果季节，就勾起了家人的思念，所以当地人叫"念情树"。

⑫ 添车种树：在日本有一项特殊的规定，凡是私人增添一辆汽车，必须植一

棵树。这是因为，每辆汽车每年要排出大量有毒的碳氢化合物，还要发出噪音，而树木则是天然的"消毒员"和"除音器"，所以必须种树。

⑬ 树木银行：为了防止建筑工程毁坏树木，日本开办了"树木银行"。凡施工单位，必须把清理场地挖出来的带根树木及时存入"树木银行"，在工程结束后，该单位必须及时把树木取出来栽上，以保持原有的绿化面积。

（二）城市森林与森林城市建设

1. 城市森林的概念

（1）城市森林

指城市地域范围内以改善城市生态环境，满足经济社会发展需求，促进人与自然和谐为目的，以森林和树木为主体及其周围环境所构成的生态系统。

（2）城市森林最早由美国和加拿大学者提出

20 世纪 60 年代以来，许多科学家根据世界上一些发达国家经济富足、生活宽裕，但城市环境恶化等特点，提出在市区内和郊区发展城市森林。1962 年，美国肯尼迪政府在户外娱乐资源调查报告中，首先使用"城市森林"（urban forest）这一名词。1965 年，加拿大多伦多大学 Erik Jorgensen 教授给学生讲授城市森林课。同年，美国林务局的代表在美国国家公园白宫会议上提出城市森林发展计划。1967 年，美国农业和自然资源教育委员会出版《草地和树木在我们的周围》一书，提出美国生活方式和对城市环境评价。1968 年，美国娱乐和自然美学居民咨询委员会主席 Lauranece S. Rockefeller 向美国总统提出关于城市和城镇树木计划报告，鼓励研究城市树木问题，为建设和管理城市树木提供资金和技术，当时的总统〔理查德·米尔豪斯·尼克松（Richard Milhous Nixon）〕接受了这个报告。自此，官方承认了城市森林。

2. 国内外城市森林的发展概况

（1）世界各国城市森林建设现状

欧美等发达国家城市森林建设特色鲜明，许多城市都是建设在森林之中，体现了"城中有森林，森林围城市"的特点。澳大利亚首都堪培拉是最早闻名于世的"森林之都"，在城市建设中突出了自然、绿化、园林的主题，整个城市都处于森林的意境之中，庄园式的建筑与四周的林地、水面和谐配置，给人一种自然清新的感觉。该市还规定：市内一切建筑物都不得建筑围墙，只允许以绿篱作围墙，即使是国会、总理府、外国使馆也均不例外。目前绿化率 60%，人均公园面积高达 71 平方米；美国首都华盛顿到处是一棵棵挺拔入云的大树、一簇簇争奇斗艳的鲜花和一块块如茵的草坪，城市森林与现代建筑群交相辉映。无论走到

图 3-8　维也纳城市森林景观

哪条街区，都宛如置身绿色海洋之中。人均公园面积达 50 平方米，有"绿色城市"之称；奥地利首都维也纳处处绿树成荫，景色宜人。多瑙河两岸林木葱茏，花草茂盛，四季飘香。人均绿地面积近 70 平方米，不仅是"音乐之都"，也有"绿海岛屿"之称（图 3-8）；波兰首都华沙绿化强调以环境效益为主，法定任何新建单位必须有 50% 以上的面积用于绿化，且须与建房同时完成。每逢植树等节日，都要组织义务绿化劳动，目前人均占有绿化面积 89 平方米，有"绿色之都"的美誉；瑞士原是荒岭秃坡，但十分重视绿色和城市森林建设。现森林面积已占全国面积的 1/4，到处可见葱郁的树木和绚丽多姿的花卉草坪，已成为闻名世界的"花园之国"；新加坡的绿化在科学的规划、政府持续的推进和公众热情的参与下，境内树多荫浓，草茂花繁，整洁美丽，而且立体绿化特色明显，楼房的立面绿化与立交桥、高架桥的垂直绿化相得益彰。绿化覆盖率达 70%，人均公共绿地 25 平方米，成为国际知名的"花园城市"。

发展中国家城市森林建设也方兴未艾。巴西首都巴西利亚是在一片荒凉的热带高原稀疏草甸中发展起来的森林城市。建城之初，出于环境保护的考虑，绿化成为城市建设项目的重点。现全市绿化覆盖率为 60%，人均绿地面积 120 平方米，相当于联合国城市最佳人居环境标准的 2.4 倍。这座建城仅 27 年的巴西新

图3-9　巴西利亚城市森林景观

都，人与城市、自然三者浑然一体，被联合国教科文组织宣布为"世界人类文化遗产"（图3-9）。可以说是森林留住了这座城市，是绿色焕发了巴西利亚蓬勃发展的生机；马来西亚首都吉隆坡是一座典型的热带雨林城市。森林生物多样性与景观多样性的有机结合，构成了这座城市鲜明的特色。该市还从2011年起，至2020年，每年在其管辖范围内种植3万棵树，同时为国人及外国旅客推介"绿色吉隆坡"计划，以鼓励游客在市内15个公园植树，共同绿化吉隆坡；巴基斯坦的伊斯兰堡也十分重视城市森林建设和管理，街道两旁等满眼花草树木，城区树木葱郁，花草争艳，被誉为"花园之都"。

（2）中国城市森林建设概况

我国城市森林的足迹源远流长。西周时期城市地区就开始有栽植行道树的传统。之后逐渐重视都市和人居环境的绿化。古代园林更为注重"天人合一""师法自然"的造园艺术。中国传统的自然山水园林早在秦汉时期便已初具规模，经过几千年的演变发展，唐宋的写意山水、明清的宫苑和江南的私家园林等形成了独具特色的中国园林文化。这些思想文化对城市园林和绿化建设一直有着举足轻重的影响。但真正开始城市森林研究起步较晚。1978年，我国台湾大学森林系开设城市森林课程。1984 年，台湾大学高清教授出版《都市森林学》。与此同时，城市森林的概念被引入我国。1988 年吉林长春市开始兴建我国第一个省级"森林城"。到 20 世纪 90 年代后，辽宁阜新市和湖南娄底市先后分别开建我国第一个地级和县级"森林城"，之后，重庆市、广州市、中山市、大连市、厦门市、上海市等地也紧随进行了城市森林建设，并对城市森林的树种选择、规划设计、景观布局、营建技术及其生态功能等进行了研究。中国林业科学研究院首席科学家彭镇华在城市森林研究领域取得很大成果，编撰了《中国城市森林》《中国城市森林建设理论与实践》等专著。

为积极倡导我国城市森林建设，激励和肯定我国在城市森林建设中成就显著的城市，为我国城市树立生态建设典范，我国自 2003 年开始开展"全国绿化模范城市"评选表彰活动，从 2004 年起，启动了"国家森林城市"创建和评定工作，同时每年举办一届中国城市森林论坛。贵阳市在 2004 年被第一个授予"国家森林城市"。作为中国首座获此殊荣的城市，贵阳将城市森林建设定位为"青山入城，林海环市，生态休闲，绿色明珠"，长期以来十分重视城市森林建设，现基本形成了以健全高效的城市森林体系、自然天成的城市生态绿岛、林城相依的环城生态林带、方兴未艾的城市森林旅游、独具特色的城市森林文化为特征的城市森林生态网络，在改善市区生态环境，增强人民身体健康，发展生态产业，促进经济社会发展等方面发挥了巨大的作用，也为贵阳赢得了"全国绿化先进城市""全国绿化模范城市""中国优秀旅游城市"等荣誉称号（图 3-10）。

3. 城市森林的发展态势

随着世界范围的城市化进程的加快，作为城市有生命的基础设施与服务系统之一的城市森林建设，在地域范围、主导功能、经营管理等方面将更加符合城市

图 3-10　中国第一个国家森林城市——贵阳市

的发展需求，成为城市可持续发展的重要保障之一。国内外城市森林发展主要有六大趋势。

（1）指导思想

在指导思想上更加重视运用森林生态学、景观生态学和园林美学等原理，坚持绿化与美化结合，生态与景观并举，注重森林化、生态化，充分考虑生态系统的物流、能量流和信息流。

（2）建设理念

在建设理念上追求城市森林布局与结构的自然化，力求近自然绿化和保护原生植被，实现人与自然、人与森林的和谐。注重以人为本，突出森林为民，把方便群众亲近森林作为重要标准，以满足人们亲近自然、享受绿色的活动需求和增进身心健康的环境需求，更好地保障人们在良好的生态环境中安全而舒适地生活。

（3）建设途径

在建设途径上坚持规模化绿化和微绿地建设结合，平面绿化和垂直绿化并举，绿化扩面与提质同上，建设和保护齐抓。注重节水、节力、节财、节地的节约型绿化建设，不主张运动式推进，不主张大规模的树进人退式的推进，不主张大树和外来名贵树种进城。

（4）城市森林布局

在城市森林布局上紧密结合城市的地形地貌和空间格局，注重城乡一体，点、线、环、面绿化有机结合，做到林木植被与城市的建筑、设施、山体和水系等有机镶嵌，实现城市与森林的完美融合，并能更好地彰显城市的地方特色。

（5）树种选择

在树种选择上，遵循自然选择与生态适应原理，坚持适地适树，广泛应用乡土树种、乔木树种、珍贵树种，乔、灌、花、草科学配置，注重生物多样性和生态系统稳定性。

（6）功能目标

在功能目标上立足生态安全、环境优化，构建布局合理、层次丰富、类型多样、功能完善的城乡森林生态网络，弘扬城市森林文化，塑造城市文脉，推进美丽城市和生态文明城市建设。

4.什么是"森林城市"

（1）"森林城市"

是指城市生态系统以森林植被为主体，城市生态建设实现城乡一体化发展，各项建设指标达到规定的指标要求并经批准授牌的城市。达到国家森林城市的指标要求并经国家批准授牌的是国家森林城市，达到省级森林城市指标要求并经省级有关单位批准授牌的是省级森林城市。

（2）"森林城市"和园林城市的区别

① 范围规模不同：园林城市建设一般主要在城市城区或延及城乡结合部的近郊，而森林城市建设范围不仅包括城市区域，而且还包括近郊、远郊以及所辖的乡镇。所以，森林城市的建设范围和规模远大于园林城市。

② 结构内容不同：园林城市是以大面积乔、灌、花、草等植被构成园林小区，形成一道道风景亮丽、美不胜收的园林景观。而森林城市除涵盖上述内容外，突出以高大乔木及灌木为城市森林生态系统主体，特别是在城市的近郊、远郊部位建有大面积高标准林带、林网以及片林、植物园、森林公园等，构成以林木为主体、总量适宜、分布合理、功能完善、生物多样、景观优美的城市生态网络体系，实现城区、近郊、远郊协调配置的绿色生态圈，形成河流及道路宽带林网，森林公园、城区公园及园林绿地相结合的城市森林体系。

③ 功能作用不同：园林城市主要功能作用是以优美的环境和突出的景观效应给人以美的享受。而森林城市是以其独特而强大的生态功能对城市生态环境改善起着不可代替的作用。所以，森林城市的建设使城市的生态价值、文化价值、历史价值以及社会、经济价值更能完美地体现出来。

④ 主管部门不同：国家园林城市由住建部组织评选，在评选过程中更强调的是园林绿化构建的景观，而国家森林城市由国家林业局组织评选，更看重城市中高大乔木的配置、森林植被的生态功能和景观布局。

5. 国家森林城市建设宗旨、总则和主要指标

国家森林城市建设的宗旨："让森林走进城市，让城市拥抱森林"，构建城乡一体的森林生态系统，改善生态条件，优化人居环境，拓宽发展空间，加快绿色发展，建设美好家园，推进生态文明。

（1）国家森林城市建设总则

① 形成森林网络空间格局：在市域范围内，通过林水相依、林山相依、林城相依、林路相依、林村相依、林居相依等模式，建立城市森林网络空间格局（图3-11）。

② 采取近自然建设模式：按照森林生态系统演替规律和近自然林业经营理论，因地制宜，确定营林模式、树种配置、管护措施等，使造林树种本地化、林分结构层次化、林种搭配合理化、功能类型多样化，促进生态系统的高效性、稳定性。

③ 坚持城乡统筹发展：对市域范围内的城乡生态建设统筹考虑，实现城乡绿化规划、投资、建设、管理的一体化。

④ 体现地方特色：从当地的经济社会发展水平、自然条件和历史文化传承

图 3-11 山、林、水、城融为一体的森林城市

出发，立足地方特色和资源优势，实现森林与自然、人文相结合，历史文化与城市现代化建设相交融。

⑤ 推广节约建设措施。推广节水、节能、节力、节财、节地的生态技术措施和可持续管理手段，降低城市森林建设与管护的成本。

⑥ 实现建设成果惠民：坚持以人为本，在森林城市的规划、建设和管理过程中，充分考虑市民的需求，尽可能为市民提供便利，建设成果最大限度地为市民服务（图 3-12）。

（2）国家森林城市建设的主要指标

国家森林城市评价指标体系目前有 5 大类 40 项，其中，主要指标（南方城市）有以下几方面。

① 城市森林网络：市域及 2/3 以上县（市、区）森林覆盖率达 35% 以上。自创建以来，平均每年完成新造林面积占市域面积的 0.5% 以上。郊区建有 5 处以上森林公园等大型生态旅游场所。城市重要水源地森林覆盖率达 70% 以上。集中居住型、分散居住型村庄林木绿化率分别达 30% 和 15% 以上。公路、铁路和水岸林木绿化率达 80% 以上。农田林网控制率 90% 以上；城区绿化覆盖率达到 40% 以上。人均公园绿地面积 11 平方米以上。市民出门平均 500 米有休闲绿地。乔木种植面积占到绿地的 60% 以上，新建地面停车场的乔木树冠覆盖率达 30% 以上。

图 3-12　贵阳花溪公园

　　② 城市森林健康：以苗圃培育的苗木为主，乡土树种绿化比重达 80% 以上；树种多样，城区某一个树种的栽植数量不超过树木总数量的 20%；郊区森林自然度不低于 0.5；森林和生物多样性保护有力。

　　③ 城市林业经济：多种形式的生态旅游相结合；建设特色经济林等林产基地，农民涉林收入逐年增加；建有优良乡土绿化树种培育基地，绿化苗木自给率达 80% 以上。

　　④ 城市生态文化：设有生态文化科普场所；每年举办市级生态科普活动 5 次以上；义务植树尽责率达 80% 以上；古树名木保护率达 100%；有市树、市花；公众对森林城市建设的支持率和满意度达到 90% 以上。

　　⑤ 城市森林管理：组织领导有力；保障制度完善；科学编制创建规划；投入机制健全，建设资金逐年增加；科技支撑和生态服务良好；开展城市森林资源和生态功能监测；建设档案完整、规范。

　　6. 森林城市建设的意义

　　第一，森林城市建设是改善城市生态条件，保障国土生态安全，促进循环经济和绿色发展的主要途径之一。

　　第二，城市森林建设是增强城市碳汇和防污治污能力，改善投资环境，提升区域生态承载力，拓展发展空间，加快经济转型升级，促进循环经济和绿色发展的主要途径之一。

第三，森林城市建设是加快城市有生命的基础设施建设，优化人居环境质量，提高人们幸福指数，推进城乡一体发展，构建生态宜居城市、和谐美丽城市，提升城市品位和综合竞争力的重要措施。

第四，森林城市建设是提高人们的绿化意识和生态意识，倡导低碳生活，弘扬生态文化，推进生态文明建设的有效载体。

7. 创建森林城市百姓能享受到哪些实惠？建设中又应尽哪些义务

（1）创建森林城市百姓能享受到的实惠

森林城市是追求森林化、生态化的城市，通过城市森林的作用，能改善整个城市的气候条件，减小热岛效应，降低噪音，防御水、气、土、光等污染，优化生态，美化景观，改善人居环境，还可以让人们更多更好地走进森林，亲近绿色，享受自然，体验生活，增进身心健康，提升幸福感（图3-13）。

图 3-13　优美的城市居住小区

（2）百姓在森林城市建设中应尽的义务

第一，以主人翁的姿态踊跃投身到创建"森林城市"活动中，积极学习了解绿化科普知识和相关政策法规，广泛宣传城市森林建设的重要意义和成就，树立健康向上的生态文明观念和道德情操，争做一名绿色生态文明的倡导者和宣传者。

第二，全力支持创建森林城市工作，为"创森"工作积极献计献策，当好参谋助手，争做一名绿色生态文明的参与者和策划者。

第三，自觉履行公民植树义务，踊跃参加各种形式的义务植树和造林绿化活动，为"创森"工作增添绿色生机，营造森林氧吧，争做一名绿色生态文明的播种者和建设者（图3-14）。

图3-14 "红领巾"植树增绿

第四，倍加珍惜城市森林建设的成果，关心爱护绿色生命，自觉保护身边的一草一木，坚决制止破坏生态绿化的不法行为，争做一名绿色生态文明的呵护者和保卫者。

8.森林城市创建的进展动态

截至2015年10月底，全国已有23个省区市的96个城市被授予"国家森林城市"称号，130多个城市开展国家森林创建活动。浙江省共获10个"国家森林城市"（其中，2个为县级市）。各年度成功创建的森林城市名单如下。

2004年：贵州省贵阳市。

2005年：辽宁省沈阳市。

2006年：湖南省长沙市。

2007年：四川省成都市、河南省许昌市、内蒙古自治区包头市、浙江省临安市。

2008年：广东省广州市、河南省新乡市、新疆维吾尔自治区阿克苏市。

2009 年：浙江省杭州市、山东省威海市、陕西省宝鸡市、江苏省无锡市。

2010 年：湖北省武汉市、内蒙古自治区呼和浩特市、辽宁省本溪市、浙江省宁波市、江西省新余市、河南省漯河市、四川省西昌市、贵州省遵义市。

2011 年：辽宁省大连市、吉林省珲春市、江苏省扬州市、浙江省龙泉市、河南省洛阳市、广西壮族自治区梧州市、四川省泸州市、新疆维吾尔自治区石河子市、广西壮族自治区南宁市。

2012 年：内蒙古自治区呼伦贝尔市、辽宁省鞍山市、江苏省徐州市、浙江省衢州市、浙江省丽水市、河南省三门峡市、湖北省宜昌市、湖南省益阳市、广西壮族自治区柳州市、重庆市永川区。

2013 年：江苏省南京市、山西省长治市、山西省晋城市、内蒙古自治区赤峰市、辽宁省抚顺市、浙江省湖州市、安徽省池州市、福建省厦门市、山东省临沂市、河南省平顶山市、河南省济源市、广西壮族自治区贺州市、广西壮族自治区玉林市、四川省广安市、四川省广元市、云南省昆明市、宁夏回族自治区石嘴山市。

2014 年：山东省淄博市、山东省枣庄市、河北省张家口市、江苏省镇江市、浙江省温州市、安徽省合肥市、安徽省安庆市、江西省吉安市、江西省抚州市、河南省郑州市、河南省鹤壁市、湖北省襄阳市、湖北省随州市、湖南省郴州市、湖南省株洲市、广东省惠州市、四川省德阳市。

2015 年：河北省石家庄市、内蒙古自治区鄂尔多斯市、辽宁省营口市、辽宁省葫芦岛市、浙江省绍兴市、浙江省义乌市、安徽省黄山市、安徽省宣城市、福建省漳州市、福建省龙岩市、江西省南昌市、江西省宜春市、山东省济南市、山东省青岛市、山东省泰安市、湖北省荆门市、湖北省咸宁市、湖南省永州市、广东省东莞市、云南省普洱市、青海省西宁市。

浙江省从 2008 年开始，率先在全国开展了省级森林城市、森林城镇创建活动。至 2015 年 1 月底，共建成"省森林城市"56 个，"省森林城镇"222 个。

目前，全国共有 15 个省区开展了省级森林城市、森林城镇创建活动。

四、植物和森林之最

大千世界，林林总总。在丰富多彩的植物王国中，不同类型的植物、不同地域的植物（陆生的和水生的），它们的形态结构、习性、生命活动的特点以及适应环境的能力，均有着千差万别。生物多样性的魔力创造了植物世界诸多的"世界之最"。

（一）世界植物之最

1.植物出现之最

（1）最早出现的绿色植物

地球上现在生存的许许多多绿色植物，它们的老祖宗是谁呢？地质史的研究告诉我们，是蓝藻。它是地球上最早出现的绿色植物。已知最早的蓝藻类化石，发现在南非的古沉积岩中。这是34亿年前在地球上已有生命的证据。古代蓝藻的样子和现代的蓝球藻有些相似。

蓝藻的出现，在植物进化史上是一个巨大的飞跃。因为蓝藻含有叶绿素，能制造养分和独立进行繁殖。今日地球上郁郁葱葱的树木，茂盛的庄稼，美丽多姿的花卉，它们都是由低等的藻类，经过几亿几十亿年的进化和发展而来的。

（2）最早的陆生植物

化石资料表明，担负起首先登陆使命的是裸蕨植物中的顶囊蕨。裸蕨纲属于蕨类植物门中一类早已绝灭的原始类型，植物体矮小，草本或木本，大多高不到1米，少数可高至2米。最早的裸蕨化石叫顶囊蕨，产于欧洲和北美大陆的晚志留世至早泥盆世沉积物中。顶囊蕨是一种已灭绝的原始有胚植物，也是最早期的有胚植物之一，是一种结构非常简单的原始有茎维管的植物。它个体纤细，大概像火柴棒那么粗，高不足10厘米，无根又无叶，表面光滑，以数次连续的二歧式分枝生长，在末级分枝顶端长着一个球形或肾形的孢子囊，其内部藏有具腐质化外壁的孢子。不过，它已经属于高等植物了，是最早的陆上植物。

（3）现存最早的树种

现代尚存的树种中，最早出现的树木品种是中国浙江省产的银杏。它最先出现在侏罗纪，距今大约1亿6千万年。1390年，它被卡姆普弗尔（荷兰人）"重新发现"，1754年左右被移植到英国，日本人自公元1100年左右开始种植银杏。

银杏，为银杏科唯一的银杏属中的唯一种，俗称白果，又叫公孙树，有"公种而孙得食"的含义。银杏为高大落叶乔木，生长十分缓慢，但寿命很长。在距今1.4亿年的远古时代，银杏类植物处于极盛时期，后来由于地球上的气候发生变化，银杏类植物开始衰退，绝大多数的属种都陆续退出了历史舞台。到了距今200多万年时，地球上产生了巨大的冰川运动，与银杏同时期的许多其他植物种类都灭绝了，大部分地区的银杏也被冰川毁灭，成了化石，而唯独我国还保存了一部分活的银杏树，经历了漫长的时间，形态构造也很少改变，一直绵延到现在，成了植物界著名的"活化石"、世界上最古老的树种。银杏躯干挺拔，树形优美，抗病害力强、耐污染力高，它以其苍劲的体魄、独特的性格、清奇的风骨、较高的观赏价值和经济价值而受到世人的钟爱和青睐，是世界上十分珍贵的树种之一。银杏是最古老的裸子植物，是裸子植物演化进程中的重要一支，而这一支却只剩下了银杏一种，因此银杏在研究裸子植物的演化上具有重大的价值。

（4）最早出现的被子植物

图4-1 辽宁古果

中国科学院南京地质古生物研究所科学家在辽宁省北票地区发现了1.45亿年前的被子植物化石——"中华古果"或叫"辽宁古果"，国际科学界认为"中华古果"是迄今为止首次发现的有确切证据的世界上最早的被子植物（被子植物具有真正意义上的花，所以，又叫有花植物或开花植物）。这种植物的形态特征较之它的时代更为令人吃惊，植物学界传统理论认为，被子植物是从类似于现生木兰植物的一类灌木演化而来的，然而，"中华古果"却是一种小的、细嫩的水生植物，更像是草本植物。这种被子植物虽然具有花的繁殖器官，花的结构也有点像现今的木兰花，但由于原始的花处于裸子植物演化为被子植物的最初阶段，因此，不像现今的花有美丽的色彩。但"中华古果"具有被子植物最重要的特征——种子被果实包藏着。从古植物学来看，果实、种子和花朵本是一体，只是处于不同的发育阶段，看到了果实就等于看到了花。它出现在距今 1.45 亿年的侏罗纪时期，以往从未有过这样早的被子植物化石记录，因此，被视为迄今世界上最早的被子植物（有花植物）（图4-1）。

图 4-2　美国红杉

2. 树体或茎干之最

（1）最大的树

美国红杉又称"世界爷"，现屹立在美国加利福尼亚州的美洲国家公园中的一棵"世界爷"，树高达 102 米，干高 83.8 米，树干的下部周长竟有 46 米，在离地面 1.52 米处测得的周长是 34.93 米（即直径 11.1 米），其体积近 1 500 立方米，重约 2 800 吨，相当于 400 多头最大的陆生动物——非洲象的重量。它不仅是世界上体积最大的树，而且是目前地球上最重的活生物，因此有"世界爷"之称（图4-2）。

（2）最粗的树

在地中海西西里岛的埃特纳火山山坡上，生长着一棵欧洲栗，又称甜栗，它的树干直径达 17.5 米，周长 55 米，是世界上最粗的树。需三十多个人手拉着手，才能围住它。树下部有大洞，采栗的人把那里当宿舍或仓库用。相传古代阿拉伯国王的王后亚妮，有一次带领百骑人马到埃特纳火山游玩，忽然天降大雨，百骑人马连忙跑到这棵大栗树下避雨。巨大浓密的树冠如天然华盖，给百骑人马遮住了大雨。因此，皇后高兴地称它为"百骑大栗树"，又叫"百马树"。

（3）最大的杉木树

在浙江省庆元县丰墙大队的莲花山发现的一株大杉木，相传是明朝弘治年间种植的，树龄有 500 多年。树高 35 米，有 10 层楼房那么高。树干周长有 5.51 米，3 个人手拉手才能围一圈。这株树的木材有 37 立方米，可做双人课桌 1 360 张。群众称它为"杉木王"。其实，真正的"杉木王"还不是它，而是生长在中国台湾省的一棵大杉树。这棵大杉树在中国台湾省中部海拔一千多米高山上。它的树干 6 个人手拉手还抱不过来。在杉木中，它算是世界最大的了。

四、植物和森林之最

97

（4）最大的红桧

红桧为柏科常绿大乔木，又称台湾红桧、松梧、松萝等，是台湾特有种，我国特有的珍贵树种，不但树形高大雄伟，而且也是有名的长寿树。在林海深处，二三千年的大树到处都是。在我国台湾阿里山，有两株参天的红桧，其中，大的一株号称"神木"，年龄大约有 3 000 年，高达 60 米，直径 6.5 米，材积 504 米立方米。如果用这棵树的木材做双人长凳，可做 35 000 多条，能供 70 000 人坐着开会。由于红桧长得特别高大，所以有"亚洲树王"的称号。它虽比不上美洲红杉，但在同一种内，它却是世界最大的了。

（5）最大的山茶花

生长在云南省丽江的万朵古山茶是云南山茶。相传为明代成化年间所种植，距今已有 500 多年历史。它是由"红花油茶"和"大理茶"靠嫁接而成的，形成一树盛开两种花的奇观。这株古山茶，经艺术造型，树型美观，树冠人为造型成"三坊一顶"式花棚，树荫有 167 平方米之多，可谓古山茶中的艺术珍品，是世界上树冠最大和开花最多的一株山茶花，被誉为"环球第一花"。每逢 3 月开花时，万朵茶以独特的艺术造型，吸引络绎不绝的赏花人群。当地纳西族人民把这株万朵茶花树视为珍宝奇树。

（6）最大的杜鹃花

大树杜鹃是杜鹃花中的巨人，产于云南省腾冲、贡山、泸水、福贡和缅甸北部。腾冲县界头乡最大的一株大树杜鹃高 27 米，基径达 3.07 米，树龄 630 多年，堪称"杜鹃之王"，为国家一级保护植物。

（7）最大的玫瑰树

世界上最大的一棵玫瑰树生长在美国的亚利桑那州，名字叫"妇女墓碑座"，树干胸径为 1 米，树身高 2.75 米，树枝伸展面积达 499 平方米，可容纳 150 人同时站在树下乘凉。

（8）最大的蔷薇

蔷薇是蔷薇科蔷薇属植物的统称，通常是有刺的小灌木，长得一丛丛的。可是，在美国的亚利桑那州有一棵蔷薇，长得像大树一样，它的树干直径有 1.41 米，高达 2.75 米。它的枝条遮盖着 501.3 平方米的地面，用了 68 根柱子和累计约 1 000 米长的铁管作为支架。在这棵树下，可以坐 150 个人乘凉。这该是世界最大的蔷薇树了。

（9）树冠最大的树

孟加拉的一棵大榕树，气生根多达 1 000 多根，树冠覆盖的面积达到 1 公顷，相当于半个足球场，能容纳 7 000 人左右，是地球上树冠最大的树（图 4-3）。

图 4-3　榕树

（10）最高的树

1981 年，人们在非洲发现了一棵名为波巴拉的树，树高 189 米，胸围 43.55 米，相当于 60 层的高楼，是目前世界上最高的树。而世界上普遍较高的树种却是澳大利亚的桉树，被称为"大自然的摩天大厦"，这种树平均高达 150 米，在我国亦有分布。

（11）最高的红杉树

世界上最高的红杉树高达 115.2 米。红杉是植物界中的"巨人"，平均寿命为 800 年左右，最长寿的一棵红杉树生长在北美洲，树龄已有 2000 多年。

（12）最高的竹子

世界上最高的竹子产在斯里兰卡和印度，叫印度麻竹或叫龙竹。这种竹子的直径 20~25 厘米，节间长约 40 厘米，锯下一节就能制成一个不算太小的水桶。但是最引人注目的是它的高度，超过 30 米的不难见到。在斯里兰卡的贝拉迪尼亚植物园中，有几株已超过 35 米。印度麻竹是"竹中之王"，可谓是世界上最高的竹子了。

（13）最高的树篱

人们常用木槿、枸桔、珊瑚树、女贞、三角枫以及红叶石楠等树种作为树篱。木槿、枸桔是长不高的灌木，女贞、三角枫虽然能长高，但因栽得紧密，时常修剪，所以，一般也只有5~6米高。在英国苏格兰，用山毛榉树作为树篱，这种树修剪以后，仍有25米高，有的高达30米。这是世界上最高的树篱。山毛榉为山毛榉科的一种落叶乔木，广泛分布在亚洲、欧洲与北美洲，常栽作观赏树或林荫树。

（14）最高的仙人掌

仙人掌的真正"老家"是在墨西哥的沙漠里，那里简直是仙人掌的世界。它同类的兄弟很多，形态也千奇百怪，有的长成球形，叫仙人球；有的长得象烧饼，叫仙人掌；有的长成圆柱状，叫仙人柱；也有的长得象鞭子、棍子，分别叫它仙人鞭、仙人棒。它们的高度常常超过人头。但在墨西哥的加利福尼亚半岛沙漠里有一株名叫萨瓜罗的大仙人掌，高达21.3米，重量达25吨。如果把它锯倒弄断，要两辆大卡车才能把它拖走呢！这是世界上最高的仙人掌。

（15）最矮的树

生长在东南亚高山冻土带的爵床科植物矮柳是最矮的树。它的茎匍伏在地面上，抽出枝条，长出像杨柳一样的花序。这种树的总高度不会超过5厘米。与矮柳差不多高的矮个子树，还有生长在北极圈附近高山上的矮北极桦。

（16）最长的植物

陆地上最长的植物是一种棕榈科攀援植物，叫白藤。它生长在热带雨林中，我国海南岛也有它的"芳影"。它的茎特别长，而且很纤细，可以说是植物王国里的"瘦长个子"。茎直径不过4~5厘米，一般长达300米，最长的可达500米。白藤有其"绝技"，它攀援着大树向上生长，爬到大树顶后，还是一股劲的不断生长。这时它以大树作为支柱，使长茎向下坠，沿着树干盘旋缠绕，形成许多怪圈，人们给它取了个绰号叫"鬼索"。当藤茎向下绕到树干基部时，又会向上爬，爬爬坠坠，坠坠爬爬，使它成为了世界上最长的植物了。

但据国外媒体报道，西班牙生物学家在巴利阿里群岛附近北海海底发现了一株长度达8千米的海藻，它生活在地中海水域，是迄今为止地球上发现的体形最长的植物。科学家们已证实，这株超长海藻的生长时间已接近大约10万年。目前，这种海藻在地中海水域的分布长达700千米。

（17）最大的草本植物

草本植物体形往往都比较矮小，一般的小草只有几厘米高，稻子、小麦也仅1米左右，但是在草本植物这个大家族里，也有身躯庞大的种类，其中，最大的要数旅人蕉了。旅人蕉属常绿乔木状多年生草本植物，原产于马达加斯加岛，在我国的广东省和海南省也有少量栽种。旅人蕉高大挺拔，婷婷玉立，貌似树木，实为草本。旅人蕉粗约50厘米，高达20米以上，有六七层楼那么高，是世界上最高大的草本植物。其叶子既粗壮又长大，一般可达3~4米，每个叶柄底部都有一个酷似大汤匙的"贮水器"，可以贮藏好几斤水。旅行者口渴时，只要在它的叶柄上划个小口，就可开怀畅饮。因此，它是沙漠中的"甘泉"，是"救命之树"。

（18）最大的蕨类植物

现存最大的蕨类植物是桫椤，有"蕨类植物之王"赞誉。桫椤，又名台湾桫椤、树蕨，是桫椤科、桫椤属蕨类植物，产于热带和亚热带地区。其树干为圆柱形，直立而挺拔，在我国热带、亚热带的桫椤可以高达10多米，而在它的原产地，可以长出20多米高的惊人个头。其茎干的底部丛生着不定根，它既可以吸收水分和营养物质，又可以用来固定在土壤中。树顶上丛生着许多大而长的羽状复叶，向四方飘垂，叶片背面有许多星星点点的孢子囊群。孢子囊中长着许多孢子。桫椤没有花，不结果实，也没有种子，它是靠孢子来繁衍后代。

图4-4　桫椤

桫椤是已经发现唯一的木本蕨类植物，极其珍贵，堪称国宝，被众多国家列为一级保护的濒危植物，有"活化石"之称。桫椤树形美观，树冠犹如巨伞，虽历经沧桑却万劫余生，依然茎苍叶秀，高大挺拔，称得上是一件艺术品，园艺观赏价值极高（图4-4）。

（19）最小的蕨类植物

现存最小的蕨类植物叫团蕨，又称团扇蕨。一听这名字，就能猜到它长得像把小团扇。它有多大呢？长仅5毫米。团蕨是南洋群岛的一种蕨类植物。在它细长的横走的根状茎上，没有叶柄，只有长仅5毫米左右的扁圆形的膜质叶片。

（20）最大的藓类植物

苔藓植物分为苔和藓两大类。一般情况下，藓类要比苔类大一点。但藓类的高度也只有几毫米到几十厘米。但生长在新西兰的巨藓是目前世界上最大的藓类植物，它们高达50厘米。它之所以能长如此之高，可能与它的茎开始有了输导组织的分化，以及细胞内有了类似木质素的聚合体的存在有关。

（21）最小的藓类植物

似夭命藓是世界上藓类植物中最小的一种，它的茎长不及 0.3 毫米。由于个体小，往往附生在热带雨林中乔、灌木的叶子上，一片小树叶上可以长几十甚至几百株，构成热带雨林奇观之一——"叶附生"现象。

3. 树木质地之最

（1）最硬的树

铁桦木，又名铁桦树、赛黑桦，系桦木科落叶乔木，分布在日本、朝鲜、俄罗斯以及中国大陆的吉林省、辽宁省等地。它的木材纤维组织非常密，硬度比橡树硬 3 倍，比普通钢硬 1 倍，是世界上最硬的木材。现代步枪即使在短射程内也打不进，更不要说用斧子来砍伐它了。该树被人们当作金属的代用品，可用来做滚珠、轴承甚至机器的齿轮。

（2）最重的树

世界上最重的树是黑黄檀，别名版纳黑檀，系豆科黄檀属落叶乔木，是国家二级保护植物，特有珍稀树种。其木材质地硬重，密度达 1.33 克 / 立方厘米，1 立方米的木材干重达 1 100 多千克，入水即沉。黑黄檀木材呈黑褐色，微香，材质坚硬，结构细致，纹理美观典雅，具有黑色大理石般的瑰丽花纹，属木材之珍品。

（3）最轻的树

南美洲西北部厄瓜多尔热带地区中有一种木棉科常绿乔木，名叫巴沙木（Balsa），它生长极快，平均每年胸径增长可达 40 厘米。其木材气干密度为 0.115 克 / 立方厘米，是同体积水重的 1/10，是世界上最轻的树木，故又被称为"轻木"。轻木的物理性能良好，有隔音、隔热等特性，工业上作为特种材料，用轻木制成的夹心板，是航空、航海、建筑、冷藏车等重要材料。作为世界上最轻的商用木材，它还可制作木筏和瓶塞；中国最轻的树木是川泡桐，气干密度为 0.269 克 / 立方厘米。

4. 植物寿命之最

（1）寿命最长的树

美国加利福尼亚州的一棵名叫麦修彻拉的刺球果松，树龄高达 6 400 年；另外还有一棵是非洲西部加那利亚岛的龙血树，已经活了 8 000 多岁，可惜的是在 1868 年毁于一场风灾。

但据英国《每日邮报》载，由瑞典于默奥大学（Umeå University）的库尔曼教授带领的一个科研小组在瑞典中部地区发现了 20 株左右的云杉，树龄都在 8 000 岁以上，其中，一棵云杉，经科学家们利用碳测定法判断，早在公元前

7542 年就已经开始生根了，至今已经拥有 9 557 岁的"高龄"。令人惊讶的是，至今它的生命力依然很顽强。

（2）寿命最长的草花

千岁兰是裸子植物门千岁兰科中唯一的一种植物，仅生长在非洲西南沿海纳米比亚及安哥拉的沙漠中，分布范围极其狭窄，是远古时代留下来的一种植物"活化石"，非常珍贵。其成年茎十分短粗，直径有 1 米左右，高出地面仅 20~30 厘米。相貌奇特，不怎么好看，但寿命很长，一般都能活数百年以上，是寿命最长的草花。据科学家用碳 14 测定，最长寿的植株已活了 2000 年，叶片宽达 1 米多，长达 10 余米。因此，称其为千岁兰或千岁叶。据说千岁兰生吃或者用热灰烤着吃，味道都不错。因此，它也有了另外一个名字"onyanga"，意思是"沙漠洋葱"。

（3）寿命最短的植物

寿命最短的要算生长在沙漠中的短命菊，它只能活几星期。沙漠中长期干旱，短命菊的种子在稍有雨水的时候，就赶紧萌芽生长，开花结果，赶在大旱来到之前，匆忙地完成它的生命周期。

5. 植物生长速度之最

（1）生长最快的树

马来西亚利沙巴有一种树，名叫佚名树，是生长最快的，一年就可以长 9.2 米；新几内亚桉树每年也能长高 8 米。

而日平均长高最快的冠军是毛竹。毛竹的竹笋经 40~50 天就能长成幼竹，最高可达 20 米，生长最快的时候，一昼夜能长高 1 米。但是，毛竹一旦长成，就不再长高了。

（2）生长最快的海洋植物

生长最快的海洋植物是生长在我国北方海区的巨藻。在春夏季节，它每天可生长 2 米左右。最快时每隔 16~20 天面积就增大 1 倍，每隔 20~30 天长度就增加 1 倍，很快可以连成一片。

（3）生长最慢的树

前苏联喀拉哈里的尔威兹加树，以及北极林带的希特卡云杉，每百年的高度只有 28 厘米，直径仅 2.5 厘米，生长是最慢的。生长慢的原因除了它们的本性以外，主要是干旱缺水或风大、寒冷等环境因素不利于它们的生长。

6. 植物叶片之最

（1）叶子最大的植物

生长在热带的长叶椰子，一片叶子有 27 米长，竖起来有七层楼房那么高。这是迄今所知道的最长的叶子。

图4-5 大王莲

生长在智利森林里的大根乃拉草，与其株体比较，叶片也大得让人吃惊。大根乃拉草属小二仙草科多年生草本植物，植株的高度可达2~3米，但叶的直径可达到2米，叶柄极其粗壮并布满尖刺，整片叶子就像一把带刺的雨伞。它的一张叶子能把3个并排骑马的人，连人带马都遮盖住。要是有人去野营，有两张大根乃拉草的叶子，就可当作一顶5~6个人住的帐篷了。

水生植物中叶子最大的是大王莲。大王莲是睡莲科多年生的宿根性水生植物，原生长在南美洲亚马逊河流，叶子是圆形的，周围有向上翻的边，能防止水浸到叶子上面去。一般莲叶直径60~70厘米，但大王莲叶直径达到200~300厘米，最大竟有400厘米。王莲叶浮在水面上，好像是一个大圆盆，能托住一个三四十斤的孩子。它同莲不同的是：根系发达，却没有主根，不长藕（图4-5）。

（2）叶子最小的植物

文竹是世界上叶子最小的植物。文竹又称云片松、刺天冬、云竹，是天门冬科多年生的藤本攀援植物，原产于南非。文竹分枝多又细，我们认为是叶子的部位其实是茎干和枝条，叶子已退化成白色的鳞片躲在叶状枝条的基部。要看文竹叶子，得需放大镜帮忙。文竹极具观赏价值，可放置客厅、书房，在净化空气的同时也增添了书香气息。

7. 植物的花和果实之最

（1）花最大的植物

世界上花最大的植物是生长在印度尼西亚苏门答腊森林里的大花草，它的花直径达1.4米，几乎像我们吃饭的圆桌那样大。一朵花有6~7千克重，有5片又厚又大的花瓣，每片花瓣长30~40厘米，外面带有浅红色的斑点。花心象个面盆，可以盛5~6升水。大花草原产马来群岛，为大花草科大花草属的一种肉质寄生草本植物，既没有茎，也没有叶，而是寄生在葡萄科爬岩藤属植物的根或茎的下部，一生只开一朵花。开花时发出臭味，引来食肉蝇为它传粉。

（2）花序最大的植物

花序最大者要数巨掌棕榈了。巨掌棕榈产于印度，它的生长速度要比一般棕榈缓慢，需要生长30~40年才能开花，开花后不久便死去。它的株高不过20米左右，但花序大得简直令人吃惊，其圆锥形的花序竟高14米左右，基底直径约有12米，真像一个大稻谷堆。巨大的花序上生有70多万朵花。这种树开花以后不久就死去。巨掌棕榈的花序之大，不仅是木本植物的冠军，就是在整个植物界也数第一。

另外，草本中的巨魔芋相对于其株型来说，花序也大得出奇。巨魔芋系天南星科魔芋属的植物，生长在亚洲苏门答腊的热带雨林中，个子不高，茎一般只有0.5米左右，但是它的花序却特别大。生长到一定时期的巨魔芋，便从茎的顶端抽出一个特大的肉穗花序。整个花序和花序下面的茎连起来，看上去酷似一座巨型的烛台，高达3米左右，直径约为1.3米。花序外的苞片颜色也与众不同，其内为红色，而外为深绿色。在大花序上密布着许多黄色的雄花和雌花，散发出烂鱼一样的腥臭气味。

（3）花最小的植物

花最小的水生植物是无根萍。无根萍又名芜萍、瓢沙，属单子叶浮萍科水生植物，是一种漂浮于水面上的椭圆形或卵圆形绿色粒状体，外观像绿色的鱼蛋，各地池塘或稻田均可见，是螺类、鱼类的优良饵料。它长只有1~4毫米，退化到无根茎叶的区别，也没有输导用的维管束组织。花只有针尖般大小。它占三项世界之最：世界上最小的开花植物、世界上花最小的植物、世界上果实最小的植物。因为外观很小，所以，容易被青蛙、水鸟或风传播到很远的地方去。

花最小的陆生植物是热带果树的菠萝蜜。菠萝蜜为桑科的常绿乔木，高10~20米，果实清甜可口，香味浓郁，故被誉为"热带水果皇后"。隋唐时从印度传入中国，称为"频那挲"，宋代改称菠萝蜜，沿用至今。菠萝蜜的果很大，但它的花却很小，平常我们看到的花其实是它的花序，长2~7厘米，但包含着千万朵小花，每朵小花仅1~1.5毫米（图4-6）。

图4-6　菠萝蜜

（4）花期最长的植物

生长在热带森林里的一种兰花，能开放80天才凋谢，是花期最长的植物。

（5）花期最短的植物

花期最短的植物是小麦。小麦是禾本科小麦属一年生或二年生草本植物的统称，是一种在世界各地广泛种植的禾本科植物，起源于中东新月沃土地区。小麦的穗状花序中，一朵花只开5~30分钟就凋谢。小麦是世界上最早栽培的农作物之一，其颖果是人类的主食之一，磨成面粉后可制作面包、饼干、面条等食物，发酵后可制成啤酒、酒精、伏特加或生物质燃料。

（6）开花最晚的植物

沙漠中的短命菊，出苗以后几个星期就开花结果，完成了生命周期。大多数草本植物，出苗后在当年开花或隔年开花，如水稻、玉米、棉花是当年开花，小麦、油菜通常是隔年开花。一般木本植物开花相对来说较晚，如桃树、梨树要3~4年，银杏出苗后要经过二十多年才开花，毛竹一般要经50~60年后才开花，它一生只开一次花，花开完后就逐渐死亡。然而，开花最晚的树要算生长在玻利维亚的拉蒙弟凤梨了。这种植物要生长150后才开出圆锥形的花序，它的一生也只开一次花，花后就死亡。

（7）颜色和品种最多的花

图4-7　月季

月季又称"月月红"，是蔷薇科常绿、半常绿灌木，四季开花。月季的颜色和品种最多，全世界有上万种，中国也有千种以上，颜色有红、橙、粉黄、白、紫等单色，还有混色、串色、丝色、复色、镶边，以及罕见的蓝色、咖啡色等品种，其色彩艳丽、丰富，被称为花中皇后。月季适应性强，栽培容易，不论地栽、盆栽均可，适用于美化庭院、装点园林、布置花坛、配植花篱、花架等。月季还可作切花，用于做花束和各种花篮（图4-7）。

（8）花色最美的植物

罂粟是罂粟科的二年生草本植物，原产地中海东部山区及小亚细亚埃及等地，我国禁止种植，但部分地区药物种植场有少量栽培。罂粟夏季开花，花密集排列，单生枝头，大型而艳丽，花色是最美丽的。罂粟含有吗啡、可卡因等物质，过量食用后易致瘾。罂粟花的美是一种具有毁灭性诱惑的美。7世纪传入东南亚。在很长的一段时间内，东南亚人视罂粟为药用植物。19世纪中后期，英法殖民者开始在缅甸和老挝境内以毒品为用途种植罂粟，并引发过与此相关的鸦片战争。因此，在深受两次鸦片战争所带来灾难的中国人眼里，罂粟花是魔鬼之花。

（9）花粉飘得最高、最远的植物

美丽的鲜花可以用花蜜引诱昆虫，替它们当传送花粉的"媒人"，可是玉米、杨树、松树的花，又瘦又小，有谁来给它们当"媒人"呢？它们不能吸引昆虫，只得出风来做"媒人"了。由风来传播的花粉，一般又小又多。一朵花或一个花序上的花粉粒，少则数千，多则上万甚至数十万。它们身小体轻，能够随风飘扬，飞得又高又远，近的几里，远的几十里、几百里。但花粉飞得最高、最远的记录，是松树的花

图 4-8　马尾松

粉创造的。它的花粉生有气囊，能够帮助飞行，使它可以升高几千米，越过山岭，跨过海洋，飘出几千里之外（图 4-8）。

（10）花粉降落得最快的植物

一阵微风，可以把许多风媒花植物的花粉飘扬起来。这种花粉一般可被风带到距离地表面 200~500 米的空中，少数也可达到 2 000 米的高空。当风速减弱，这些随风飘荡的花粉就徐徐下降。各种花粉下降的速度是不同的。紫杉的花粉每秒下降不过 1 厘米。但云杉的花粉下降得比紫杉快得多，每秒能下降 6 厘米。虽比下落的雨滴或石块慢得多，但却是各种植物花粉中下落得最快的花粉。云杉为松科云杉属常绿乔木，为中国特有树种，华北地区的山地分布广泛，东北的小兴安岭等地也有分布。

（11）花香传得最远的植物

花的香气传得最远的植物可谓是十里香了。十里香是芸香科九里香属常绿灌木或小乔木，原产亚洲的热带，中国大陆南部有分布。花期 6—11 月，开五瓣的小白花，伞状花序，顶生或腋生。十里香是云南传统名茶之一，有"一杯十里香，满屋都飘香"之美誉。

（12）花香保持最久的植物

澳大利亚的紫罗兰树开的花香味保持最久。紫罗兰树属十字花科落叶乔木，原产南美洲巴西、玻利维亚、阿根廷。中国广东省（广州市）、海南省、广西壮族自治区、福建省、云南省南部（西双版纳）栽培供庭园观赏，长江以南大部分地区的气候亦适宜生长。花淡紫色，花序长达 30 厘米，这种花干枯后香味仍然不变，散发的香气驱蚊效果好。南非的比勒陀利亚市原蚊蝇成群，栽种了紫罗兰树数十万株后，该树散发的香气最终让蚊蝇绝迹。因此，它有"驱蚊树"的美称。

（13）花色最会变的植物

木芙蓉又名芙蓉花、拒霜花、木莲、地芙蓉，为锦葵科木槿属落叶灌木或小

图 4-9　木芙蓉

图 4-10　热带水果皇后"菠萝蜜"

乔木，原产中国。木芙蓉的花朝开暮谢，早晨初开花时为白色，至中午为粉红色，下午又逐渐呈红色，至深红色则闭合凋谢。而弄色木芙蓉花开数日，逐日变色，实为罕见。由于每朵花开放的时间有先有后，常常在一棵树上看到白、鹅黄、粉红、红等不同颜色的花朵，甚至一朵花上也能出现不同的颜色。因此弄色木芙蓉当属是花色最会变的植物（图 4-9）。

石竹花中的一个名贵品种开的花早上雪白色，中午玫瑰色，晚上是漆紫色，也是花色多变的植物。

（14）果实最大的树木

菠萝蜜的果是世界上最重、最大的水果。波萝蜜又叫苞萝、木菠萝、树菠萝、大树菠萝、蜜冬瓜、牛肚子果，属桑科常绿乔木，原产于印度。其果实重达 40 千克，最重的 1 个超过 59 千克，被称为"水果之王"。这重量足以压断细弱的树枝，幸好这种巨大的果实并不是结在树枝上，而是由短而坚韧的柄与树干直接相连。其果实闻起来有淡淡臭味，吃起来却清甜可口，香味浓郁，故又被誉为"热带水果皇后"（图 4-10）。

8. 植物的种子之最

（1）种子最小的植物

有一种植物叫斑叶兰，属兰科植物，生于海拔 500~2 800 米的山坡或沟谷阔叶林下，我国有分布。植株高 15~35 厘米，种子小得简直像灰尘一样，1 克约有 200 万粒，1 亿粒斑叶兰种子才 50 克。人们至今还没有发现比这更小的种子。

（2）种子最大的植物

在非洲东部印度洋中塞舌尔，有一种身躯高大的棕榈科植物叫复椰子树，树干通直，高可达 30 米，直径 30 厘米，树叶宽约 2 米，长竟达 7 米左右。最有趣的是它的种子大得出奇，直径约 50 厘米。从远处望去，像是悬挂在树上的大箩筐。每个"萝筐"就有 5 千克之多，最大的可重达 18.16 千克。所以，复椰子树又称为大实椰子树。

（3）种子最硬的树

产于南美洲亚马逊河流域的象牙果，又叫象牙椰子，系棕榈科植物，其种子是最硬的。该树生长速度非常缓慢，雄花的雄蕊多达1000枚，大概要15年左右才能结出纤维质的果实，经3~8年才能完全成熟。成熟果实中的种子胚乳起初是液体，在热带阳光下晾晒3~4个月后才会成熟，变成类似于象牙的白色坚硬物质。其纹理、硬度、颜色与象牙相似，硬度1.5度，因而俗称为"植物象牙"，是一种极好的天然雕刻材料。人们喜欢象牙果雕刻，在殖民时代的欧洲贵族喜欢用它来做高贵礼服上的饰品，也可加工成纽扣、棋子、乐器的簧片甚至弹子房的弹子等，在我国已被用作象牙的替代品。

（4）种子寿命最长的植物

1952年，我国科学工作者在辽宁省大连市新金东郊的泡子村挖出了一些古莲子。经过科学测定，它们的寿命竟然在330~1250年，这是寿命最长的种子。科技工作者把古莲子两端各钳去1~2毫米，然后泡在水里，在25℃恒温条件下过了3天，它们就吐出了嫩绿的新芽，而且发芽率达96%。经过精心照料，第2年的夏天还开出了淡红色的莲花。而在南美洲阿根廷的一个山洞里发现的3000多年前的一种苋菜种子也保持着生命力。让人称奇的是1967年加拿大作过报道，在北美洲北极育肯河冻土层的旅鼠洞中发现了20多颗北极丽扇豆种子，经C14同位素进行测定，其寿命至少已有1万年，播种后竟有6颗种子发芽长成了植株，这是目前所知的寿命最长的种子。

（5）种子寿命最短的植物

世界上寿命最短的种子是生活在沙漠中一种叫梭梭树的植物种子，它仅能活几个小时。但其生命力很强，只要得到一点水，2~3小时内就会生根发芽，这是对沙漠干旱环境的适应性。

9. 植物特性之最

（1）最咸的树

中国黑龙江省生长着一种漆树科植物叫木盐树，高6~7米。每到夏季，树干就像热得出了汗。"汗水"蒸发后，留下的就是一层白似雪花的盐，与普通食用盐相差无几。人们可用小刀把盐轻轻地刮下来，回家炒菜用。据说，它的质量可以跟精制食盐一比高低。木盐树从土壤中吸收大量盐分，又能利用"出汗"方式把体内多余盐分排出去，以保证自己不受盐害。

（2）最甜的树

20世纪80年代初，科学家在非洲的加纳热带森林中发现了一种叫"卡坦菲"的植物，用它提取的"卡坦菲精"，其甜度竟是食糖的60万倍！卡坦菲可说是目前世界的"甜王"了。另外，生长在非洲的薯蓣叶防己，属防己科藤本植物，但叶子具有薯蓣科植物的特点。结的核果呈红珊瑚色，外形与野葡萄相似，每穗生40~60个，很逗人喜爱。它的果实竟比食糖甜9万倍！奇妙的是，吃了这种高甜度的果实，不但不腻人，而且嘴里长时间都感觉有甜味。当地人称它为"喜出望外"果，意思是出人意料的甘美。我国云南省已有引种；在西非热带森林里，还有一种植物叫西非竹芋，它的果实比食糖甜2 000~3 000倍；北美洲的槭树叶子含糖量也可达85%。

（3）最毒的树

"见血封喉"，又名箭毒木，是世界上最毒的树。它是桑科的一种高大常绿乔木，生长在热带地区，我国的海南岛、云南省和广西壮族自治区、广东省等地有分布。树高可达40米，干形通直，树冠庞大。其根、茎、叶、花、果都含有丰富的白色乳汁，内含强心甙等多种有剧毒物质。这种毒液如果进入眼中，眼睛顿时失明，甚至这种树燃烧时，烟气熏入眼里，也会导致失明。一旦触及人、畜或兽有鲜血流出的伤口，就会使肌肉松弛、血液迅速凝固，引起心脏阻塞以致咽喉封闭而中毒死亡，因此又叫"见血封喉"。唯有红背竹竿草才可以解此毒。

在西双版纳，相传那里最早发现箭毒木的汁液含有剧毒的是一位傣族猎人。有一次，他打猎时被一只很大的狗熊追逼而被迫爬上一棵大树。在紧急关头，他折断一枝树杈猛刺往上爬的狗熊。结果，狗熊立即倒毙。我国西双版纳地区的傣族人习惯用箭毒木的毒汁涂于箭头，制造毒箭打猎。这种毒箭杀伤力很强，被射中的野兽走上三五步就会倒毙。据史料记载，1859年，东印度群岛的土著民族在和英军交战时，用涂有这种毒液的箭射杀，英军中箭后跑了几步便倒地身亡，于是大为惊骇。由于箭毒木的毒性强烈，有人称它为"死亡之树"。这种树木还具有药用价值，把树叶中的有效成分提取出来，可用于治疗高血压、心脏病等，傣族妇女还用这种毒汁来治疗乳腺炎。另外，可剥皮取出纤维，用它做的树

图4-11　最毒的树——"见血封喉"

毯、褥垫舒适耐用，睡上几十年也没问题，用它做的衣服和筒裙，既轻柔又保暖。在云南省，人们把这种衣服染成各种各样的颜色，漂亮极了。但现在很少有人穿这种衣服，只有在基诺族的盛大节日上，基诺族人才会把它穿上。"见血封喉"已被我国列为国家二级重点保护植物（图4-11）。

（4）最毒的草

世界上最毒的草是非洲的"沧形草"，为沧形草科多年生草本，高达1米。其毒性为马钱的50倍，只需0.01毫克就可以把一名壮汉"杀"死。沧形草目前濒临灭绝。

（5）最耐火的树

世界上最耐火的树是中国海南省的海松树和南非洲的水瓶树，一旦发生火灾，最多叶子被烧掉，来年照样萌发新叶，正常开花结果。用海松树的木材做成烟斗，成年累月烟熏火烧不坏。因为海松的散热能力特别强，加上它木质坚硬，特别耐高温，所以不怕火烧；长在非洲南部的水瓶树，高大粗壮，主干高达几十米，直径2米多，远看酷似一个巨大的啤酒瓶。此树除"瓶口"有稀少的枝条树叶外，其他别无分枝。所有的水分集中贮存在树干里，藏水量可达一吨左右，所以水瓶树既不怕干旱，也不怕火烧。

（6）最耐干旱的植物

有一些植物适应干旱的能力很强，在长期干旱的环境里，照样能生长、繁殖，如仙人掌类植物。但最耐干旱的植物是生长在非洲沙漠里的沙那菜瓜。有人把它贮藏在干燥的博物馆里整整八个年头，不但没有干死，还在每年的夏天长出新芽。8年中仅仅是重量由7.5千克减少到3.5千克。这种耐旱的本领，在所有的种子植物中无疑是冠军了。

（7）最耐盐碱的陆生种子植物

我们居住的陆地，在远古时候，有很多地方原来是海洋。后来陆地上升，海水干涸，但海水里的盐分仍旧留在土壤里。这些盐碱，是植物生长的大敌。一般来说，含盐量超过1%以上的土壤，农作物就很难生长，只有少数耐盐性特别强的植物能够生长。

世界上耐盐性最强的陆生种子植物是盐角草。它能生长在含盐量高达0.5%~6.5%的高浓度潮湿盐沼中。盐角草为藜科一年生低矮肉质草本，在我国西北和华北的盐土中分布很多，植株常发红色，小枝肉质，叶肉质多汁，几乎不发育，近圆球形。植物体内含水量可达92%，所含的灰分可达鲜重的4%，干重的45%。这些灰分是工业上有用的原料。盐角草由于体内所含的盐分高，体液的浓度大，所以最能适应在盐土上生长。它是地球上迄今为止报道过的最耐盐的陆生高等植物种类。基于其显著的摄盐能力和集积特征，盐角草可作为生物工程措施的重要手段之一，广泛用于盐碱地的综合改良。值得注意的是，该物种为中国植物图谱数据库收录的有毒植物，全株有毒，牲畜如啃食过量，易引起下泻。

（8）最耐高温的藻类植物

蓝藻不仅是地球上最早出现的绿色植物，而且是最耐高温的藻类植物。蓝藻在自然界分布很广，是繁殖力很强的水生植物，在淡水、海水中，岩石、植物体上都有其踪迹。有一种蓝藻，在水温达89℃的泉水中，照样能正常生长和繁殖。这样高的水温，人伸不下手，鸡蛋放进去几乎也能煮熟。据说，这种蓝藻有其特殊结构，它细胞内的物质，凝固点高于89℃以上。

（9）最耐寒的木本植物

在植物界中，有一些不怕寒冷的"英雄好汉"，如在我国西藏高原，生长在5 000米高处的雪莲花，能对着皑皑白雪，开出紫红色的鲜花。阿尔泰山的银莲花能在 -10℃的环境下，从很厚的雪缝中钻出生长。有些松柏类植物能抵御 -40~-30℃的低温。在西伯利亚有一种植物，能在 -46℃的低温下开花。在自然条件下，它应算是不怕冷的"英雄"了。但世界上最不怕冷的木本植物是黑醋栗，又名黑加仑，是醋栗科落叶灌木，产于俄罗斯和我国新疆维吾尔自治区、黑龙江省等地。它不仅喜光、耐贫瘠，而且特别耐寒。前苏联科学家曾用其枝条试验，经 -253℃的低温处理后，其枝条仍然正常生长。因此，它是最耐寒的树。另外，前苏联科学家把白桦树放在逐步降温的环境里，也能耐得住 -195℃的低温，因此白桦也是冻不死的"好汉"（图4-12）。

（10）生命力最顽强的植物

植物世界中，地衣的生命力最顽强。据试验，地衣在 -273℃的低温下还能生长，在真空条件下放置6年仍保持活力，在比沸水温度高一倍的温度下也能生存。因此无论沙漠、南极、北极，甚至大海龟的背上它都能生长。

图4-12 最耐寒的木本植物——黑醋栗

地衣为什么有如此顽强的生命

力？人们经过长期研究，终于找到了"谜底"。原来地衣不是一种单纯的植物，它是由两类生物"合伙"组成，一类是真菌，另一类是藻类。真菌吸收水分和无机物的本领很大，藻类具有叶绿素，它以真菌吸收的水分、无机物和空气中的二氧化碳作原料，利用阳光进行光合作用，制成养料，与真菌共同享受。这种紧密的合作，就是地衣有如此顽强生命力之秘密。

（11）最耐紫外线照射的植物

太阳光里的紫外线，几乎对所有生物都有影响，特别是微生物，受到一定剂量的紫外线照射十几分钟就会被杀死。所以医院和某些工厂，常用紫外线进行灭菌。高等植物也不例外。根据科学家的研究，如果用相当于火星表面的紫外线强度作为标准，来照射各种植物，番茄、豌豆等只要3~4小时就死去，黑麦、小麦、玉米等照射60~100小时，能杀死叶片。然而南欧黑松接受同样强度的紫外线照射635小时后，仍旧活着。这是对紫外线忍受能力最强的植物。科学家估计，像南欧黑松这样的植物，能够在火星上生活一个季节。这一事实证明，在地球以外的行星如火星上存在着生物是可能的。

（12）最灵敏的植物

如果你用手轻轻碰一下含羞草，它的叶子会很快闭合。触动它的力量大一些，它连枝带叶都会下垂。有人研究过，含羞草在受到刺激后0.08秒钟内，叶子就会合拢，而且受到的刺激还能传导到别处，传导的速度最快每秒钟达10厘米。含羞草的敏感性很强，但感觉最灵敏还是毛毡苔。

毛毡苔，即茅膏菜，属茅膏菜科多年生草本植物，主要生长在亚洲、欧洲和北美洲的沼泽地带或潮湿的草原上。其植株很小，没有茎，根系不发达，叶子呈匙型，只有一个硬币那么大，上面长着200多根绒毛，就像一根根纤细的手指，既能伸开，又能"握"起来，有人称它是"魔掌"。这些绒毛能分泌出像蜜一样香味的黏液，粘住闻香而来碰到绒毛的昆虫，其"魔掌"也能很快抓住昆虫并予以消化。此后"魔掌"又重新张开，等待着新的猎物光临。毛毡苔的"魔掌"感觉十分灵敏。达尔文曾经做过一次试验，他把一段长11毫米的细头发丝，放在毛毡苔的叶子上，叶子上的绒毛也能立即感觉到，马上卷曲起来把头发按住。还有人把0.000003毫克的碳酸铵（一种含氮的肥料）滴在毛毡苔的绒毛上，它也能立刻感觉到。

图4-13　最灵敏的植物——毛毡苔

这样微小的重量，人和一般动物是无论如何感觉不到的。

更有趣的是，毛毡苔还能辨别出落在它"魔掌"上的是不是"猎物"。有人曾经做过试验，把一粒沙子放在它的"魔掌"上，起初它的绒毛有些卷曲，但它很快就发现落在它"魔掌"上的不是它需要的"美味佳肴"，于是很快又把绒毛伸展开来（图4-13）。

（13）贮水量最多的植物

茫茫的沙漠中，气候特别干燥炎热，一年的降水量很少，一般不超过25毫米，有的地方甚至整年不下雨。生长在这些地区的植物，对于干旱有很大的适应能力。如有"沙漠英雄花"美名的仙人掌就有惊人的耐旱能力，这是因为它有很强的贮存水分的本领。但是还有贮水本领更大的植物。

贮水本领最强、贮水量最多的草本植物是墨西哥沙漠中的巨柱仙人掌。它长得象一根分叉的大柱子，通常有六、七层楼那么高，粗得一个人抱不拢。让人吃惊的是，在它那巨大的身躯里，竟贮存着1吨以上的水。当地过路人常常砍开这种仙人掌来取水解渴，喝个痛快。巨柱仙人掌为了适应干旱的沙漠环境，根系又深又广，稍有一点雨水，就大量吸收水分，它的茎生得厚厚的，因此能贮得住大量的水分，成了个"小水库"。而叶子退化成针刺，可以减少水分的蒸发。这就是巨柱仙人掌能大量贮水的秘密。草本植物里的普通仙人掌、芦荟、龙舌兰、四季海棠等有贮存水分的本领，可是没有一种能像巨柱仙人掌那样，贮存这么多的水分。

贮水量最多的木本植物是纺锤树。纺锤树是木棉科的乔木树种，原产澳大利亚，现我国南方地区都有大规模栽植。身躯很像一个大萝卜，不过要比萝卜大

好几倍。这种树高可达30米，树干的两头细，中间粗，最粗的地方直径达5米，树干上端有少数生叶子的枝条。远远看去，像一个插着枝条的花瓶，因此又叫瓶子树、酒瓶树。这种树根系特别发达，雨季时能大量地吸收水分，贮水备用。一般一棵大树可贮存2吨多的水，仿佛是一个绿色的水塔。在南美洲的巴西高原上，每当旱季时，人们常把纺锤树作为饮水的来源。若

图4-14 贮水量最多的木本植物——纺锤树

以每人平均每天饮水3千克计算，砍一棵纺锤树几乎可供四口之家饮用半年。世界上再没有比纺锤树贮水量更多的木本植物了（图4-14）。

（14）吸水能力最强的植物

在沼泽地区或森林洼地，生长着一种苔藓植物，叫泥炭藓，又称水藓、水苔，我国大部地区山地均有分布。其植株丛生成垫状，平时呈淡绿色，干燥时呈灰白色或黄白色。由于这种植物附有特有的储水细胞，吸水储水能力是其他藓类数倍至数十倍，能吸收自身体重 10~25 倍的水分，比脱脂棉的吸水能力强 1~1.5 倍，是吸水能力最强的植物。泥炭藓经消毒加工后，可代脱脂棉做敷料或制造急救包。由于泥炭藓含有泥炭藓酚、丁香醛及多种酶，用作伤口敷料时，有收敛和杀菌的作用，能促进伤口愈合。第一次世界大战时，因缺乏药棉，加拿大、英国、意大利等国曾利用泥炭藓类植物的吸水特性代替棉花制作敷料。因储水能力强，泥炭藓植物还是迄今苗木、花卉等长途运输的最佳包装材料。另外，由泥炭藓和其他植物长期沉积后形成的泥炭，其 1 吨的燃料热量相当于 0.5 吨的煤。

（15）纤维品质最好的植物

苎麻又叫野麻、野苎麻、青麻、白麻，属荨麻科多年生宿根性草本植物，原产于中国西南地区，是重要的纺织纤维作物。在各种植物纤维中，苎麻的纤维品质最好。它的纤维细胞最长，达 620 毫米，而且坚韧，富有光泽，染色鲜艳，不容易褪色，可以纯纺，也可和棉、丝、毛、化纤等混纺成各种粗细布料，既美观又耐用。闻名于世的浏阳夏布就是苎麻纤维的手工制品。纤维强度最大，其抗张力强度要比棉花高 8~9 倍，在浸湿的时候，强度特别增大，可以做飞机翼布、降落伞的原料以及制造帆布、航空用的绳索、手榴弹拉线、麻线等各种绳索。吸湿和散湿快，而且具有耐腐、不易发霉的特性，是制造防雨布、鱼网等的好材料。且热传导性能好，也不容易传电，可以做轮胎的内衬、电线的包皮、机器的传动带等。

苎麻在我国栽培历史悠久，从唐朝的时候就已经能充分利用苎麻纤维。苎麻是中国特有的以纺织为主要用途的农作物。现在我国的苎麻栽培面积列世界第一位，产量约占全世界苎麻产量的 90% 以上。苎麻可谓是中国国宝，在国际上被称为"中国草"（图 4–15）。

（16）最具贵族气派的树

最具贵族气派的树首推檀香树，又名檀香，系檀香科半寄生性常绿乔木，是一种古老、神秘的珍稀树种，分布在热带、亚热带地区。它生长极其缓慢，通常要数十年才能成材，而且非常娇贵，在幼苗期往往还必须寄生于凤凰

图 4–15　苎麻

树、红豆树等植物上才能成活。檀香树用途广泛，经济价值很高，是制作熏香、药材、工艺品的上等材料。由于其产量有限，加之需求量大，所以从古至今一直被人们视为既珍稀又昂贵的木材，有"木中皇族""皇室之树""神圣之树""招财之树"之誉称。

（二）森林之最

1. 森林面积之最

（1）森林面积最多的洲

全球七大洲中，以欧洲森林面积为最多，达 10.05 亿公顷，占世界森林面积的 24.9%，森林覆盖率达 45%。欧洲各国中，森林面积最多的是俄罗斯，达 8.09 亿公顷，占欧洲森林面积的 80.5%，全世界森林面积的 20.1%。依次是瑞典为 2 820.3 万公顷、芬兰为 2 215.7 万公顷、西班牙为 1 817.3 万公顷、法国为 1 595.4 万公顷、德国为 1 107.6 万公顷。南美洲是森林面积第二大洲，森林面积为 8.64 亿公顷，占世界森林面积的 21.4%，森林覆盖率达到 49%。

（2）森林面积最小的洲

森林面积最小的洲是南极洲，那里终年严寒，是不毛之地。但据锡耶纳大学代表报告，科学家在南极洲发现了远古森林化石。专家认为，2.5 亿年前，南极是一片森林，并不像今天这样是一片被冰雪覆盖的荒芜之地。导致该地区森林消失的原因是火灾，而火灾则是由地震活动和火山爆发引起的。也有一些专家认为，森林消失是由小行星撞击地球所导致的。

（3）森林资源最多、面积最大的国家

俄罗斯共有森林面积 8.09 亿公顷，约占全世界森林面积的 20.1%。其中，属俄罗斯联邦政府管辖的国有林占全国森林总面积的 94%。该国有林木总蓄积量 815.2 亿立方米，占全世界森林总蓄积量的 15.5%。森林覆盖率 49.4%，人均森林面积 5.7 公顷，人均森林立木蓄积量 578.2 立方米。森林总蓄积量和覆盖面积都位居各国之首，是世界上森林资源第一大国。主要分布在西伯利亚地区、西北和远东各联邦区。其中，乌拉尔山脉以东广袤的亚洲地区，即西伯利亚和远东地区的森林储量占俄罗斯森林总储量的 60%。森林植被以落叶松、云杉、欧洲赤松和冷杉等针叶林为主，南方以阔叶林混交林（包括桦树、白杨、橡树等）为主。无论是针叶林还是阔叶林，其成熟林和过熟林蓄积量占绝大多数；其次是巴西，森林面积达 5.2 亿公顷，占全世界森林面积的 12.9%，占南美洲森林总面积的 60.2%。

（4）森林面积最小的国家

卡塔尔、摩纳哥、瑙鲁等国没有符合 2010 年森林资源评估中定义的森林，森林面积为零，自然是最少的。此外，马尔代夫、巴林、图瓦卢等森林面积也很小，均只有 1 000 公顷左右。

（5）天然林面积最多的国家

巴西是世界上生物多样性和森林资源最丰富的国家之一。巴西全国有天然林面积约 4.77 亿公顷，占全国森林面积的 91.7%，主要分布的有亚马逊森林、大西洋森林、热带高原森林、沼泽林、海岸红树林等。其中，亚马逊天然林面积达到 3.4 亿公顷，占全国天然林面积的 85%，占世界热带雨林总面积的 36%。巴西还有其他自然再生林 3 553.2 万公顷，占该国森林面积的 7%，而人工林仅占 1%。

（6）人工林面积最多的国家

进入新世纪后，我国人工林增加量大幅度提升，约为俄罗斯的 4 倍、美国的 10 倍。根据第八次全国森林资源清查结果，中国目前有人工林面积 6 933 万公顷，占中国总森林面积 2.08 亿公顷的 33.3%，约占世界人工林总面积的 1/4，是人工林面积最多的国家。

（7）人均森林面积最多的洲

大洋洲共有森林面积 1.91 亿公顷，人口 3 494 万人，人均森林面积达到 5.5 公顷，是最多的洲。大洋洲森林面积约占总面积的 22.5%，约占世界森林总面积的 4.7%，草原占大洋洲总面积的 50% 以上，约占世界草原总面积的 16%。

（8）人均森林面积最少的洲

亚洲森林总面积达 5.93 亿公顷，森林覆盖率 19%，但亚洲人口高度稠密，共有 40.75 亿人，人均森林面积仅 0.15 公顷，除南极洲不毛之地外，是最少的洲。亚洲森林资源中，俄罗斯的亚洲部分、中国的东北、朝鲜的北部，是世界上分布广阔的针叶林地区，蓄积量丰富，珍贵用材树种很多。中国的华南、西南，日本山地的南坡，喜马拉雅山南坡植物特别丰富，除普通阔叶树种外，还有棕榈、蒲葵、杉属、水杉属等树种。东南亚的热带森林在世界森林中占有重要地位，以恒定、丰富的植物群落著称，其主要树种是龙脑香科，还有树状蕨纲、银杏、苏铁等"活化石"。

（9）人均森林面积最多的国家

加拿大共有森林总面积 3.1 亿公顷，约占世界的 7.7%，森林覆盖率为 34%。该国有 3 325.9 万人口，人均森林面积达 9.3 公顷，按人口平均是最多的国家。加拿大的森林以原始林为多，其中，针叶林面积占 64%。从纽芬兰和拉布拉多海岸向西至落基山，然后向西北到阿拉斯加，这是世界上仅次于欧亚大陆泰加林带的第二大针叶林带。但从树木种类来看，它比欧亚大陆泰加林要多，主要有白云杉、黑云杉、冷杉、铁杉、雪松、花旗松及美洲落叶松等。

（10）人均森林面积最小的国家

卡塔尔、摩纳哥、瑙鲁等国没有符合2010年森林资源评估中定义的森林，人均森林面积为零，自然是最小的。

（11）森林面积增加最快的国家

全球森林面积增加最快的国家是中国。进入21世纪后，我国确定了林业发展和生态建设一系列重大战略决策，实施了一系列重点林业生态工程，取得了显著成效，全国森林资源进入了快速发展时期。根据全国森林资源清查结果，从2004—2013年，我国森林面积净增3 277.3万公顷，年均净增327.7万公顷，目前达到2.08亿公顷；其中，人工林面积增加了1 607.11万公顷，年均净增160.7万公顷，目前达6 933万公顷，继续居世界首位（图4–16）。

（12）森林面积减少最多的国家

由于砍伐和森林火灾等自然原因，巴西在1990—2000年，森林面积年净损失289万公顷，2000—2010年，年净损失264.2万公顷，是森林面积减少最快的国家。其次是印度尼西亚，1990—2000年，和2000—2010年，年森林面积净

图4–16　我国南方森林植被

减少分别为 191.4 万公顷和 56.2 万公顷。

（13）森林面积减速最快的国家

科摩罗是非洲一个位于印度洋上的岛国，国土面积 22.3 万公顷，被称月亮之国、香料之国。该国 1990 年森林面积约 1.2 万公顷，到 2000 年森林面积只有 8 000 公顷，到 2010 年森林面积锐减至 3 000 公顷，20 年间森林面积减少了 75%，每年递减 3.75%，是目前世界上有林国家森林面积减速最快的国家。主要原因在于科摩罗是农业国家，80% 的人口生活在农村，70% 的劳动力从事农业生产，大部分森林被开垦用于农业生产，目前全国可耕地面积有 7 万多公顷。

（14）世界上连片面积最大的森林

欧洲西伯利亚的亚寒带针叶林是世界上连片面积最大的森林，纬度几乎跨越了半个地球。亚寒带针叶林又叫泰加林，泰加林原是指西伯利亚带有沼泽化的针叶林，现在泛指寒温带的针叶林。在北半球的寒温带地区，泰加林几乎从大陆的东海岸一直分布到西海岸，形成壮观的茫茫林海。这个林区的总面积为 164 亿亩，占世界森林面积的 25%，其中，38% 为西伯利亚落叶松林。

（15）世界上面积最大的红树林

位于孟加拉西部库林纳地区的孙德尔本斯红树林是一片由许多小岛组成的面积为 3 600 平方千米、孟加拉最大的沿海林地，是世界上最大的红树森林，由恒河三角洲及靠近孟加拉湾的布拉马普特拉河和梅克纳河养育而成，总面积 14 万公顷。1997 年被列入《世界遗产目录》。

孙德尔本斯字面原义是"最美的森林"。它是迄今为止几乎未经过任何人工培育的原始森林，大自然把它塑造成一个像是经过精心管理过的幽雅的人工林区。从天空俯视，绵延数十英里，高耸入云的林木一片浓密。近地面观察，各类红树高低起伏，错落有致。红树林里水陆交接，形成了一处处神奇的风景，随处可见的野生动物另有一番情趣。穿过红树林，可以看到在河里游泳的孟加拉虎、懒洋洋沐浴日光的鳄鱼、阴暗处纳凉的鹿群、欢叫跳跃的猴子。这里是植物学家、自然爱好者、诗人和画家等梦寐以求的胜地。

（16）世界上面积最大的原始森林

南美洲的亚马逊河是世界上流域最广、流量最大的河流。它终年水量充沛，滋润着 800 万平方千米的广袤土地，孕育了世界最大的原始热带雨林，也是全球物种最多的热带雨林，并被公认为世界上最神秘的"生命王国"。亚马逊热带雨林目前还保存着 40 000 平方千米面积，约占全球热带雨林总量的一半，阔叶林总量的 1/6（图 4-17）。

图4-17 亚马逊原始森林

2.森林覆盖率之最

（1）森林覆盖率最高的洲

南美洲共有森林面积8.64亿公顷，占世界森林面积的21.4%，森林覆盖率高达49%，是最高的洲。其次是欧洲，森林覆盖率为45%。南美洲的热带雨林是现今世界最大的、保存最完整的，主要分布在巴西、圭亚那、苏里南等境内。南美洲生长着许多可供食用、药用和具有经济价值的森林资源，如红木、檀香木、桃花心木、花梨木、柚木、巴西木、香膏木、蛇桑木、肉桂、金鸡纳树、云杉、雪松和各种椰树、棕榈树等。

（2）森林覆盖率最低的洲

亚洲有森林面积5.93亿公顷，占世界森林面积的14.7%，但亚洲土地面积达30.91亿公顷，森林覆盖率仅为19.2%，是除南极洲外最低的洲。

（3）森林覆盖率最高的国家

法属圭亚那位于南美洲北部的一个海外属地，首都是卡宴。法属圭亚那2010年森林面积808.2万公顷，森林覆盖率最高，达到98%。该国狭窄的海岸线低于海平面，并且逐渐形成大草原。内陆自丘陵到高山地带被茂密的森林所覆盖，拥有丰富的森林资源，木材蕴藏量约74亿立方米，且品种繁多，超过千余种，其中，珍贵木材有紫芯木和绿芯木等。

（4）森林覆盖率最低的国家

除卡塔尔、摩纳哥等没有符合2010年森林资源评估中定义的森林的国家外，森林覆盖率最低的国家是非洲的埃及仅为1×10^{-5}。埃及绝大部分都是热带沙漠气候，自然景观基本都是荒漠，沙漠景观中有少量绿洲。埃及北部是地中海气候，夏季高温少雨，冬季温和多雨，仅有的少量植被以常绿硬叶林为主。

（5）森林覆盖率增长最快的国家

法国的森林覆盖增长最快，已从1962年的17%提高到目前的27.3%，林木蓄积量每年也以8 800万立方米的速度增长。法国有严格的森林持续管理制度，从20世纪60年代开始，大规模实施海岸防风固沙林建设，以及荒地造林和山地恢复等五大林业生态工程，因此，森林覆盖率明显提高。

3. 森林蓄积量之最

（1）森林蓄积量最大的洲

南美洲木材资源极为丰富，有红木、檀香木、桃花心木、花梨木、柚木等许多经济价值较高的林木，森林立木总蓄积量为 1 772.2 亿立方米，占全球森林总蓄积量 5 272 亿立方米的 33.6%，位列七大洲之首。其中，巴西森林蓄积量达 1 262.2 亿立方米，占了南美洲的 71.2%、世界的 23.9%。哥伦比亚和秘鲁的森林蓄积量也分别有 898.2 亿立方米和 815.5 亿立方米。森林立木总蓄积量位列其次的洲是欧洲，达到 1 120.5 亿立方米，占世界森林总蓄积量的 21.3%。

（2）森林蓄积量最小的洲

在七大洲中，除南极洲外，森林蓄积量最小的是大洋洲，为 208.9 亿立方米，占全球森林总蓄积量 5 272 亿立方米的 4.0%；其次是亚洲，森林总蓄积量为 536.9 亿立方米，占世界森林蓄积量的 10.2%。在大洋洲中，立木蓄积量最多的是新西兰，共有 35.9 亿立方米，占了整个洲的 17.2%。

（3）森林蓄积量最大的国家

俄罗斯共有林木总蓄积量 815.2 亿立方米，占全世界森林总蓄积量的 15.5%。森林总蓄积量位居各国之首，是世界上森林资源第一大国（图 4–18）。

（4）森林蓄积量最小的国家

卡塔尔、摩纳哥等无森林的国家也无森林蓄积量，是森林蓄积量最小的国家。科摩罗、格林纳达、北马里亚纳群岛、汤加等国家或地区的森林蓄积量都大约为 100 万立方米，森林蓄积量也很小。

（5）人均森林蓄积量最高的国家

俄罗斯人口为 1.41 亿人，共有林木总蓄积量 815.2 亿立方米，人均森林立木蓄积量 578.2 立方米，是世界人均蓄积量 78.1 立方米的 7.4 倍，位居世界各国之首；其次是蒙古，蒙古的森林立木总蓄积量为 14.26 亿立方米，人口为 264.1 万人，人均森林蓄积量达 540 立方米。蒙古的森林蓄积量构成中，落叶松占 72%、雪松占 11%、红松占 6%，其余为桦树、杨树、红杨树等。

图 4–18　用材林

蒙古森林主要分布于肯特、库苏古尔、杭盖省和阿尔泰山、汗呼赫山脉。

（6）人均森林蓄积量最低的国家

根据 2010 年统计，埃及国土面积 9 954.5 万公顷，人口 8 152.7 万，森林立木蓄积量 800 万立方米，每个人口的森林蓄积仅 0.098 立方米，除了卡塔尔、摩纳哥等无森林的国家外，是人均森林蓄积量最低的国家。埃及是四大文明古国，曾有广袤的森林覆盖，但因历史上长期的人为破坏等原因，沙漠化严重，约占国土面积的 96%，全国森林面积仅 7 万公顷左右；孟加拉国森林总面积为 144 万公顷，立木蓄积量为 7 000 万立方米，但因人口密度大，总人口数较多，约有 1.38 亿人，人均森林蓄积量也不足 0.5 立方米，是位列倒数第 2 的国家。

（7）单位面积蓄积量最高的洲

南美洲森林面积达 8.64 亿公顷，立木蓄积量达 1 772.2 亿立方米，单位面积森林蓄积量达到 205.1 立方米 / 公顷，是最高的洲；其次是北美洲，森林面积 7.05 亿公顷，立木蓄积量达 864.6 亿立方米，单位面积森林蓄积量为 122.6 立方米 / 公顷。南美洲林木资源丰富，其内的亚马逊热带雨林是现今世界最大、保存最为完整的热带雨林，有"世界之肺"的美誉。

（8）单位面积蓄积量最低的洲

亚洲的森林面积为 5.93 亿公顷，立木蓄积量为 536.9 亿立方米，单位面积森林蓄积量位列倒数第 1 位，仅 90.5 立方米 / 公顷。大洋洲的森林面积为 1.91 亿公顷，森林总蓄积量为 208.9 亿立方米，单位面积森林蓄积量为 109.4 立方米 / 公顷，位列倒数第 2 位。

（9）单位面积蓄积量最高的国家

新西兰有森林面积为 826.9 万公顷，森林立木蓄积量为 35.86 亿立方米，单位面积的蓄积量最高，达到 434 立方米 / 公顷。森林树种的组成为，针叶树以南洋杉科和罗汉松科树种为主，如澳洲贝壳杉、柏木、陆均松和多种罗汉松等；阔叶树以假水青冈和其他几种与罗汉松伴生的阔叶树种为主。新西兰的天然林中，约有 3/4 用于国家公园、景观保护、森林公园和其他目的的保护区。人工林以辐射松为主，约占 90%，每公顷年均生长量为 25~30 立方米。新西兰是世界上辐射松人工林经营利用最好的国家。

（10）单位面积蓄积量最低的国家

土库曼斯坦是位于中亚西南部的内陆国，属强烈大陆性气候，是世界上最干旱的地区之一。它有森林面积 412.7 万公顷，立木蓄积量为 1 500 万立方米，每公顷蓄积量仅 3.6 立方米，是单位面积森林立木蓄积量最低的国家。

五、神奇的植物荟萃

自然界的植物五花八门，形形色色，不仅种类繁多，而且形态习性各异，功能多样，有的还十分奇妙怪异。

（一）奇特的指示植物

植物的生活和分布深受环境条件的影响和制约，有什么样的环境就可能有相应的植物种类分布或其表现形态。环境发生变化，植物种类或其形态随着发生变化。反之，见到某种植物出现或其表现形态，就可以据此推断它所在地方的环境性质，这种作用叫做植物（对环境）的指示作用。

指示植物在一定区域范围内能指示生长环境或某些环境条件的植物种、属或群落。指示植物与被指示对象之间在全部分布区内保持联系的称为普遍指示植物；只在分布区的一定地区内保持联系的则称为地方指示植物。地方指示植物在数量上远远多于普遍指示植物。指示植物按照指示对象可分为：

1. 土壤指示植物

可用来鉴别土壤性质的植物。如：铁芒萁、算盘子、山茶、映山红为酸性土壤的指示植物；蜈蚣草、柏木、甘草、花椒、蒺藜等为碱性土壤的指示植物，柏木更是由石灰岩、紫色砂岩和页岩等母质发育的土壤的指示植物；南天竹是钙质土壤的指示植物；多种碱蓬、海蓬子（即盐角草）是强盐渍化土壤的指示植物；萹草是富氮土壤的指示植物；那杜草是黏重土壤的指示植物（图5-1）。

2. 气候指示植物

如椰子的开花是热带气候的标志，兴安落叶松指示湿润寒冷的气候，乌饭树、枹木、油茶指示湿润亚热带气候，桃金娘、冈松等指示华南湿润的南亚热带气候等。

图 5-1 酸性土壤指示植物——映山红

3.矿物指示植物

如海洲香薷是铜矿脉的指示植物，戟叶堇菜、喇叭花是铀矿的指示植物，车前草、三色堇是锌的指示植物，石松是铝的指示植物。而铁影响着植物绿色的程度，气态的碳氢化合物对植物的发育节律发生强烈作用，铜的化合物会引起花朵颜色的显著变化。我们可利用指示植物进行矿藏勘探。

4.潜水指示植物

可指示潜水埋藏的深度、水质及矿化度。如：柳属是淡潜水的指示植物，骆驼刺为微咸潜水土壤的指示植物。芦苇在地下水位为 0.5~3 米条件下可长到 2~5 米，再深的水位则使它的高度降到 1~2 米。此外，植物的某些特征，如花的颜色、生态类群、年轮、畸形变异、化学成分等也具有指示某种生态条件的意义。

5.环境污染指示植物

可用来指示环境污染或鉴别环境的污染物。

对二氧化碳敏感的花卉有秋海棠、美人蕉、矢车菊、彩叶草、非洲菊、万寿菊、牵牛花等。在二氧化碳超标的环境下，这些植物会发生急性症状，如叶片呈暗绿色水渍状斑点，干后呈现灰白色。

对二氧化氮敏感的花卉有矮牵牛、杜鹃、鸢尾、扶桑、菊花等。在二氧化氮超标的环境下，这些植物会发生症状，如中部叶子的叶脉间出现白色或褐色不定形斑点，并提早落叶。

对过氧化物和硝酸酯敏感的花卉有香石竹、大丽花、凤仙草、报春花、蔷薇、小苍兰、金鱼草等。其症状是幼叶背面出现古铜色，叶向下方弯曲，叶片的尖端枯死。

对臭氧敏感的花卉有矮牵牛、秋海棠、小苍兰、香石竹、菊花、万寿菊等。在臭氧超标的环境下，这些植物的叶片表面呈现蜡状，有坏死斑点，之后变白色或褐色，叶子发生红、紫、黑、褐等颜色，提早落叶等症状。

对氟化氢敏感的花卉有唐菖蒲、美人蕉、仙客来、萱草、风信子、鸢尾、郁金香、杜鹃等。如唐菖蒲的叶片边缘和尖端出现淡黄色片状伤斑，则说明空气中存在氟化氢污染。在氟化氢超标的环境中，这些花卉叶的尖端发焦，接着周缘部分枯死、落叶、叶片褪绿，部分叶子变成褐色或黄褐色。

可作为氯气监测器的花卉有百日草、蔷薇、郁金香、秋海棠等。这些植物在氯气含量超标情况下，叶脉间会出现白色或黄褐色斑点，很快落叶。

二氧化硫与硫化氢对植物危害很大。二氧化硫进入叶肉组织后会破坏叶绿素，引起组织脱水，常使叶片的脉间出现有色的斑点或漂白斑并逐步扩大，甚至叶子脱落。美人蕉、天竺葵、秋海棠、三色堇、紫花苜蓿、牵牛等花卉，棉花、大麦、菠菜、莴苣、萝卜、胡萝卜、南瓜、向日葵、烟草和甘薯等作物，杉树、油松、红松等针叶树种和杨树、桉树以及许多地衣（如松萝）都对二氧化硫异常敏感，当空气中二氧化硫浓度达到 0.0005‰ 即可能造成危害，但是人能感觉到的二氧化硫浓度为 0.005‰ 以上。若这些植物发黄变干就要考虑是否因为空气中二氧化硫过多。美人蕉在二氧化硫浓度为 0.001‰ 的空气中，经 1 小时即出现中毒症状（叶片上有暗绿色渍状斑点）；0.001‰ 浓度的二氧化硫可使菠菜在 3 小时内发生严重伤害（白色伤斑）。针叶树亦同样受害，而且幼株比成熟植株更加敏感。二氧化硫浓度很低时大麦的麦芒便受害变白。附生的苔藓、地衣不正常的枯死，也是重要的警报。尤其是生长在树干上的苔藓，不受土壤等影响，主要靠雨露滋润，如出现枯死，就能判断这个地方的空气已经受到污染；对硫化氢敏感的花卉有虞美人、唐菖蒲、郁金香等。如当硫化氢的浓度达到一定值时，虞美人的叶子就会发焦或生出斑点。

（二）奇怪的植物"血型"

1.植物有"血型"吗

如果说植物同人类一样也具有血型，大家一定不会相信。但一位名叫山本茂的日本法医专家就发现了这一奇特现象。山本茂在案件查处鉴定过程中偶然发现植物也有血型，于是就一直潜心这方面的研究，证实了"植物也有血型"这一结论的普遍性。他对 150 种蔬菜、水果以及 500 种被子植物和裸子植物的种子进行化验测定，发现桃叶等 19 种植物为 A 型血型，枝状水藻等 54 种植物为 B 型血型，李子、桃子等 400 种植物属于 AB 型血型，苹果、草莓、西瓜、海带等 77 种植物为 O 型血型。

2. 植物"血型"的真相

植物本无血液，所谓植物的"血"，其实是植物的体液。植物体液内存在着一类带有糖基的蛋白质或多糖链，或称凝集素。有的植物的糖基恰好同人类体内的血型糖基相似。如果以人体抗血清的反应进行血型鉴定，植物体内的糖基也会跟人体抗血清发生反应。糖基不同抗血清反应不同，从而显示出植物糖基相似于人的血型。科学家还发现，同一种植物还可以有不同的血型，比如枫叶为黄色时，其血型为 AB 型，枫叶红色时，它的血型又变成了 O 型。为了弄清血型植物的基本作用，科学家对植物界作了深入研究后得出的结论是：如果植物糖基合成达到一定的长度，在它的尖端就会形成血型物质，然后合成就停止了。血型物质的黏性大，似乎还担负着保护植物体的作用。

科学家指出，植物血型是一门十分深奥的学问，其复杂程度绝不亚于动物血型，而且它很有可能成为人类社会的天然血库。目前，科学家们已有意识地开展植物血型的各项研究，其最终目标就是要让植物为人类提供血源，使自然界繁茂的植物成为浩瀚的天然血库。

（三）奇妙的植物防御武器

大自然中的病菌、昆虫和高等动物，无时无刻不在向植物发动"侵袭"，可是，为什么地球上的植物却仍然占据着大多数的地盘呢？原来，植物在长期的进化过程中，形成了种种保障物种延续的防御自卫甚至是还击能力，足以应付一切外来进攻。

1. 植物防御武器有哪些

自然界中的植物，可通过多种多样的防御武器来保护自身免遭一些危险，有些植物依靠"物理武器"自卫，即利用自身的刺和毛芒等特殊装备来防御自卫，使动物和人不敢随意触动它们；有些植物可以靠"化学武器"进行自卫，它们利用自身分泌特殊化学物质来御敌；有些植物能以自己特殊的生理机能来战胜外来侵袭；不少植物利用拟态来保护自己；还有一些植物与动物合作开展防卫；有的甚至综合运用多种防御武器，从而产生更有效的保护作用。总之，植物针对外来攻击的防御方式是形形色色的。

2.植物防御武器有何特长

植物物理防卫包括尖刺、荆棘、皮刺和毛芒等武器。植物体上长着尖刺、荆棘、皮刺，能有效阻止大型动物的践踏掠食，生有毛芒可以逐退较小的动物，特别是昆虫。仙人掌、洋槐等植物身上都长满了刺，板栗的刺长在种子外面的总苞上，使动物无法吞吃。皂荚树的树干和枝条上长了许多大而分枝的枝刺，猴子不敢攀爬，连厚皮的大野兽也不敢去碰它（图5-2）。产于南非的锚草果实，形似铁锚，硬刺四伸，刺上还有钩。兽中之王的狮子，见了它也要退避三舍。锚草的果实一旦扎入狮子的口腔、鼻孔，就不能自拔，甚至会使狮子吃食不便而致死。而有的植物身上的毛能阻止一些害虫的啃食和产卵。如棉花植株的软毛能排斥叶蝉的侵犯，大豆的针毛能抵制大豆叶蝉和蚕豆甲虫的进攻，多毛品种小麦比少毛品种更不宜叶甲虫的成虫产卵和幼虫食用。有些豆类植物长着钩状毛，能缠住爬上来的臭虫，使其动弹不得而活活饿死。茅膏菜的叶子表面长有突出的腺毛，并能分泌黏液，当小虫触动时，敏感的腺毛不仅会卷曲起来将它围粘在叶片上，还能分泌出蛋白酶消化它们。

图5-2 皂荚树

利用"化学武器"来进行自卫的植物，主要依靠植物体含有的有毒物质或分泌特殊的气味、滋味及刺激性物质进行御敌。多年生草本植物毒芹含有毒芹碱，动物吃后很快会中毒死亡。马利筋和夹竹桃等植物含有强心苷，可使咬食它们的昆虫肌肉松弛而丧命。三叶草和金合欢等植物能产生毒性很强的氰化物，使蚕食它们的昆虫中毒而死亡。丝兰和龙舌兰含植物类固醇，可使动物红细胞破裂。万年青能产生蜕皮激素或类似蜕皮激素的物质，昆虫食后会造成发育异常，早日蜕皮或永葆幼虫而无法繁衍后代。漆树中含漆酚，能使人过敏甚至中毒，被称为"咬人树"。有的全身能发出恶臭，动物闻而避之，如海州常山开花时有刺鼻的臭味。柑橘树的叶片和果实产生的粘稠油脂有浓重味道，不少种类的昆虫会被熏得避之唯恐不及。橡树叶子含鞣质，能与蛋白质形成一种络合物，降低了叶子的营养价值，昆虫也就不爱吃了。

植物以自身特殊的生理机能来防卫的本领也不可低估。高大的树木，其果实、嫩枝、嫩叶等都悬挂在高空，让很多想啃食的动物可望而不可及；有些植物的皮、叶有栓层或蜡质，有防护作用，如艾叶表面的厚角质和蜡质可防虫害；

也有一些植物，包括一些草本植物，其叶片上积聚了坚硬的硅矿物质，使得动物咀嚼叶片的时候非常困难，并且容易磨损牙齿；有些植物的果实或种子坚硬，动物不爱吃或吃了后也不会消化而随粪便排出，以此作为种子传播并繁衍后代。如核桃、杏等的内核坚硬，能保护里面的种子；有一种叫做沙箱树的植物，有"植物枪"之称，果实熟了后可以爆破，爆开时种子飞速弹出 10 米外。沙箱树就是用这种方式，保护自己的种子不被人和动物摘走；而不少禾本科植物"一岁一枯荣"，它们虽然没有任何自卫的武器，但是可依靠自己快速的生长能力和繁衍后代能力来保障自己在自然界里的一席之地。

有些植物可通过拟态来保护自己，这是植物长期适应环境、不断演化的结果，是自然界中的生态适应现象。这些植物能巧使伪装，其形态、色泽或斑纹等极似周边他物，借以蒙蔽敌害，保护自身。如生石花、大魔芋，它们以拟态的方式可有效地躲避牛羊等动物的侵食。

有一些植物则与动物友好合作，借助合作的动物开展防卫。巴西有一种形状像蓖麻的植物，叫蚁栖树，茎干中空，上面有孔，像一根笛子。有许多益蚁生活在中空的茎里。蚁栖树的叶柄基部有丛毛，毛里能不断生出一些含蛋白质和脂肪的小蛋，供益蚁长期食用。当专吃树叶的啮叶蚁爬上来吃叶子时，益蚁就会群起而攻之。蚁栖树为益蚁提供住所和食物，而益蚁像"警卫员"一样，可保护蚁栖树的正常生长；生长在南美洲亚马逊河流域的日轮花，花朵娇艳，并能散发诱人的芳香。人畜或其他动物一旦侵犯，碰到了它的茎、叶或者花瓣，就会很快被它细长的叶片牢牢卷住而难以逃脱。这时，躲在其旁边的大型蜘蛛——黑寡妇蛛就会迅速拥过来咬食被困者，使被困者中毒而死并逐渐被吃掉。黑寡妇蛛吃后所排出的粪便是日轮花的一种特别养料。它们之间互相利用，彼此赖以共存。

通过多种防御武器综合运用的植物也有，如利用"物理武器"和"化学武器"相结合来防御的植物螫人荨麻，就是将针和毒这两种防御武器并举，它的茎叶上长有带毒的刺毛，毛端尖锐，脆弱易折，当人畜或其他动物触及时，刺毛就会断入动物的皮肤射毒，让其疼痛难忍。

（四）神秘的植物"情感"与"记忆"

1. 植物的"情感"

"人非草木，孰能无情"，意思是说，人是有情感的，不像植物一样没有感情。但随着科技的进步，越来越多的迹象表明，植物不但具有感觉、感知，而且也是有情感的。

植物是一种极其复杂的"活机体"，植物的感觉敏锐，如有的植物为了避免长时间光照造成的伤害，能使自己疲倦地"睡觉"甚至"休克"。小麦在炎热的中午就有"午睡"现象。植物又有怎样的"情感"呢？

美国中央情报局专家巴克斯特，他不是研究植物的学者，但有一天在给院子里的花卉浇水时突发一个古怪的念头，他用测谎仪的电极绑在植物叶片上，想测试一下水从根部上升到叶子的速度究竟有多快。结果他惊异地发现，当水缓慢上升时，电压逐渐下降，而指示曲线则急剧上升。有意思的是，这种曲线形状竟与人类在激动时测到的曲线形状极为相似。

难道植物也有"情绪"？他暗下决心，要继续寻找答案。有一次，他当着几棵植物的面把几只活虾投进开水中，用测试仪器让这些植物与仪器的电极相连，来观察这些植物的反应。结果发现在活虾投入开水的同时，植物也陷入了极度的恐慌之中。仪器上显示，植物活动的曲线急剧变化，与虾的反应曲线完全一致。巴克斯特于是认为，植物是有"情感"的。虾所遭遇的痛苦感染了附近的植物，它不仅恐慌，也"同情"虾的遭遇。

前苏联科学家维克多在探索植物"感情"的研究中又向前迈进了一步。他用催眠术控制一个人的感情，并通过一只脑电仪，将处于睡眠状态的试验者右手与附近植物的叶片相连。随后，他对试验者说一些愉快或不愉快的事情，让试验者高兴或悲伤。这时，从脑电仪上看到，植物与试验者竟然产生相似的反应。他还发现，当睡眠的试验者高兴时，植物也感到"愉快"；当他十分悲伤时，植物便会表现出"沮丧"。

大量的科学分析还发现，植物似乎有丰富的"情感"，甚至有超感功能的。但关于植物到底有无"感情"的探讨和研究，依然没有得到所有科学家的认同和肯定。然而，不管是有人支持还是反对或怀疑，目前，这项研究已成为一门新兴的学科——植物心理学，进入到科学殿堂的大门。这里面有无数值得深入了解的未知谜团。

2. 植物的"记忆"

让人越发不可思议的是，植物还像人类一样，能"思考"，并具有特强的"辨别"和"记忆"能力呢！

美国的巴克斯特设计了一个试验，他把两株植物并排移置于同一屋内，其中的一株植物连接着特殊的探测仪，并让一个人当着接有探测仪的这株植物的面将另一株植物毁掉。然后让这个人混在其他几个人中间，大家都穿上一样的服装并戴上面具，再一个一个地向活着的那株接有探测仪的植物走过去。唯独当毁环者走过去时，这棵植物在仪器记录纸上立刻留下极为强烈的信号指示，表露出对毁环者的"恐怕"。

俄罗斯一位科学家也做过类似的实验，他把仪器连接到一棵大树上，然后让人把旁边的一棵树砍倒，仪器上立即出现了强烈的曲线活动，表露出对砍树人的恐惧。当砍伐者手持斧头站在另一棵树的前面时，曲线活动也变得更加剧烈，并伴随强烈的颤抖。当砍伐者离开后，曲线便渐渐转入平静。不可理解的是，几天过后，当那个砍伐者又从这几棵树的旁边经过时，活动曲线又活跃起来，并相互"转告"这一信息。

植物为什么会有如此超强的"辨别"和"记忆"能力呢？一些科学家进行过不少研究探索，但目前还无法完全揭开这一谜底。

（五）怪秘的植物"言语"与"交流"

说动物能"讲话"，大家容易接受，但如果说植物也能"言语"，恐怕你就难以相信了。不过，科学家已用不少事实说明，植物也是有"语言"的，而且还能相互进行"交流"。

1. 植物的"言语"

美国科学家通过实验证实，不少植物遇到特殊情况，会发出不同的"言语"，这是植物生长的电信号。植物在缺少水份时会发出"叫喊"信号，这种信号是植物运送水分的维管束因缺水而绷断时发出的"超声波"，松树、柏树、苹果树、橡胶树等在干渴的情况下都会出现这类"超声波"。当植物在黑暗中突然受到强光的照射，它们能发出类似"哎呀"之类的惊讶信号。而当变天刮风时，它们就会轻轻地"呻吟"，"声音"低沉而混乱，似乎正在忍受某种痛苦。但这种"声音"很低很低。美国研制了一种植物探测仪——"植物语言翻译器"，这种特殊的仪器能够把植物发出的"语言"翻译出来。它既简便又实用。只要背上仪器，戴上耳机，把仪器的一根线头与植物的叶片相连接，就可以听到植物的"说话声"了。植物学家经过长期研究，给这种"语言"取名为"微热量语"。原来，植物在生长过程中，需要进行能量交换。它虽然进行得很慢，但能表现出十分微弱的热量变化，"叙说"出它受外界环境条件的影响及其生长变化情况。科学家还制造出一种微热量测定仪器，可以测定并记录植物的热量变化，即使是摄氏度十万分之一度的热量变化，也能反映出来予以测定和记录。这是一种奇特的植物"语言"录音机。

通过植物"语言"的录音机和翻译器，能听到植物的"言语"，这是现代科学的一大进步。要是能彻底听懂植物的所有"语言"，那么我们就可以让农林生产取得稳产高产了。对此，科学家还需要长期努力。

科学家还发现，有些植物受到害虫伤害后还会产生某种挥发性物质，以此发出一种化学求救信号。这也是植物特殊的一种"言语"。这种求救信号会吸引对受害植物有帮助的昆虫来吃掉害虫，以减轻伤害。比如，当一种毛毛虫在吃一种植物时，这种植物就会发出一种能吸引黄蜂的求救信号，让黄蜂来食杀毛毛虫。

2.植物的"交流"

植物与植物之间还能相互"交流"，相互传递信息，互通情报。美国加洲大学的昆虫学家 Richard Karban 和他的同事们研究了在犹他州和亚利桑那州一排排间隔生长的野生烟草和鼠尾草。研究人员模仿了植物被昆虫侵害的情形，剪除了部分鼠尾草的叶子后发现，鼠尾草散发出了一种挥发性物质——jasmonate 甲基，可能是为了吸引能吃掉食草昆虫的食肉虫。随后也发现顺风向的烟草立即有了防卫，其体内 ppo 的酶增加了 4 倍，这种酶能使烟草的叶片产生让食草虫难咽的味道。与没被剪叶的鼠尾草靠近的那些烟草相比，靠近的烟草叶片遭受食草虫为害的程度要少 60%。荷兰 Wageningen 大学的生态学家 Marcel Dicke 说，这是植物间交流的"最精彩的例子"。

美国科学家戈尔敦·奥莱茵和大卫·鲁德在华盛顿大学也证实，贪食的毛虫侵袭赤杨、柳树等树种时，这些树木能互相"通报"。当一棵树受到侵害时，便能分泌出一种化合物，它的气味散布半径可达 30~40 米。那些尚未受到毛虫侵袭的树木闻到"报警的气味"，于是就准备起来对付袭击。植物之间相互的信息传感好像会"说话交流"。学者们在考察这种保护机能的实验中发现，被袭击的杨树和柳树能产生出生物碱和萜烯类的化合物，它能诱发同类树木分泌同样的物质。这种化合物在树叶上渗透出来，从而使昆虫难以食用。

豆科植物金合欢也能互通"情报"。1986 年，南非普勒多利亚（Pretoria 或译普利托利亚）大学的动物学家范．霍文被人请去研究克鲁格公园里捻角羚羊莫名其妙地大量死亡的原因，他对死捻角羚羊胃里的食物进行了化验，发现捻角羚羊所吃的金合欢树叶中，单宁酸含量异常的高。过高的单宁酸毒害了捻角羚羊的肝脏，使捻角羚羊大约在半个月后陆续死亡。研究发现，每当有捻角羚羊吃食金合欢的树叶时，金合欢树不仅其自身会分泌更多的单宁酸，还能释放出乙烯。这些乙烯能扩散到 45 米以外，来警告它的同类：附近有食草动物。临近其他的金合欢树一旦接收了这种信号，也会开始生产大量的单宁酸。克鲁格公园里的捻角羚羊就是这样被害了。

（六）奇异的植物习性

无论是高等植物还是低等植物，绝大多数都是自养的，自身能通过光合作用，把无机物（二氧化碳、水和其他矿质元素的盐类）合成复杂的有机物，供给自身生长发育的需要，这些植物叫自养植物。但有些植物的习性不同，自身不能进行光合作用，不能自己制造有机养分，或因器官退化等原因，只能从其他有机体上取得其所需的全部或大部分养分和水分，属于异养植物。异养植物有寄生的，也有腐生的。

1. 寄生植物

它们不含叶绿素或叶绿素含量很少，不能自制养分，只以活的有机体为食，从绿色的植物取得其所需的全部或大部分养分，或因某些器官的退化，只能从其它植物中获取水分和无机盐。寄生植物是植物界的"寄生虫"，它们往往是致命的依赖者，会导致寄主植物逐渐枯竭死亡。如菟丝子，桑寄生和槲寄生等。

根据对寄主的依赖程度不同，寄生性种子植物可分为两类：一类是全寄生种子植物，它们没有叶片或叶片退化成鳞片状，因而没有足够的叶绿素，不能进行正常的光合作用，导管和筛管与寄主植物相连，从寄主植物内吸收全部或大部分养分和水分。如菟丝子和列当等。

另一类是半寄生种子植物，它们有叶绿素，能进行正常的光合作用，但根多退化，导管直接与寄主植物相连，从寄主植物内吸收水分和无机盐。例如，寄生在林木上的桑寄生和槲寄生。

① 菟丝子：专门喜欢寄生在荨麻、大豆、棉花一类的农作物上。春天，菟丝子种子萌发钻出地面，形成一棵像"小白蛇"的幼苗。一旦碰上荨麻等寄主的茎后，马上将寄主紧紧缠住，然后顺着寄主茎干向上爬，并从茎中长出一个个小吸盘，伸入到寄主茎内，吮吸里面的养分。这样，它就和寄主长到一块了。不久，其根退化消失，叶子则退化成一些半透明的小鳞片，而主茎却迅速生长，并抽生出许多"小白蛇"似的新茎，密密缠住寄主。寄主会因此渐渐凋萎夭折，成为菟丝子的牺牲品。而菟丝子却长出一串串花蕾，陆续开放出粉红色的小花，结出大量种子，撒落在地下。一株菟丝子可以结出 3 万颗种子，繁殖能力惊人。翌年春天，它又会繁殖出新一代，继续作恶，为害其他植物。

② 桑寄生：桑寄生植物多为半寄生性灌木，稀草本，寄生于木本植物的枝上，少数为寄生于根部的陆生小乔木或灌木。叶通常厚而革质，全缘，有的退化为鳞片叶。桑寄生植物在适温下吸收清晨露水即萌发长出胚根，先端形成吸盘，然后生出吸根，从寄主的伤口、芽眼或幼枝皮层直接钻入，侵入寄主植物后在木

质部内生长延伸，分生出许多细小的吸根与寄主的输导组织相连，从中吸取水分和无机盐，以自身的叶绿素制造所需的有机物，同时也直接夺取寄主植物的部分有机物。遭桑寄生危害后的寄主植物生长势逐渐减弱，发叶迟，落叶早，不开花或推迟开花、花少，易落果或不结果，被寄生处肿胀，枝干逐渐萎缩干枯，或空心，易风折，最后甚至整株死亡。

寄生植物的种类较多，奇形怪状，但它们对寄主都是有害的。然而有些寄生植物本身是有利的，有不少是贵重的药材，被人们长期利用，如菟丝子、列当、野菰、肉苁蓉、桑寄生等。

2. 腐生植物

不含叶绿素，不能自己进行光合作用，不能自己制造有机养分，只从其他生物体，如尸体、动植物组织或是枯萎的植物身上获得养分的植物。如水晶兰、天麻、木耳、银耳、蘑菇、香菇、猴头菇、灵芝等都是典型的腐生生物，它们大都生活在枯死的树枝、树根上或富含有机物的地方（图 5-3）。

图 5-3　黑木耳

① 水晶兰：是世界罕见的腐生植物，属鹿蹄草科多年生腐生肉质草本植物，我国多地有分布，生长环境常在海拔 1 500~2 500 米的冷湿的针阔叶混交林间。水晶兰全身通透洁白，干后变黑。叶子已经退化成鳞片状贴在茎的旁边，根细而多分枝，在土壤中交结成鸟巢状，茎无分支。它没有叶绿素，不进行光合作用，是靠着腐烂的植物来获得养分。

② 天麻：为兰科多年生草本植物，也是一种最典型的腐生植物。其植株为

一株肉质独苗，高 30~100 厘米，有时可达 2 米，黄红色，不含叶绿素，靠兼性寄生真菌——密环菌供给养料。密环菌能在 600 多种树木或草本植物及竹类上生活，不仅能在活树、草根上寄生，而且能在死树根或树干、落叶上繁衍生长。密环菌以树木纤维为其生长所需的营养，而天麻又靠消化侵染自身的密环菌菌丝而获得营养。当密环菌营养来源不足，天麻生长减弱时，密环菌又可以不断向天麻生出分枝的菌丝，利用天麻体内的营养供其生长，这种现象叫做"反消化"。天麻没有兰草的绿叶，没有牡丹的丽花，没有玫瑰的芳香，但在它的根部却长着稀有珍贵的药材天麻，可用来治疗头晕目眩、肢体麻木、小儿惊风等症状。

（七）怪异的植物形态

1. 枝干株型上的怪异

①光棍树：又称绿玉树、绿珊瑚、龙骨树、神仙棒、白蚁树等，是大戟科大戟属植物，原产于非洲的地中海沿岸地区，我国南北方均有栽培，高可达七、八米，一年到头总是秃秃的，全树上下看不到一片绿叶，只有许多绿色的圆棍状肉质枝条，光溜溜的，因此称为光棍树。其实，它也不是没有叶子，只是为了适应干旱的气候环境，避免水分的散失，叶子变得特别小，呈线形或退化为不明显的鳞片状，长约 1 厘米，宽约 0.2 厘米，又过早脱落，不为人所注意罢了。它的枝条具有白色乳汁，乳汁里含有极多的碳氢化合物，在国外被认为是最有希望的石油植物。光棍树还是一种药用植物，同时具有观赏性。因能耐旱、耐盐和耐风，常用作海边防风林或美化树种（图 5-4）。

②长"翅膀"的树：生长在我国秦岭山区有一种落叶灌木，其枝条呈绿褐色，硬而直。有趣的是，在它的小枝上从上到下生长着 2~4 条褐色的薄膜，是木栓质的，质地轻软，如同我们平常所使用的软木塞一般。它在枝上的排列犹如箭尾的羽毛，又仿佛枝条四周长上了翅膀。因此人们称它为栓翅卫矛。栓翅卫矛属于卫矛科，其木材致密，白色而质韧，可制弓、杖、木钉用，其枝上的栓翅有助于血

图 5-4　光棍树

液流通，具有消肿之功效。

③"萝卜树"：在我国云南南部的热带森林里，生长着一种萝卜树，中文名叫缅甸树萝卜，系杜鹃花科树萝卜属常绿灌木，是一种附生植物。这种树的根肥大臃肿，枝杈间附生着一只特大的"萝卜"，最大的长达 60 厘米，粗 10 厘米。这种"萝卜"只是外貌像萝卜，其实同萝卜风马牛不相及。它不像萝卜那样有红有紫，有青有白，更不像萝卜那样可以食用。而是跟杜鹃花同宗同族，经采集后洗净、晒干、磨成粉具有消炎利尿、活血化淤之功能，还可以作外敷药，治疗跌打损伤。

④"喂奶树"：摩洛哥西部有一种奶树，它的原名叫"蓬尹迪卡萨里尼特"，意思是"善良的母亲"。这位"慈母"高 3 米多，全身赤褐色，叶片长而厚实，花球洁白而美丽。每当花球凋零时，在蒂托处会结出一个椭圆形的"奶苞"，苞头尖端生长出"奶管"。"奶苞"成熟后，"奶管"里便滴出黄褐色的"奶汁"来。喂奶树根上丛生着许多幼树，像小孩一样依偎在母亲身旁。大喂奶树分泌出来的"奶汁"，由"奶管"滴出，下面的"子女"们便用狭长的叶面吮吸"奶汁"。有趣的是，当幼树长成后，大喂奶树便自然地从根部发生裂变，和小树脱离并"断奶"。大喂奶树被分离部分的树冠，随即开始凋萎，以利于幼树经风雨、见世面，接受阳光雨露，开始独立生长。

⑤"眼睛树"：在前苏联南部生长着一种有趣的树，被人们称为"眼睛树"。令人吃惊的是，当把树皮剥掉后，便会露出一只只大眼睛似的疤痕。同时，每只"眼睛"里还会流出"眼泪"。这种"眼泪"是一种黏性液汁，可以用来代替胶水使用。

⑥"胖子树"：非洲东部热带草原上有一种木棉科的胖子树，中文名是猴面包树，又叫波巴布树、猢狲木，是大型落叶乔木，主干短，树冠呈伞形，树干表皮光滑，木质为海绵状，树根和种子中含有淀粉，可作饲料。有一株最粗的波巴布树，要 40 多人手拉手才能围住。这棵树虽然很粗，却是外强中干，大部分已经腐烂，树体内部形成一个很大的空洞。旱季一到，当地人就钻进去打扫干净，用来居住，里面十分凉爽。雨季一到，洞里潮湿，不适合住人。人一搬出去，一些野兽又躲进去，成了它们避雨的好地方。

⑦酒瓶椰子：分布在热带和亚热带地区的棕榈科植物，约有 2 500 多种。其中，最奇特的要算酒瓶椰子了。它树干不高，只有 2 米多，长得上细下粗，形似一只大酒瓶竖立在地上。叶子簇生顶部，长而下垂，远远望去，活像瓶子里插着花枝，微风吹拂，翩翩起舞，绰约多姿。它是珍贵的庭园风景树，我国西双版纳和海南岛等地均有引种（图 5-5）。

图5-5　酒瓶椰子

⑧"滚龙樟"：江西省安福县竹江乡柘湖村有4棵古樟卧地而生，匍伏前伸。4棵樟树胸围在2.7米至3.8米之间，最高的21米，矮的也有17.5米，树龄在3 000年左右，占地面积近2亩。这些樟树中下部枝桠很少，主干表皮粗糙，成纽丝状，在地上匍伏生长。从形状上看去，有的张牙舞爪，有的滚动翻腾，大有群龙闹海之势，当地人称之为"滚龙樟"。更为奇特的是，4棵"滚龙樟"整齐间隔一字排开，全部兜根朝北，尾梢朝南，大部分树根裸露于地面，盘根错节，沉浮隐现，弯曲迂回之后又向远处伸去。4棵樟树主干伏地前伸，树干在贴地部分还能像红薯蔓一样着地生根，主干若碰到石头，就会把它"吃"进树干里去。

⑨"胸有成竹"的树：福建屏南岭头村村北的北坡上，长着一株古老的红豆杉树，这也没有什么稀奇，有趣的是一丛毛竹正好从这棵树的胸膛中长了出来，形成了"胸有成竹"的趣景。这株树至少有几百岁的高龄，树干早已成为空洞，南半部已经开裂，毛竹钻了这个空子，从地下冒出，窜过树洞挺然而出。这株树至今还满树青枝。

2. 花形上的怪异

①鸽子树：又名珙桐、水梨子，为落叶乔木，是世界珍稀、古老的孑遗植物，已被列入我国一级重点保护野生植物，为中国特有的单属植物，野生种只生长在中国西南四川省和中部湖北省和周边地区。珙桐树的花形似鸽子展翅，白色的大苞片似鸽子的翅膀，暗红色的头状花序如鸽子的头部，黄绿色的柱头像鸽子的嘴喙，盛花时犹如满树群鸽栖息，被誉为"中国鸽子树"，人们习惯称它为"鸽子树"。值得一提的是，其拉丁名中出现了一个外国人的姓氏"大卫"。这得自1869年，32岁的法国神父大卫在四川省穆坪看到了一种奇特的树木，时值开花季节，树上那一对对白色花朵躲在碧玉般的绿叶中，随风摇动，远远望去，仿佛是一群白鸽躲在枝头，摆动着可爱的翅膀。当时，他被这种奇景迷住了。自此以后，便引来欧洲许多植物学家，他们不畏艰险，深入到四川、湖北等地进行考察。1903年首先引种至英国，后又传至其他国家，从此，便成为欧洲的重要观

赏树木。由于神父大卫的发现震动了西方世界，为颂扬他在发现珙桐上的重大贡献，西方植物学家在给珙桐确定拉丁文时，加上了大卫的姓氏。

珙桐为世界著名的珍贵观赏树种，常植于池畔、溪旁及疗养所、宾馆、展览馆附近。由于鸽子是和平的象征，而珙桐又名为"鸽子树"，所以，珙桐还经常被看作是一种具有和平意义的树种。珙桐也具有重大的经济价值，其材质沉重，是建筑的上等用材，可制作家具和作雕刻材料（图5-6）。

图5-6　鸽子树

②热唇草：为茜草科头九节属植物，中文名又叫做绒毛头九节。原产巴西到墨西哥湾、西印度群岛一带。其苞叶酷似少女的双唇，因此得名。花常在雨后开放，鲜红的"双唇"中伸出一朵精致的小花，一般为黄色，很像是一个调皮的少女用红嘟嘟的嘴唇含着花儿，显得十分可爱和妖娆（图5-7）。

③袋鼠花：又名袋鼠爪花，鼠爪花，属苦苣苔科多年生草本植物，原产澳大利亚，是澳大利亚特产的珍贵花卉，现广植于热带国家，我国云南腾冲有栽培。袋鼠花株高40~120厘米，总

图5-7　热唇草

状花序，花形短管状，略弯，中部膨大成坛状，两端缩小尖细，管状外形上附着天鹅绒似的绒毛，形似袋鼠，故名袋鼠花。

袋鼠花因为美丽和稀有而成为澳大利亚的标志。比如，由英国女王伊丽莎白二世于1969年批准设计制作的西澳大利亚州的州徽，其中央的盾形里面有一只西澳大利亚特有珍禽黑天鹅在蓝白相间的波纹状水中嬉戏，盾形的上边是一顶王冠，王冠的左右两边，各有一株澳大利亚特产花卉袋鼠花。可见，袋鼠花不但成为了澳洲的标志，而且还具有了高贵的品行特征。

袋鼠花属高档切花品种，同时也是制作干花的优良材料，为澳大利亚第二大出口花卉，其个性与雍容华贵是它们的迷人之处。

④伪装的"生石花"：是番杏科生石花属物种的总称，又名石头玉，屁股花，生活在非洲南部及西南地区的沙漠，常见于岩床缝隙、石砾之中。其颜色、

形状与卵石相近，叶肥厚多汁，裹成卵石状，能贮存水分。因有"拟态"现象，生石花在原产地的砾石中很难被发现，它也被喻为"有生命的石头"。生石花在非雨季生长开花，一株只开一朵花，花金黄色，非常好看，不过只开一天就凋谢。因其形态独特、色彩斑斓，可用做观赏植物。

生石花喜欢与沙砾乱石为伴，并拟态成与卵石相似，目的是为了鱼目混珠，蒙骗动物，避免被吃掉。要是离开了这种环境它就很难生存。

3.果实上的怪异

①"铜钱树"：属鼠李科落叶乔木，生长在我国淮河及长江流域一带。高约十六七米，叶子长卵圆形，其果实生得十分别致，有两个弯月形的膜翅相互连结，中央包围着种子，远远望去，树上仿佛吊着一串串的铜钱，风一吹，哗哗作响，因此而得名。

图5-8 "铜钱树"

在我国陕西秦岭山区还生长着一种槭树科树木，叫金钱槭，其外形酷似铜钱树，果熟之时，也如串串铜钱，只是叶子由许多披针形的小叶构成一片大的羽毛状复叶。金钱槭数量不多，又有很高的观赏价值，因而被列为国家保护植物（图5-8）。

②灯笼树：这是一种杜鹃花科的落叶灌木，生长在我国中部一带，高2~6米。每当夏日，在它的枝端两侧挂着十几朵肉红色的钟形花朵，所以又称作吊钟花。灯笼树的果实在十月里成熟，椭圆形，棕色。有趣的是，它的果梗向下垂着，而先端弯曲向上，因此结的果实却是直立的。远远望去，仿佛树枝上举满了一个个的小灯笼，因此而得名。灯笼树不仅花果美丽，而且叶子入秋后变为浓红，不似枫叶，胜似枫叶，因此是极有前途的园林观赏树木。

③"羽毛球树"：在我国中部及西南部的一些山区里，生长着一种低矮的小灌木，每当10月果熟时节，远远望去，每株树上都挂满了一颗颗酷似羽毛球的果实，人们称它为羽毛球树。羽毛球树属于檀香科半寄生植物，它的一部分根寄生在松、杉一类植物的根上，以吸收自身生长发育所需的一部分养料。虽只有1~3米高，但枝繁叶茂。其果实直径只有1厘米左右，但每个果实顶端都长着4个3~4厘米长的苞片，酷似羽毛球。

④"苍蝇树"：原名枫杨，又叫溪萝树、溪柳树、溪构树、元宝树等，为胡

桃科落叶乔木，我国长江流域和淮河流域最为常见，常生长在溪滩沟边，也有作行道树。成年树上挂着一串串长20~45厘米的果序，果实长椭圆形，有2个条形的果翅，外型酷似苍蝇，看上去好像树上招满了苍蝇，不过是绿色的（图5-9）。

图5-9 "苍蝇"树

⑤蜡烛树：在美洲中部的巴拿马生长着一种怪树，叫蜡烛树，又名蜡烛木、蜡烛果，为紫葳科中等乔木植物，结出长条形的荚果酷似一根根奇特的蜡烛，长0.6~1.2米，含有60%的油脂。当地居民把它摘下来带回家，晚上点着了用来照明，所以人们叫它"蜡烛树"，称它的果实为"天然的蜡烛"。它跟普通的硬脂蜡烛一样，但点燃后没有烟，光线均匀柔和。也可以从果实里先榨出油来，然后用以点灯或作其他用途。蜡烛果还可充当饲料。

⑥鸡蛋树：在欧美，有时可见到一种树，树叶丛中悬着一颗颗"鸡蛋"。这种树叫鸡蛋树，又叫金银茄、紫黑西番莲，是茄科茄属的多年生木质藤本植物，原产巴西，是一种非常珍贵的树种。它开花后结出的果实形状、大小、颜色都酷似鸡蛋，因此得名"鸡蛋果"，这种树人们叫它"鸡蛋树"。这种"鸡蛋"是植物果实中的珍品，可以直接食用，但不能煎炒。它的果肉芳香多汁，酸甜适中，滑润爽口，消暑解热，吃起来有点甜瓜风味，营养丰富。除生食外，还可以做成果酱、冷盘或奶油水果馅饼。尤其是在夏季，用半杯清淡的小苏打水冲以鸡蛋果鲜汁，喝起来清凉可口，喝后顿感全身舒适，因此很受人们的欢迎。尽管鸡蛋树分布于欧美的一些地区，但它的祖籍却是中国，是侵入中国的西班牙人把它带到欧美，使它们在国外安家落户的。目前很多国家都开始陆续引进栽培这种珍贵的树种（图5-10）。

鸡蛋树的用途是很广的，既可以作为经济树种，也可以作为观赏树种。比如在庭院里栽上几棵鸡蛋树，任它在篱架上自由攀援，当它开花时，那繁茂的绿叶丛中点缀着朵朵套着紫环的白花，分外引人注目。美国就有不少人在自己的庭院或花园里栽种了这

图5-10 鸡蛋树

种鸡蛋树。而且叫人欣慰的是，这种树木的产量是非常高的，盛果期每年可收获两次果实，每株年产50~100千克，亩产可达1 500千克左右。

⑦多果梨树：河南省高城县有一位叫肖扬清的老农，精于园艺，成功地培育出一棵多果梨树。到梨树丰收时节，满树挂着形状各异、滋味不同的梨，有明月梨、鸭梨、雪花梨、莱阳梨、孔德梨等共达24个品种，这些梨树分别来自山东、河北、安徽甚至日本。这棵梨树是肖老农用嫁接法精心培育而成的。他还曾使2 000多棵泡柳挂满新疆核桃，并且用嫁接法使方瓜枝茎上结出了黄瓜、西瓜、葫芦等。

⑧结奇枣的树：在山东夏津县后屯乡，有一株远近闻名的大枣树，到结枣时节，竟能结出满树不同形状的枣子，实为罕见。这棵枣树种于唐朝末年，有千年之久了。树高16米，曾经创下一年产枣850千克的纪录。每年七八月间，树上都能长出圆柱形、纺锤形、鸡蛋形、葫芦形甚至四棱形等共13种不同形状的枣子。这些枣有的个大肉多，有的甜脆爽口，有的则是甜中含酸。大枣树何以能结出这么多不同形状的枣子呢？科研工作者经过研究，认为可能是枣树经受雷击之后而导致遗传基因变异的结果。

4. 种子上的怪异

①木蝴蝶：木蝴蝶属紫葳科直立小乔木，分布在印度、柬埔寨、菲律宾及中国的贵州省、广西壮族自治区、福建省、广东省、云南省、台湾省等地。其种子呈圆形，具有薄如蝉翼的宽翅，似白色蝴蝶，因薄如纸张，又有千张纸之称，连翅长6~7厘米，宽3.5~4厘米，它可支撑种子借着微弱的上升气流在空中滑翔，或在一阵大风中翻飞。以此可以更好地传播、繁殖后代（图5-11）。

图5-11　木蝴蝶植株、种子

②罗汉松：属罗汉松科常绿针叶乔木。种子广卵形或球形，8~9月成熟，长于紫色或紫红色肥厚而多汁的种托上，上披白霜，全形宛如披着袈裟打坐参禅的

罗汉，因而得名罗汉松。

③棉花：锦葵科棉属灌木状植物，原产于亚热带。其植株上的花朵乳白色，开花后不久转成深红色然后凋谢，留下绿色小型的蒴果，称为棉铃。棉铃内有黑褐色的种子（又叫棉籽），棉籽上的茸毛从棉籽表皮长出，塞满棉铃内部，棉铃成熟时裂开，露出柔软的纤维。纤维白色或白中带黄，长 2~4 厘米，含纤维素 87%~90%。人们就是利用它纺织出了绚丽、温暖而透气的棉质衣物，有美丽的碎花裙，也有厚厚而保暖的大衣……它们使人类在遮羞的同时，还能免受寒冷的侵袭，并带给人们愉悦的精神享受。

棉花的驯化和种植，深深地影响着人类历史的进程和人们的生活。棉花产量最高的国家有中国、美国、印度等。

④红树：在中国浙江省、福建省、台湾省、广东省、广西壮族自治区直到海南省的沿海潮间带，断续分布着一片片独特的绿色防护林，护卫着我国东南海岸，它就是被人誉为"海岸卫士"的红树林。红树有秋茄、海桑、角果木等树种，是一种"胎生植物"。它开花后生出倒梨形的果实，果实成熟后暂不脱落，种子就在果内发芽，长成圆柱状的棒，长可达 20~40 厘米，宛如许多绿色的长豆角，挂满枝头。等到胚芽发育成熟，它就从母株上脱落，靠重力下坠，直插在海边的淤泥上。几小时后它就长出了根，开始成为一株幼树。这种种子及其繁殖后代的方式在植物中甚是奇特。

（八）惊异的植物本领

植物是人类赖以生存的重要资源。煤资源就是来源于远古时期的植物。植物家族种类丰富，除了以煤炭形式为人类服务以外，有些植物还具有可以直接产"油"、产"大米"等神奇本领。

1. 能产"油"的植物

自然界中存在着能通过光合作用便可以合成类似汽柴油的碳氢化合物的植物，我们称之为"石油植物"。"石油植物"被称为 21 世纪的绿色能源。

①"石油"树：美国科学家在巴西热带雨林里发现了一种能产出"石油"的树——香胶树。它属苏木科，是高大的常绿乔木，其树干里含有大量的树液——一种富含倍半萜烯的柴油。人们只要在树干上钻个洞，在洞口插进一根管子，就会有胶汁源源不断的流出。这种胶汁的化学特性和柴油很相似，无需加工提炼，加入到柴油发动机的汽车油箱里，马上就可以发动汽车。一株直径 1 米、高 30 米的香胶树，2 小时便可收得 10~20 升树液。而取树液后用塞子将洞口塞住，6 个月后还可以再次采"油"。据估计，一公顷土地种上 90 棵香胶

树，可年产"石油"225 桶。目前，巴西、美国、日本、菲律宾等国已开始种植这种石油树。

②"柴油"树：麻疯树、油楠果实含油率高达60%，可以提炼出不含硫、无污染、符合欧四排放标准的生物柴油，故称"柴油树"，是重点开发的绿色能源树种。

麻疯树原产热带美洲，现我国广东省、广西壮族自治区、四川省、贵州省、云南省等均有分布。巴西有一棵奇异的麻疯树，树龄100多年，高30多米，只要在树干上挖一个洞，一小时内就能流出5~10升"柴油"，半年后又可进行第二次"开采"。这些"柴油"不必进行加工提炼，可直接注入汽车油箱来使用。

油楠原产热带亚洲和非洲，又叫蚌壳树、油脚树、脂树。我国有1种，引入2种。在海南岛的三亚、乐方、昌江、白沙等地，高可达30多米。它的树干木质部内含有一种类似煤油的淡棕色可燃性油质液体，富含油脂，其可燃性能与柴油相似。当在树干上钻个洞或削开它的韧皮部或砍断枝丫时，油脂就会自行溢出，尤其是砍倒大树时，油溢如泉。流出的油质液体可直接用作汽车的燃油。

③富含油脂的草本植物：蓖麻是大戟科的一年生或多年生草本植物，其种子含油量高达50%左右，是富含油脂的优良能源植物。蓖麻油不宜食用，但却是重要的工业用油，但制成的天然植物油经过催化酯化工艺很容易转化为生物柴油，可用作飞机、船舶和汽车的高级用油及替代石油的化工原料。利用蓖麻油生成的化学衍生物有175种之多，从石油中得到的系列产品大多可从蓖麻油深加工中获得。美国将蓖麻列为八大战略物资之一；法国把用蓖麻油生产尼龙11树脂列为国家一级机密，被视为保证国家能源安全、潜力巨大的可再生"石油"资源。可见蓖麻在能源植物中的重要战略地位。

美国加利福尼亚州境内广泛生长着一种野草，由于黄鼠等啮齿动物都害怕它的气味，当地人称其为"黄鼠草"或"鼠忧草"，这种草可以提炼石油，1公顷面积的黄鼠草可提炼1吨石油，若经过杂交人工种植，每公顷产量可高达6吨。这种能源植物可以在沙漠和半沙漠地带生长，既不与其他植物争地，又能改善生态环境。目前美国已开始大面积种植这种油料植物。

植物界可用于提炼制成石油的植物品种很多，不少乔木、灌木、草类、藻类等都含有可观的天然炼油物质，这些植物主要集中在夹竹桃科、大戟科、萝摩科、菊科、桃金娘科以及豆科上，如银合欢、文冠果、黄连木、油楠树、桉树、绿玉树、西谷椰子、西蒙得木、桉叶藤和牛角瓜等。折断这些植物的茎、叶，可以从伤口处看到乳白色或黄褐色液体流出来，这些液体中可含有与石油成分相似的碳氢化合物，都是未来能源发展的重要方向。经科学家鉴定，仅生长在亚太地区的有生产价值的能源植物，就有 10 多种草本植物、23 种乔木和 18 种灌木。

④"泌油树"：陕西省有一种叫"白乳木"的树，是白木乌桕，为大戟科乌桕属植物、山乌桕的同属近缘种，亦是野生油脂植物。只要撕破它的叶子或扭断其枝条，破损处就会流出一种白色的油液。这种油既可食用，也叫作燃料。

云南省的勐海县等地，生长着一种叫"羯布罗香"的树，树叶大如手掌，树干上长有茸毛，只要在上面划一道沟或挖一个洞，用火柴一烧，马上就会流出一种油液，既可以点灯用，又可以涂在家具上起防腐防蛀作用。从树脂提出的油，商品名为羯布罗香油，还可作调香剂和定香剂。

广东省怀集、台山及海南省等地，生长着一种竹柏。它高达 20~30 米，每年都开花结果，果实含油量达 51%，加工后既可食用，又可作工业用油。

⑤"猪油果"树：在东南亚和我国西双版纳、海南岛一带，生长着一种油瓜树，一棵树可结出 100~200 个油瓜，每个都有西瓜那么大。一个瓜里有 6~8 粒种子，种仁含油量高达 70%，一粒种子可榨一两多油。这种油有杏仁味，是高级食用油。如果种子用火烤一烤，吃起来有猪油味，所以人们叫它"猪油果"。

2. 能产"酒精"的树

① 橡树：为壳斗科栎属的落叶乔木，学名叫蒙古栎，又叫柞树、橡子树，其果实橡树仁是生产燃料酒精的好原料。橡树仁淀粉含量很高，据实验，每 100 千克橡树仁可酿造燃料酒精 20 千克左右。中国约有橡树 667 万公顷，年产橡树仁达 9 亿千克以上，若全部用来酿造燃料酒精，每年可酿造 1.8 亿千克的燃料酒精。目前，我国制造燃料酒精的原料多为玉米、高粱等谷类及甘蔗、甘薯类植物，若大量生产燃料酒精，其原料种植会与粮食生产争地，影响国家粮食安全，况且这些生产成本较高。开发橡树的生物能源，能解决粮食酒精生产成本偏高和国家粮食储备减少等问题，是发展燃料酒精的一个很好的方向（图 5-12）。

② "汉加"树：科学家在菲律宾北部发现一种名叫汉加的野生树木，也是一种"酒精树"。它生活在湿热的热带树林里，当地人很早就知道这种树了，它每年开花结果 3 次，每次结果约 15 千克。起先，人们发现胃病发作时吃了汉加果就能消除疼痛；被虫子咬了，涂上一些果汁，可以除痛止痒。后来，还发现它的果实碰上火种，就会像汽油那样燃烧起来。边远地区的村民常用它的树汁点灯照明。科学家对汉加

图 5-12　蒙古栎

果进行化学分析，发现其果实内含有 16% 的纯酒精。这个消息轰动了菲律宾，也引起了全世界科学家的重视。经调查，在菲律宾许多地方都长有这种"酒精树"。生物化学家们正在努力发掘这种树木的潜力，准备广泛利用这种树木，炼出酒精代替石油。

可用来生产乙醇（酒精）的植物种类还很多，且分布较广，如木薯、马铃薯、菊芋、甜菜以及禾本科的甘蔗、高粱、玉米等农作物。

3.能产"酒"的植物

众所周知，美酒都是用粮食或水果人工酿造的。有趣的是，有的植物也会自己酿出美酒来。

①"酒"树：在非洲津巴布韦的怡希河西岸有一种著名的"酒树"——休洛树，能常年分泌出一种香气扑鼻且含有强烈酒精气味的液体。当行人从树下经过时，就会闻到阵阵酒香。如在树上钻个小洞，"酒"就会源源不断地流出来。当地人常把它当作天然美酒饮用，这种树也被叫"酒树"。每当贵客来访时，主人便将他带到休洛林里，在树干上割一个小口，然后接一杯流淌出的美酒敬献给客人。

②"玛努力拉"树：在南非有一种名叫"玛努力拉"的树木，它有着肥大的掌状叶片，只自然生长在非洲亚热带草原上。这种树结出的果实味道甘醇，颇有"米酒"风味。更有意思的是，由于非洲象的胃内温度很适合酿酒酵母菌的生长，因而许多大象在暴食了这种"酒果"之后，往往会酒疯大发：有的狂奔不已，横冲直撞；有的拔起大树，毁坏汽车；更多的则是东倒西歪，呼呼大睡。后来南非人就用玛努力拉的果实做了这种酒，但直到 1989 年 9 月南非才第一次向世界推介了这款甜酒。据研究表明，玛努力拉的果实里确实有让人兴奋的成分，当地人采集它的果肉酿成酒，然后加上玛努力拉果实的鲜榨汁和牛奶脂，混合成南非特色的 Amarula，俗称"大象酒"。喝一口，舌尖先品尝到牛奶的香甜，然后舌头两侧的味蕾觉察到咖啡的苦涩，当酒到达喉咙时，就会感受到火辣的热情。

③"酒竹"：在坦桑尼亚的蒙古拉大森林中，有一种奇特的小青竹，它能产出醇厚芳香的美酒，因此当地居民称它为"酒竹"。当人们想喝竹酒时，就把竹尖削去，再把酒瓶放置好，等到第二天早上，瓶子里便装满了乳白色的竹酒。这种竹酒的酒精含量在 300 左右，不仅芳香扑鼻，清醇可口，而且还有解暑止渴、清心消烦和强身健胃的作用。

另外，在日本新泻县，也有一种罕见的能造酒的老杉树，它的树汁呈白色，其内含有很多糖质。这些糖质在氧气不足时，就会发生奇异变化，成为酒精，从而造出醇香浓郁的天然美酒。

4.能解酒醉的植物

旋花科藤本植物葛藤，又名野葛、粉葛藤、甜葛藤、葛条，生于丘陵地区的坡地上或疏林中。据说，用葛藤的汁或提取的葛藤粉，是一种解酒良药。用其花朵泡水，也可立即解酒。

另外，番茄、西瓜等有利尿功效，可加速酒精排出体外，葡萄因本身含有的葡萄糖可以代谢酒精，它们都有解酒的作用。石榴对解醉酒也有效果。

5.能产"粮食"的树

① 能产"大米"的树：有一种一株能产200~400千克"大米"的椰子树，名叫西谷椰子树，属棕榈科常绿植物，主要分布于马来半岛、印尼诸岛和巴布亚新几内亚等地，当地人叫它"米树"。西谷椰子树生长快，树干直，寿命较短，只有10~20年，一生只开一次花，而且开花后不到几个月就要枯死。其树皮内全是淀粉，自古以来，一直是当地土著居民的重要食粮。米树在开花之前，是树干一生中淀粉贮存的最高峰。然而奇怪的是，这些积存了一生的几百千克的淀粉，竟会在它开花后的很短时间内消失光，枯死后的米树只留下一株空空的树干。为了及时地收获大自然赐给人类的食粮，当地人未等米树开花就把它砍倒，刮取树干内的淀粉。他们把刮到的淀粉放在桶内，加水搅拌成米汤，干燥后再加工成一粒粒洁白晶莹的"大米"，这就是著名的"西谷米"。用来做饭，喷香可口，其营养价值与稻谷大米相似。至今世界上仍有几百万人还依靠"米树"产出

图5-13　西谷椰子植株（左）、果实（右）

的"大米"来维持生活（图5-13）。

②"面粉"树：云南省怒江傈僳族自治州福贡县的腊竹底和独龙江的马库有一种树，当地群众称它"斯叶黑"，意思是能出面粉的树。"斯叶黑"一般生长在荫凉的深箐里，树高可达十几米，成树直径达1米，树叶宽1米左右，长3米多，与芭蕉叶十分相似。"斯叶黑"含有大量淀粉，7—8月是其淀粉成熟的最佳时期。成熟时，当地群众先将成绺砍来，用木棒或斧头在绺杆上不断地敲击，淀粉便一团团震落下来，晒干即成细粉，这就是树面粉，或者叫它"斯叶黑面"。树面粉可以烙粑粑或用香油煎食，松软适度，美味可口。还可以用开水加糖搅拌冲食，味鲜适度，真可算是山珍中的一绝了。据说斯叶黑面不仅能食用，还能止泻，是止泻的上品良药。

老挝南部地区也有一种"面粉"树。把它的树皮剥下来，晒干磨成粉，就成了面粉，是当地居民的主要粮食。

③"面条"树：非洲南部有一种奇怪的树，属夹竹桃科常绿乔木，高可达30米，树干修长，每年4—5月开花，7月结果。结的果实呈细长条形，最长的有2米，看上去像面条，人们叫它"须果"。"须果"富含淀粉，成熟后，放在水里煮熟，捞起来加进调味品，就成为味道鲜美的面条啦！

"面条"树的木材特别适合做黑板，所以很多人也叫它"黑板树"。此外，它的枝叶错落，树冠优美，是很好的绿化树种，因此被许多亚洲国家和地区引进。但是，别看这种树长出的"面条"好吃，如果不小心把树皮划破，流出的乳白色汁液却含有剧毒。马达加斯加人就曾用其制作毒箭，作为抵御外敌和猎取猛兽的武器。

④"面包"树：在热带森林里有一种叫"释迦果"的树，是桑科菠萝蜜属的一种四季常青的高大乔木，被广泛地种植在南太平洋的一些海岛上。它从树根、树干到树枝上，都长满了许多大大小小的果实，成熟的有足球那么大，最重的每个达20千克。把这种果实摘下来切开，放在火上烘烤后，至金黄色便可食用，营养丰富，松软可口，酸中带甜，味道同面包差不多，所以人们称它为"面包树"。其果实除作粮食用外，还可用来造酒、制果酱。其种子用糖炒后，吃起来同糖炒栗子差不多。5棵这样的面包树，足可养活一个7口之家。面包树果在太平洋很多岛上都是深受岛民喜爱的主要食物，同时它还有重要的经济价值。因果肉充实，味道香甜，营养丰富，含有大量的淀粉和丰富的维生素A和维生素B及少量的蛋白质和脂肪，当果实成熟时，猴子就成群结队而来，爬上树去摘果子吃（图5-14）。

⑤"饼子"树：在利比亚里内起的原始森林中，有一种当地人称为"沙伊密

尔起纳布"的树。这种树高近30米，每年1—2月和7—8月各开1次花，4月和9月各结1次果。果实绿色，为长圆形似鞋底一样的硬干果，内含淀粉达70%以上，无甜味。人们将这种果子摘回，剥去硬质皮，然后放在火上烤熟，就能食用。这种"饼子果"被当地人称为"树上的粮食"。一棵"饼子"树每年可收"饼子"果60千克左右。

图5-14　面包树

6.能产糖的树

平常我们食用的白糖、红糖和冰糖等主要是用甘蔗、甜菜熬制，但说来有趣，不少多年生树木也能产糖。

① 糖槭树：是西半球著名的产糖树，其中以加拿大最为著名。糖槭树系槭树科落叶乔木树种，寿命较长。树干中含大量淀粉，冬天成为蔗糖，天暖蔗糖变成香甜的树液。一年种树，可多年收糖，比甘蔗、甜菜省事多了。如在树上钻孔，树液便源源流出。树液熬制成的糖叫枫树糖、枫糖或槭糖，营养价值很高，且清甜可口，深受人们喜爱。割取和加工枫树糖在北美有着悠久的历史。据有关资料介绍，加拿大枫树糖的产量始终居于世界领先地位，为世界总产量的70%，目前每年仍有300万加仑，除在本国销售外，还有出口。糖槭树有几个品种，如糖槭、银糖槭和红糖槭，以前两种产糖著名。糖槭树分泌的树液中含糖分3%~5%，高的达10%。一般15~20年生的糖槭树可以开始钻孔采割糖液，只要采割适当，不会影响树木的生长，树液采割完后，树干仍然可以作为优质木材使用。

糖槭树属于槭树科槭树属，我国槭树属的种类南北各地不下百余种，目前没有发现关于树汁含糖的报道。但湖北省植物研究所引种的糖槭树已开始采割糖液。初步试种推广的情况表明，银糖槭在长江中下游广大地区生长正常，在海拔800~1 000米的山区更为适宜。不久的将来，在我们食用甜加剂中，又可增添一个新的品种。大量推广种植糖槭树，既能制糖，又能用材，还可以绿化环境，好处很多。

② 糖棕树：棕榈科常绿乔木，高大挺拔，在柬埔寨、老挝、泰国、缅甸等东南亚国家都有分布，也是一个产糖"能手"。但糖棕树的糖不是来自树干或果

实，而是它的花可以产糖。它的雄花黑乎乎的，像一根根细长的鞭子。把雄花割开，就会流出糖水。当糖棕长出花序时，采糖的人就爬上树，在花序的尖端挂一个竹筒或小水桶，用刀把花序划开一道道口子，花序中的糖汁就顺着刀口流出来并滴进竹筒或小桶里。一个花序可产出 3~4 小桶糖汁，每株糖棕每年可产60~70 小桶糖汁，可熬糖 20~30 千克。如果一个三口之家种好一棵糖棕，那么就再也不用为吃糖而发愁了。

③ **糖树**：格鲁吉亚共和国长着一种奇异的"糖树"。金秋季节，人们用力摇撼这种树，"糖"就会像下雨似的簌簌地掉下来。这种"糖"形如果实的梗子，灰色，无香味，可含糖量高达 47%，味道像葡萄干。当地人把这种"糖"采集后，稍加晒干，就可送到市场上销售了。

7. 能产盐的树

①**"木盐树"**：我国的黑龙江省和吉林省的交界处，生长着一种能产盐的树，叫木盐树。这种稀有的树种高两丈之多，每到夏季，树干就像热得出了汗，"汗水"蒸发后，留下的就是一层白似雪花的盐，刮下来可当上等精盐食用。每到泌盐的季节，当地居民便争相刮取，以备食用。于是，人们给了它一个恰如其分的称号——"木盐树"。

②**"苏打树"**：新疆南部孔雀河和塔里木河汇合的地方，在塔克拉玛干盐碱沙漠中，生长着一种叫异叶杨的树，能从土壤里吸收大量盐分。这种树的树皮、树枝杈和树窟窿里，每年都排出大量像雪一样洁白的苏打，当地居民叫它"梧桐碱"，叫这种树为"苏打树"。这种梧桐碱可代替碱面或苏打，也可加工成肥皂。

8. 能产水的树

① **纺锤树**：木棉科有一种植物叫纺锤树，也叫瓶子树、酒瓶树、佛肚树、萝卜树，生长在南美洲的巴西高原上，有 30 米高，两头尖细，中间膨大，最粗的地方直径可达 5 米，远远望去很像一个个巨型的纺锤插在地里。它根系特别发达，在雨季来到以后，尽量地吸收水分，贮水备用。一般一棵大树可以贮水 2 吨之多，犹如一个绿色的水塔。因此，它在漫长的旱季中也不会干枯而死。纺锤树贮藏的水分可以为荒漠上的旅行者提供水源。人们只要在树上挖个小孔，清新解渴的"饮料"便可源源不断地流出来，解决人们在茫茫沙海中缺水之急。

② **猴面包树**：猴面包树又名猢狲木、波巴布树、大胖子树、瓶子树，是木棉科的大型落叶乔木，原产马达加斯加、非洲大陆和澳大利亚。其外表像个瓶子，树干长得胖胖的，看着很可爱，其实里面有很多中空的洞，用来在雨季的时候储存水，一般能在体内储藏大约 300 升的水，供旱季的时候用。这也就不奇怪为什么这种树的寿命通常都在 500 年以上了。人们在沙漠旅行，如果口渴，又没

图 5-15　猴面包树

有水源，只需用小刀在随处可见的猴面包树的"肚子"上挖一个洞，清泉便喷涌而出，这时就可以拿着水壶接水畅饮一番了。因此，不少沙漠旅行的人说"猴面包树与生命同在，只要有猴面包树，在沙漠里旅行就不必担心"（图 5-15）。

③ 旅人蕉：属旅人蕉科草本植物，又名扇芭蕉、旅人树、孔雀树，"身材魁梧"，貌似树木，高达 20 米左右，粗约 50 厘米，叶子既粗壮又长大，一般可达 3~4 米，状如芭蕉，左右排列，对称均匀。每个叶柄底部都有一个酷似大汤匙的"贮水器"，可以贮藏好几斤水。只要在这个位置上划开一个小口子，就像打开了水龙头，清凉甘甜的泉水便立刻涌出，可供人们开怀畅饮，消暑解渴。而且这个"水龙头"拧开后又会自动关闭，一天后又可为旅行者提供饮水。因此，人们又称旅人蕉为"旅行家树""水树""沙漠甘泉""救命之树"等。

④ "雨"树：斯里兰卡有一种"雨"树。在一些城市的街道两旁，晴天的早晨会突然下起一阵不大不小的雨，这种雨便是从路旁的树叶洒下来的。这种树的叶子有 30 厘米长，晚上卷成小团，中间凹陷，四周微微隆起，把周围的水蒸气凝结后形成的水收藏起来。到第二天太阳出来时，叶子便垂下并伸展开来，于是聚集在里面的水便一泄而下，来一阵"树造雨"。

⑤ "喷泉"树：在苏里南的弗仑德席普、纳绍等地，有一种枝繁叶茂、树干粗壮却又矮墩墩的常青树，树梢一年四季不断地喷射出纤细的水流，酷似一眼喷泉，故称"喷泉"树。它喷射出来的水，清澈晶莹、淡而无味，可供饮用。它所

五、神奇的植物荟萃

以能喷水，是因为这种树的根系特别发达，吸水能力很好。

⑥"淌水"树：在几内亚的亚加密林里，有一棵不断淌水的树。这棵树长在河岸上，高25米左右，常年不落叶。因它的根须钻入了河底深处，可以从河里不断地吸收大量的水分，因此，它的枝条和叶片都能渗出水滴。在水多的季节，它每天可以从枝叶上淌出300千克水。树下终年潮湿，积水不干。

9. 能产"奶"的树

①"羊奶"树：在希腊的吉姆斯森林地区，有一种当地称"马德道其菜"（意即喂奶）的树。这种树高约3米，长有像萝卜缨一样的叶子，树身粗壮，凹凸不平，每隔几十厘米就有一个绿色的"奶苞"，会自己流出"奶汁"。这种"奶苞"在树根处更多。当地的牧羊人常将刚出生不久的羊羔放在那里，羊羔就会像吮吸母羊的奶一样，从"奶苞"上吮吸"奶汁"。据说，这种树上流出的"奶汁"，营养不亚于母羊奶。

②"牛奶"树：在巴西的亚马逊河流域，生长着一种植物学家称作"加洛弗拉"的树。它的表皮平滑，只要用刀在树干上切个小口子，里面就会流出一种颜色和状态都像牛奶的汁液。所不同的是，这种乳白色的汁液有一股苦辣味，但加水煮沸后，苦辣味就没有了。如果再加入一些糖，则味道更美。经化验，其化学成分同牛奶相似，富有营养，是一种难得的高级饮料。当地人很爱喝这种"牛奶"，甚至用它来充饥，并称这种树为"牛奶"树或"奶头"。每株"牛奶"树一次可"挤奶"2~3升。隔天之后，树汁又会流出。

在南美洲的厄瓜多尔等国家，许多居民的房子周围都种有另一种"牛奶"树。它的树身粗壮高大，树叶闪闪发亮。如果割破这种树的树皮，1小时内可流出1公升左右的白色乳汁，味道和营养价值都和牛奶相似，当地居民就把这种乳汁用清水冲淡煮沸，代替牛奶饮用。但这种乳汁时间不能放长，否则就会变质。用锅煮时，液面上还会出现一层蜡质，当地居民用它做成蜡烛供照明用。

在委内瑞拉的森林里，也生长着一种产"牛奶"的树，叫"加拉克托隆德"。它产的"牛奶"比"加洛弗拉"产的味道还要好，而且不需加工煮沸就能饮用。

10. 能做"豆腐"的植物

①豆腐柴：又叫臭黄荆、豆腐木、观音柴、凉粉柴，是马鞭草科直立灌木，分布于我国长江流域以南地区，叶卵状披针形、椭圆形或卵形，可制作"豆腐"。摘其当年新发的嫩叶，洗净后倒入清水里，用手揉搓成糊状，再用干净的布过滤掉叶渣变成叶汁。然后取草木灰适量，用水调和均匀，过滤成灰水。将灰水倒进叶汁中，边倒边用筷子搅拌均匀，稍加置放，叶汁渐渐变稠凝固，豆腐即做成了。豆腐柴叶制成的"豆腐"色泽嫩绿，隐隐有些透明，口感滑爽。柴叶豆腐内

含有大量的果胶、蛋白质、纤维素和氨基酸、叶绿素和维生素 C。其粗蛋白含量高于稻米、小麦、玉米、红高粱等农作物；维生素 C、β—胡萝卜素及矿质元素含量也较丰富；锰、铁、锌等微量元素含量超过一般叶类蔬菜；氨基酸种类齐全。因此营养价值极高，为无污染绿色保健食品，亦是防暑降温的佳品。可凉拌和烹炒，也可加工成果冻，制作中添加不同果汁会呈各种水果风味。豆腐柴的根、茎、叶还可入药，具清热解毒、消肿止血等功效，可治疗毒蛇咬伤、无名肿毒、创伤出血、痢疾、烫伤等症。

②苦槠：又叫槠栗、血槠、苦槠子等，是壳斗科常绿乔木，我国长江以南五岭以北各地均有分布，树冠浓密，观赏价值很高，也抗 CO 等有毒气体，可用于园林绿化。苦槠果实的外表与板栗类似，但果型较小。其种仁富含淀粉，浸水脱涩后可制成苦槠粉，进一步加工可制成苦槠豆腐。苦槠豆腐不仅营养价值高，而且是无污染绿色保健食品，有通气解暑、去滞化淤、治疗痢疾和腹泻等功效。人们如遇拉肚子，取少许苦槠粉（或叫择子粉）煮成豆腐状，不用添加物，趁热吃下肚，即可止住腹泻。它还是天热时吃的冷饮食品，如滴进几滴薄荷，吃起来更是口感清凉，能降温防暑。苦槠粉还可做成苦槠粉丝、苦槠粉皮、苦槠糕等多种原生态食品，也是防暑降温的佳品，深受人们青睐（图5-16）。

图 5-16　苦槠

11. 爱"吃荤"的植物

①"吃人"树：据报道，在印度尼西亚爪哇岛上，生长着一种植物叫奠柏，居然能吃人。它高 8~9 米，长着很多长长的枝条，垂贴地面，有点像快断的电

线，风吹摇晃，如果人或动物不小心碰到它，树上所有的枝条就会像魔爪似地向同一方向伸过来而被卷住，而且越缠越紧，难以脱身。树枝很快就会分泌出一种黏性很强的胶汁，能慢慢消化被捕获的食物，变为树的美餐。这种树为什么会吃人呢？因为它生长在缺乏营养的土地上，以人和动物的腐烂尸体为养料。等它把养料吸收完了，其枝条又重新舒展开，准备捕捉新的牺牲者。尽管"吃人"树如此凶残可怕，可当地人却不愿将其砍伐毁掉，甚至竭力加以保护。因为这种树分泌出的黏液竟是一种极其贵重的药材和工业原料，当地不少人赖以为生，并因此而发财。当地人为了安全采集这种珍贵药材，在采集前，先养一篓鲜鱼，把鱼一条一条地"喂"给"吃人"树，待其"吃"饱后变得懒洋洋时，便可以安然无恙地采集黏液了。

此外，还有一些吃人植物的传闻性报道。然而，植物学家对此持怀疑态度。世界上究竟是否存在吃人植物，还需要继续探索和研究。

②"蛇"树：生长在非洲马达加斯加，外形像一棵巨大的菠萝蜜，高约3米，树干呈筒状，枝条如蛇，因而当地人称之为"蛇树"。这种树极为敏感，如有鸟儿飞到它的枝条上，很快就会被它缠住"吃"掉。奇异的蛇树吸引了美国植物学家里斯尔。1937年，他亲身感受到了蛇树的威力：他的一只手碰到树枝时，很快就被缠住了。结果费了很大气力才挣脱出来，但手背上被拉掉了一大块肉。

③"吸血"树：在非洲的中部和南部地区，有一种树身粗矮、树上长满一簇簇针状枝芽的树。这些枝芽看上去瘦小柔韧，但抓力却相当大。它们的边缘有刺，是像匕首般的牙齿。它平时伏在地面上十分诱人，好像铺着绿色帷幔的卧榻。旅游者的脚步如果触及这些枝芽，它就立刻像巨蟒一样跃然而起，把人严严实实地网在里面，并迅速刺入人体，直至把人体的血吸尽，才将尸体抛在一边。之后还能立刻恢复原状。

④"捕人"藤：巴拿马热带原始森林中生长着一种古怪的大树藤，印第安人叫它"捕人"藤。如果人们在森林中不小心触碰了它，藤条就会像蟒蛇一样把人紧紧缠住，直至把人勒死。若没有旁人发现并且援助，就很难摆脱这种困境。这时，有一种张开翅膀后如大蝙蝠那样大、美丽黑色的大蝴蝶——食肉蝶便纷纷落到被缠的人身上，吸食血肉，人的全身很快就会被咬烂。

⑤日轮花：南美洲亚马逊河流域茂密的原始森林和广袤的沼泽地里，生长着一种"吃人"的植物——日轮花。日轮花长得十分娇艳，其形状酷似齿轮，而且能散发出兰花般诱人的芳香，很远就可闻到。这种花反应非常灵敏，而且力量很大。一旦不小心碰到了它的茎、叶或者花瓣，那细长的叶立即像鹰爪一样伸卷过来，把人牢牢地卷起来，直到使人动弹不得。这时，躲在它们旁边的大型蜘

蛛——黑寡妇蛛就会迅速蜂拥而至来咬
食人体。这种蜘蛛的上鄂内有毒腺，能
分泌出一种神经性毒蛋白液体，当毒液
进入人体，就会在极短的时间致人死
亡。黑蜘蛛吃了人的身体之后，所排出
的粪便是日轮花的一种特别养料。凡有
日轮花的地方，必定有吃人的大蜘蛛，
它们互相利用，彼此依赖以共存。当地
的南美洲人对日轮花十分恐惧，每当看
到它就要远远避开。

⑥ 猪笼草：属猪笼草科植物，生
长在热带地区，主要生长在东南亚以
及我国华南南部，为著名的观赏食虫
植物。猪笼草叶的构造复杂，分叶柄、
叶身和卷须。卷须尾部扩大并反卷形
成瓶状体（叫捕虫笼或捕虫袋），捕虫

图 5-17　猪笼草

笼呈圆筒形，下半部稍膨大，上面笼口上还有半开的盖子。因其形状像猪笼而得
名"猪笼草"。在笼口附近及盖上生有蜜腺，能分泌香味，用来引诱昆虫。笼口
光滑，昆虫接触后易滑落而跌入笼内，被笼底分泌的液体淹死并予以分解，最后
被逐渐消化吸收（图 5-17）。

⑦ "瓶子"草：为比较矮小的多年生常绿草本植物，共有 9 种，从北美洲的
加拿大到美国东南部大西洋沿岸的湿草地上都有分布。无茎，叶丛莲座状，叶片
粗糙，圆筒状，叶中具有倒向的毛，使昆虫能进不能出。与猪笼草不同，瓶子草
的捕虫袋由一片叶子持续环绕而演变成的，有的像长长的号管，有的像短粗的牛
奶瓶，有的像翘首仰望的鹦鹉，在草丛中或斜卧，或直立。它们的"瓶盖"也不
像猪笼草那样平开，而是向上直立，人们把它比喻为少女颈上一块漂亮的围巾。
"瓶盖"内侧密生着光滑的刺毛，毛的尖头都朝下，"瓶口"的周围也长着光滑的
刺毛。昆虫吸食蜜汁时，很容易滑下瓶内的液池中，而成为它的美食。

⑧ 茅膏菜：茅膏菜属于茅膏菜科草本植物，是食虫植物中的一个大类。它
们形态各异，分布于世界各地。茅膏菜的捕虫叶为匙形或球形，表面长有突出的
腺毛，腺毛的顶端分泌黏液，外形像是挂满了露珠，晶莹剔透。茅膏菜的腺毛十
分敏感，当小虫触动它的叶片时，叶片上敏感的腺毛会同时卷曲，将猎物团团围
住，紧紧粘在叶子上，同时分泌出蛋白酶消化它们。此后又会重新张开，等待着

153

新猎物光临。捕蝇草、毛毡苔也属于这一类食虫植物。

⑨ 捕蝇草：捕蝇草也是茅膏菜科多年生草本植物，是一种非常有趣的食虫植物。捕食构造是由一左一右对称的叶片特化而形成的一个酷似"贝壳"的"捕虫夹"，像夹子状的构造，平时像一只河蚌打开的"蚌壳"，但是其质地是肉乎乎的，内侧边缘有许多蜜腺，能分泌蜜汁，中央有感觉毛。当有苍蝇等小虫闯入时触动到感觉毛，两片叶子能以不超过一秒钟的速度合拢，很快地将其夹住而被消化吸收，且"捕虫夹"上的外缘长满了刺状的软毛，还可以用来防止被捕的昆虫逃脱。大约经过 10 天或更长的时间，"捕虫夹"又会重新张开。捕蝇草还能辨别真假猎物。风吹来的灰尘沙粒触动感觉毛时，"捕虫夹"不会关闭。如果是昆虫的触动，"捕虫夹"就会迅速合拢，将它活活困死。捕蝇草独特的捕虫本领与外型，使它成为了最受国内宠爱的食虫植物。

⑩ 捕蝇树：南美洲有一种叫"罗里杜拉"的灌木植物，它的银白色的枝叶能分泌一种黏液，并能散发出一种香味。蝇子十分喜欢这种香味，嗅到这种香味后，纷纷从四面八方飞来，当飞落在这种树叶上时，便被叶面上的黏液牢牢粘住而难逃活命。不过罗里杜拉自己并不吃蝇子，它是"捕"来给蜘蛛吃的，作为蜘蛛给它传授花粉的"报酬"。当地居民常将这种树的树叶成串地悬挂在客厅或厨房的墙壁上，既可装饰美化环境，又可以用来消灭苍蝇。

⑪ 捕鸟树：在南美洲秘鲁南部山区有一种奇异的树，它的样子很像棕榈树，当地居民叫它"捕鸟树"。这种树的叶片很大，上面长满了又尖又硬的刺。当飞鸟寻觅食物感到疲乏而飞落在这种树的枝条上歇息时，就常常会因触及叶上的刺尖而伤亡。有时一棵"捕鸟树"的周围能拾到几十只死鸟。只有像美洲蜂鸟那样由于身体特小，才能免此杀身之祸。

⑫ 狸藻：属狸藻科一年生水生草本植物，分布在东南亚各地，我国的中部和南部都有生长。具有长长的匍匐茎枝，无根，可随水漂流。它的"捕虫器"颇有特色，在它的匍匐枝或者羽状复叶小裂片的基部生有球状的捕虫囊，捕虫囊平时呈半瘪状，有一个可以开合的口，周围有触毛。当水中小虫碰到这些触毛，捕虫囊就迅速鼓大，小虫就随着水流吸进囊内，囊口也立即关闭，挡住小虫的出路，并消化吸收。

⑬ "炸弹"树：在非洲的北部地区，生长着一种名副其实的"炸弹"树。它的果实有柚子那样大，果皮外壳呈金黄色，非常坚硬。到成熟时，它会突然自动爆裂开，锋利的"破片"四处飞射，威力如一颗小型手榴弹，杀伤力很强大。据说其外壳碎片能飞出 20 多米，爆炸后经常会在附近发现被炸死的鸟类尸体。由于这种树过于危险，人们都不敢把房屋建在它的附近，过路的行人也不敢

靠近它。

⑭ "弓弹"树：在印度尼西亚的森林里，有一种能将飞鸟弹死的树，当地人叫它"弓弹"树。这种树的树枝非常奇特，是一种带钩的弯枝，钩尖倒钩于另一枝的枝杈上，随着树木的生长，钩尖被枝条所牵拉而成为"弓上弦"的状态。当飞鸟稍加触动时，枝条便脱钩弹出，往往将鸟打得头破血流或伤肢断翼，有时会立即死亡。

⑮ "咬人"树：我国山东省枣庄市的北庄乡，生长着一种"咬人"树，是目前我国稀有的优质野生漆树。因为野生漆树含有强烈的漆酸，容易引起人的皮肤过敏或中毒，所以，被人误认为"咬人"，故称其"咬人"树。那里的野生漆树约有万余株，它所产生的生漆，具有防腐、防锈、耐酸、耐高温、绝缘等优良的特性。它的种子可以榨油，是医药、化工和纺织工业中常用的原料之一。漆蜡是生产硬脂酸的主要原料之一。它的叶子也是一种药材。

⑯ "过敏"树：辽宁省东部的桓仁山区，生长着一种能使某些人产生过敏反应的树，当地群众称它为"咬人的树"。这种树树干像楸树，叶子肥大，呈柳叶形，春天时枝头发出一簇簇绿里透红的枝叶。如果有人接触它的枝叶，或采食其嫩芽，皮肤就会起鸡皮疙瘩，浑身肿胀，皮破淌黄水，且黄水流到哪里，哪里的肉便腐烂，痒痛难忍。冬季，如果有人拾了它的干枝烧火，不小心也会被它"咬"伤。凡被"咬伤"者，轻则三日，重则两三个月才能康复。当地人见了这种树都望而却步。

⑰ "手铐"树：非洲有一种不怕酷热、干旱的树，当别的草木被旱得枯萎的时候，它的枝条仍然迎风摆动。当你不慎碰到其枝条时，它会紧紧地把你的手缠住，就像扣上手铐一样，当地人称它为"手铐树"，因此，从来没人敢接近这种树。

12. 能"动"的植物

植物内部的生理活动十分繁忙而激烈，不过这种运动大都不易从外表上看出来。然而有些植物的运动很明显，如葡萄、爬山虎等的攀援运动，向日葵的"笑脸"总是随着太阳转。另外有些植物在光线和气温的影响下会发生感夜运动，如花生、槐、合欢等。可是，有少数植物的"运动"就别具一格了。

① 会"含羞"的草——含羞草：含羞草为豆科多年生草本或亚灌木。文雅秀气的含羞草，似乎有动物的敏感，只要用手触碰或者摇晃它，其叶子就会向内卷闭，甚至叶柄也萎软下垂，颇有少女的娇羞，所以，得名含羞草，又被誉为有"情感"的植物。即使一阵风吹过也会出现这种情形。待静止下来几分钟之后，叶子又会重新打开。

含羞草这种特殊的本领，是有它一定的历史根源的。它的老家在热带南美洲

图 5-18　含羞草

的巴西，那里常有大风大雨。每当第一滴雨打着叶子时，它立即叶片闭合，叶柄下垂，以躲避狂风暴雨对它的伤害。这是它对外界环境条件变化的一种适应。另外，动物稍一碰它，它就合拢叶子，动物也就不敢再吃它了。这一特性也是含羞草一种自我防卫、自我保护的本领（图 5-18）。

②会跳舞的草——跳舞草：跳舞草又名舞草、情人草、无风自动草、多情草、风流草、求偶草等，属豆科舞草属多年生的直立小灌木，是一种濒临绝迹的珍稀植物。跳舞草的叶片两侧生有大量的线形小叶，对声波非常敏感，在气温不低于 22℃时，特别是在阳光下，受声波刺激时会随之连续不断地上下摆动，犹如飞行中轻舞双翅的蝴蝶，又似舞台上轻舒玉臂的少女，因此而得名。在阳光明媚的窗台上或者"久旱逢甘霖"的时候，它也总会快乐地"跳舞"。有些人甚至称，跳舞草的舞姿要比"迷幻摇滚"乐队的更漂亮。由于其叶子摆动好像人们在打旗语，欧洲人也把它们叫做电报草或者信号草（图 5-19）。

图 5-19　跳舞草

③会"旅行"的植物：原产地在墨西哥奇瓦瓦沙漠的一种多年生草本蕨类植物卷柏，我国多地也有分布，喜欢生长在人迹罕至的荒山野岭的峭壁上、沼泽畔、荆棘丛中以至乱石山上。通常株高 10 厘米左右，主茎直立粗壮，顶端丛生小枝，呈莲座状，小枝扇形分叉，形状酷似柏树的叶子，因而得名卷柏。每当气候干旱时，它的枝叶卷如鸟头，遇水后又很快恢复如初，碧绿可爱，其青翠似柏却又胜过柏。严重缺水的时候它会自己把根从土壤里拔出来，摇身一变，让整个身体卷缩成圆球状，变得又轻又圆，仿佛像死了一样。只要稍有一点儿风，它就能随风在地面上滚动。一旦滚到水分充足的地方，圆球就会迅速地打开，吸收难得的水分，恢复"庐山真面目"，根重新再扎到土壤里而安居下来。由于它能在几乎被完全晒干的情况下"复活"，因此，又被誉为"还魂草""能复活的草""打不死"。有人还做过试验，把卷柏压制成标本，保存了几年再拿出来

图 5-20 还魂草

浸在水中，当温度适宜时，它竟然又"还魂"，开始生长。还魂草是一种非常奇特而弥足珍贵的植物，可作小型盆栽，置于案头欣赏。

在还魂草的产地有一种风俗，人死后族长或至亲将还魂草放在死者手中，众目睽睽之下停尸四日，第五日才可下葬。据说，有人死后还魂复活，可见这种植物在民间有许多神秘的传说，把原本平凡的植物说成了具有神奇效果的仙草（图 5-20）。

当然，还魂草也并非徒有虚名。现代医学研究证明，将提炼过的还魂草特殊物质注入人体内，可促进血液循环，增强新陈代谢之功能，也有治伤、解毒、消肿等效果。

与卷柏类似，会"旅行"的植物还有猪毛菜、矶松、刺藜等十多种草原植物，它们被称为"风滚草"，是草原上的"旅行家"。每当秋季来临时，它们的枝条便向内卷曲，使整个植物体变为球形，茎的基部在靠近地面处也变得很脆，经大风一吹或被动物一碰，靠地面处的茎便被折断，植物体脱落根部而随风在草原上滚动。风滚草的果实开口的地方长着密密的茸毛，使其又轻又多的种子不可能一下子都撒播出去，它们借助滚动，才能掉出几颗种子来，以传播种子、繁衍后代。

④"好斗"树：喀麦隆有一种叫"撒息尼米"（意即斗树）的树。这种树枝丫很多，枝丫上长有许多三角形的棕黑色硬刺。枝头硬刺多而叶片少，有的枝丫上仅有一两片叶。这种树"凶残好斗"，它长长的枝丫常像一条条长绳一样伸展出去，将邻近的小树钩缠，使这些小树被钩刺得遍体鳞伤，枝断躯残，甚至含恨死去。如果两棵这样的树相邻并处，经过"格斗"后，要么两败俱伤，要么其中的一棵死

五、神奇的植物荟萃

去。由于这种树"好斗",具有一种斗个你死我活的劲头,因此,人们称之为"斗树"。当地的隆页库内人有一句谚语"做人要做善良的人,不做'撒息尼米'"。

斗树如此残暴,实为自然界进化法则。由于它体内供输养份的系统很脆弱,因此,它必须采取办法,把同一区域内和它争夺养分的植物清除,否则,它便会因营养不良而死。

13.能"出声"的植物

①"笑"树:非洲东部卢旺达首都基加利的芝密达兰哈德植物园里有一种会发出"哈!哈!"笑声的树。初到植物园的人往往被这笑声所戏弄,对此迷惑不解,听到"哈!哈!"笑声却看不到发出声的人。笑树是一种小乔木,能长到7~8米高,树干深褐色,叶子椭圆形。每个枝杈间长有一个皮果,形状像铃铛。皮果内生有许多小滚珠似的皮蕊,能在果皮里滚动。皮果的壳上长了许多斑点般的小孔。每当微风吹来,皮蕊在里面滚动,就会发出"哈!哈!"的声响,很像人的笑声。人们巧妙地利用笑树这种会笑的功能,把它种植在田边,每当鸟儿飞来的时候,听到阵阵"笑"声,以为是人来了,不敢降落,从而保护了农作物不受损害。

②会发出不同"声音"的树:在巴西,生长着一种名叫"莫尔纳尔蒂"的灌木,这种树白天时会不停地发出一种委婉动听的乐曲声,到了晚上,它又会连续不断地发出一种哀怨低沉的泣声,等到天亮时,它又变为悦耳动听的乐曲声。

图5-21 剥桉

据一些植物学家的研究,认为这种树能昼夜发出不同的声响,与阳光的照射有着密切的关系。

③剥桉:属桃金娘科桉树属高大乔木,因树皮具有丰富多彩的颜色,又叫彩虹桉树。它的木质部和韧皮部的细胞充满了空气,这些空气对植物的新陈代谢具有重要的作用。当树木体内的水分不够时,这些细胞开始"说话"甚至"呐喊"。伯尼克劳斯(Bernie Krause)等生物学家用一种特殊的仪器,从一截干瘪的树干上收集到这样的声音。它们发出一种杂音,这种杂音单单靠人耳是无法听到的,但昆虫可以听到。(图5-21)。

14. 爱"听"音乐的植物

优美动听的音乐，不仅使人得到美的享受，而且有益于人的身心健康。有趣的是植物也爱"听"音乐。

印度有一位科学家，每当做完实验后，总要到花园里拉小提琴或者放交响乐的唱片。时间长了，他发现周围的花草长得格外旺盛。一农场主听了这一消息后，就在农地里每天不停地播放音乐。结果，他种的蔬菜瓜果不仅个头大、味道好，而且生长周期也特别短，人们把他的农场称作"奇迹农场"；印度生物学家辛夫也做过实验，他让一些凤仙花每天"听"25分钟动听的乐曲，而另一些凤仙花不"听"音乐。15周后，"听"音乐的凤仙花比不"听"的长得快，其叶子平均多长了72%，株高平均增长了20%。他对一些作物了进行了试验，发现优美的乐曲可使水稻增产25%~60%，花生和烟草可增产50%左右；前苏联的一个农场，对温室里的蔬菜每天播放2次优美的音乐，结果产量了提高了两倍。

科学家对此很感兴趣，后来找到了原因。植物的叶片表面有许多气孔，在音乐的振动下，气孔就会张大。气孔增大后，植物的光合作用更活跃了，其生长所需的养料和能量也更多了，因此促进了植物的生长发育。但进一步研究发现，并不是任何音乐对植物都有好处。"听"摇摆曲的植物会停止生长甚至枯萎，而"听"轻音乐的植物会生长特别好，比那些不"听"的更显得根深叶茂。美国勃尔曼教授和他的学生把同样的盆栽茄科观赏植物分别放到能自动调控光、温、水、气的两个房间里，两个房间都装有音量相同的扩音器。当长成植株后，一个房间播放摇摆曲，另一个房间播放轻音乐。一周后，"听"摇摆曲的植株没有吐出一个花蕾，而"听"轻音乐的植株开出了6朵鲜花。两周后，前者停止了生长，一个月后全部死去。后者则生机勃勃，充满活力。另外，各种植物对音乐的喜好也不一样。如：莴苣喜欢轻音乐而不喜欢交响曲，大葱喜欢芭蕾音乐而讨厌打击乐。如在麦田里放摇滚乐，麦子就会像遭了霜打一样没了精神，产量会下降许多。

更令人吃惊的是，一种人的耳朵不能分辨的超声波（每秒钟振动2万次以上的声波），植物也爱"听"，并有促进种子萌发、植株生长和农作物产量提高的作用。法国研制了一种农用超声波，通过定时播放超声波，各种蔬菜长得又快又大，产量增加了2~3倍；美国和德国将超声波用于花卉生产，经超声波处理的花卉，花朵大、色彩艳丽，且花期也长；我国对超声波培植法也有研究，用超声波处理的小麦种子，可提高出苗率，缩短生长发育期，并增产8%~10%。棉花经超声波处理后，也能提高结桃率，并提前几天吐絮。

15. 能"发光"的植物

① "夜光"树：非洲北部生长着一种"夜光树"，当地居民称它为"恶魔"

树。其实并不是什么恶魔在作怪，而是由于这种树的树皮含有大量的磷，磷质变成磷化氢气体后，从树体内散发出来，遇到空气中的氧气，便自燃起来。因此，每到夜间，其树根、树枝便会闪烁发光。当地的人们在晴朗的夜晚甚至可以在这种树下看书或做针线活，因此又称它为"照明"树。

②"月亮"树：在贵州省三都水族自治县境内的瑶人山自然保护区的深山老林中，也曾生长着一种珍奇的夜光树。它干粗、枝多、叶茂，每当漆黑的夜晚，每片树叶的边缘都会发出半圆形的闪闪荧光，恰似上弦月的弧影挂满枝头，微风吹拂，满树月影，婀娜多姿，十分壮观。因此，当地的水族人民称它为"月亮"树。据考证，这种树是第四纪冰川之后几乎绝迹的稀有树种。夜光树在瑶人山古林中也为数不多，属珍稀保护植物，也是研究植物进化的宝贵材料。

③"灯笼"树：在我国江西省井冈山地区，有一种能闪闪发光的常绿阔叶树，当地人称它为"灯笼"树。当晴天的夜晚远眺山上，常可看到一盏盏淡蓝而柔和的"小灯笼"妙趣辉映。来这里旅游的人，常与这种"灯笼"树合影留念。原来是这种树能吸收贮存磷，入夜则释放出磷化氢自燃，远远望去，一团团淡蓝色的磷光，酷似一盏盏闪烁的小灯笼，可以为行人照亮道路。

④"路灯"草：非洲冈比亚南斯明草原上长有一种红色的野草，叫"路灯"草，可谓是发光植物中的佼佼者。虽然植株不大，但它的叶片表面有一层像银霜一样的晶珠，富含磷，它发出的光亮可以与路灯相媲美。每当夜晚时这种草就闪闪发光，仿佛在草丛中装上了无数只放光的"灯"。在"路灯"草集生的地方，会亮得如同白昼，把周边的一切照得相当清晰。不少当地人把它移种到家门口充当晚上照明的"路灯"。

⑤"火焰"树：在前苏联的阿尔泰山，有一种高达 1 米左右的红色灌木，叫白藓。烈日当空时，它常分泌出香喷喷的蒸气状香精。如果划一根火柴，香精蒸气顿时就会燃烧起来，并且闪烁出红晶晶的火焰，还能听到轻轻的"噼啪"声。这时，周围的空气中充满了芬芳的气味。人们称这种树为"火焰"树。

⑥"闪光的树林"：在前苏联的奥莱拉地区西部发现了一片能闪射出荧火光的树林。它长约 11 千米，宽约 3 千米，林中无任何动物，一到晚上，树林就发出一种很亮的绿光。即使有浓雾，1 千米以外也能看见这处发光的森林。科学家们尚未查明这片树林发光的原因。

16.能"调温"的植物

澳大利亚科学家发现了一些能自我调节温度的植物，这些植物无论外界环境如何，其花朵的温度总是保持恒定状态。他们把这类植物命名为"温血植物"。据统计，这类植物大约有几百种，分别属于十多个科。葛芋花、羽裂蔓绿绒、臭蒜、红千叶莲花等就属于这类植物。如葛芋花的温度约38℃，而当外界气温在20℃时，其温度还维持在40℃左右。温血植物的这种温度调节能力，是为了把自身的花朵当成一个微型小环境，从而可更好地吸引昆虫，提高授粉几率。

为了准确知道这类温血植物的恒温能力有多高，生物学家西摩作了一些测定。他发现，羽裂蔓绿绒的花朵温度保持在30~36℃。西摩在实验室里，将环境温度降为4℃时，这种植物的花朵温度仍然能保持在这个温度范围内。臭菘也能在大雪纷飞的日子里给自己构建一个小暖房。实验表明，当环境温度降为9℃时，臭菘花朵内的温度要比外界高15℃，而环境温度降为 –15℃时，它花朵内的温度甚至可以比外界高30℃，这种调温能力甚至超过了许多哺乳动物。而分布非常广泛的红千叶莲花，即使环境温度低至10℃，它的花朵温度还能保持在30~36℃。他还测定了葛芋花的温控规律。

对此，科学家已经作了许多相关的研究。早在1932年，生物学家就已经证明，细胞中存在有一条二级呼吸线路，这使得它们能够产生大量热。20世纪70年代，生物学家还在这条呼吸线路里发现了一种交替氧化酶（AOX），它们在细胞的"动力工厂"——线粒体中发挥作用，这种酶在植物抵抗低温时同样起着重要作用。后来的研究还发现了另一种起作用的蛋白质。哺乳动物作为恒温动物，它们能够产生大量的热是依赖于一类解偶联蛋白质UCPs，这种蛋白质存在于脂肪组织中，能使动物在寒冷的天气里保持所需的生存温度。然而，德国的几位科学家发现，温血植物细胞内竟然也有UCPs蛋白质。寒冷能够促进产UCPs蛋白质的基因活性大幅提高，从而导致这些植物能够像恒温动物一样抵抗严寒。科学家表示，他们的发现对于研究新型的非生物控制装置，尤其是空调具有重大的作用（图5-22）。

17. 能预测地震、天气的植物

准确预测地震至今还是一个世界性的难题。在自然界中，不少动物能感知地震。然而，科学家们发现，某些植物也能预知地震。

① 含羞草：含羞草对外界的触觉敏感。地震学家们发现，在正常情况下，含羞草的叶子白天张开，夜晚合

图5-22　羽裂蔓绿绒

闭。可在地震来临之前，含羞草就会一反常态，叶片出现白天合闭，夜晚张开，而在强烈地震发生的几小时前，它的叶会突然萎缩，然后枯萎。含羞草的这种反常现象是大地震来临之前的预兆。日本地震俱乐部的成员 1938 年 1 月 11 日 7:00，观察到含羞草开始张开，但是，到了 10:00，叶子突然全部合闭，果然在 13 日发生了强烈地震。1976 年也曾多次观察到含羞草叶子出现反常的合闭现象，结果随后都发生了地震。另外，含羞草还可预测灾害性的天气变化，对突发性的反季节性温差、地磁、地电等变化会产生有违背常规的生长活动。我们可以在居室内摆一些盆栽的含羞草，用来观察预测自然灾害并加以防范。

②蒲公英：我国地震学家很早就注意到植物对地球活动变化的敏感性，发现蒲公英在地震前会提前开花。1970 年，宁夏回族自治区隆德县的蒲公英在初冬季节提前开了花，1 个月后，宁夏回族自治区西吉县就发生了 5.1 级地震，震中距蒲公英开花处仅 66 千米。

③山芋藤：山芋藤在地震前也会反常态突然开花。1972 年，上海市郊区山芋藤突然提前开花，不久，长江口就发生了 4.2 级地震。

④竹子：竹子突然不正常开花，大面积死亡也是地震的先兆。1976 年唐山大地震前，唐山地区和天津郊区都出现过竹子开花的奇异现象，同时那里的柳树梢也出现不正常的枯死；1976 年 8 月 16 日四川省松潘地区发生 7.2 级地震前，平武县境内出现大面积的箭竹开花死亡。

⑤合欢树：合欢树也能预报地震。从 20 世纪 70 年代末开始，科学家们从植物细胞生物电的变化入手，研究植物与地震之间的关系。科学家利用高灵敏的记录仪器，对合欢树实行生物电的测量，并且认真地记录了电位的变化。最终发现，在没有地震的正常情况下，合欢树发出的电信号具有固定的形状，在地震发生前的 10~50 小时，它会出现特别大的电流，发出的电信号形状会呈现锯齿状、波浪状，在余震期间，电流的活动又会相应的渐渐减少。如有海底火山爆发，近海的合欢树就会发出尖刺状的电信号，非常容易辨认（图 5-23）。

为什么植物能捕捉到地震前兆呢？科学家们分析，也许是因为植物的根系能感觉到地温、地下水、大地电位和磁场的变化，从而引起植物发生相应的物理化学变化。科学家们利用植物的异常变化来预测地震已取得了一些进展，但这一研究还刚起步，也很不成熟。我们

图 5-23 合欢

相信，通过科学家们的持续努力，用植物预报地震的理想一定能实现。

⑥"气象"树：安徽省和县高关乡大滕村旁有一棵奇树，当地人称它为"朴树"，这棵树的树龄已经有400多年了，高7米左右，树干粗矮，凹凸不平，树围有3米多，树冠像一把大伞，覆盖面有100多平方米。令人称奇的是，这是一棵能够预报当年是旱还是涝的"气象树"。人们根据这棵树发芽的早晚和树叶的疏密，就可以推断出当年雨水的多少。这棵树如果在谷雨前发芽，长得芽多叶茂，就预兆当年将是雨水多、水位高，往往有涝灾。如果它跟别的树一样，按时节发芽，树叶长得有疏有密，当年就是风调雨顺的好年景。要是它推迟发芽，叶子长得又少，就预兆当年雨水少，旱情严重。几十年来的观察资料证明，它对当年旱涝的预报是相当准确的。

科学家们经过初步调查研究后认为，可能是这棵树对生态环境反应特别敏感，才起了这种奇特的作用。

⑦青冈栎：在广西壮族自治区忻城县龙顶山村旁，发现了一棵能预测晴雨的"气象树"，高约20米，直径约70厘米。这是一棵青冈栎，又名青冈树、铁稠，是壳斗科的常绿乔木。晴天时，树叶是深绿色；下雨前1~2天，树叶会呈红色；雨过天晴，树叶又会恢复为绿色。科技人员研究认为，这棵树对气候变化非常敏感。它对气候反应敏感的原因是因为叶中所含的叶绿素和花青素的比值变化形成的。在长期干旱之后，即将下雨之前，遇上强光闷热天气，叶绿素合成受阻，使花青素在叶片中占优势，叶片逐渐变成红色。有的农民群众就根据这个信息来预测气象，安排农活。

18. 能美容的植物

①芦荟：芦荟是天然的美容品，在夏威夷或者墨西哥应用十分广泛。芦荟系百合科多年生常绿草本植物，叶中含有丰富的黏液，这种黏液以多糖类为核心成分，是防止细胞老化和治疗慢性过敏的重要成分，能使皮肤变得白嫩柔滑，对皮肤粗糙、面部皱纹、疤痕、雀斑、痤疮等均有一定疗效。大多数药用植物一般都需要经过蒸煮或溶解等处理措施后才能使用，而芦荟植物却可以随时使用。只要折断芦荟的叶子，就会有黏液——芦荟油流出，流出的芦荟油可直接涂摸到皮肤上。芦荟油这种凝胶体还具有康复的功效，短时间内就可以缓解紫外线造成的皮肤晒伤。据说非洲一代艳后容颜不老的秘方就是用芦荟汁沐浴。由此推知，约在四千年前，人类已经认识并懂得利用芦荟了。

②玫瑰：蔷薇科植物玫瑰无论色泽、芳香、姿态，甚至花瓣柔滑的触感，都是群芳中的佼佼者。不仅如此，玫瑰还是应用最广泛的美肌植物之一。玫瑰中富含多种维生素、葡萄糖、果糖、柠檬糖等有益人体健康的营养物质，对人体肌

五、神奇的植物荟萃

肤有保湿滋润、控油收敛、紧致毛孔，促使肌肤美白细腻，不泛油光和延缓衰老等功效。另外，玫瑰香气能舒缓情绪，放松心情，可给人安心与幸福感，消除压力，能进一步提升美肌效果（图5-24）。

图5-24 玫瑰

能美容的植物其实还很多。如根据相关资源介绍，银杏的叶含有必需氨基酸，帮助合成胶原蛋白，可紧致肌肤，使皮肤保持光泽与弹性。黄精能保湿、抗菌和抗氧化，驻颜美肤和益气生津、防老抗衰。灵芝是衰老肌肤的救星，因含有极丰富的稀有元素"锗"，还有强身养命，促进新陈代谢和延缓老化的作用。益母草能行血保湿，不但是妇科良药，也有滋养肌肤的效果，是一味地道的美容珍品。白芷、白附子、白术、白茯苓、白芨、白蔹、白芍等植物中药制成的七白膏，更能让肌肤白皙通透。另外，黄瓜、柠檬、当归、杏仁、番茄、矢车菊、洋甘菊、茶叶等也有保健强体和养护肌肤等功效，同样是天然的美容植物。

19. 能驱蚊的植物

蚊净香草：又名驱蚊树。这种植物不是天生就有的，而是澳大利亚植物学家迪克小组十多年来通过生物工程技术，改变天竺葵的染色体结构，从而获得具有新的遗传结构的芳香类天竺葵科天竺葵属多年生草本观叶植物。该植物兼具天竺葵独特的释放功能和另一类植物中内含的香茅醛物质，因此，正如它的名字一样，具有神奇的作用。它生长所散发的香茅气体不仅芳香怡人，具有除臭和净化室内烟味等有害气体，而且是蚊虫的克星，另外还能起到抗发炎、抗病毒、杀菌、祛痰、平喘的作用。一盆冠幅20~30厘米蚊净香草的驱蚊面积为10~20平方米。随着植株的长大，效果就更加突出。如果在其叶面上喷洒雾状的清水，驱蚊效果也明显提高。该植物已在美国、加拿大、日本、澳大利亚、新加坡等国家和中国香港、台湾地区成功引种。目前，日本年销量在40万株以上，30厘米冠幅的蚊净香草每株价位高达40多美元。

还有不少植物也会散发出一些气味或者特殊的化学物质，有驱蚊的效果。常见的有夜来香、薄荷草、艾草、茉莉花、香茅、薰衣草、天竺葵、紫苏、万寿菊等。这些植物常常能夜间散发出浓郁的香味，醇香醉人，这种香味却令蚊子害怕，是驱蚊佳品。

20. 能当"用品"的树

①"牙刷"树：在坦桑尼亚的坦噶尼喀，有一种被称为"洛菲拉"的特殊小乔木，它的树枝木质纤维柔软而富有弹性，稍加削磨加工，就成为一把良好的牙刷。由于树中含有大量皂质和薄荷香油，用这种"天然牙刷"刷牙时不需要牙膏或牙粉，也能产生满口泡沫，还有清凉爽口的感觉。当地人都用这种天然牙刷来刷牙。

②"洗衣"树：位于地中海南岸的北非国家阿尔及利亚，冬季湿润，夏季干热。在这里有一种十分奇特的树，主干挺直，树皮红色，枝粗叶阔，进入树林就仿佛来到了一座绿顶红柱的天然宫殿之中。当地居民称这种树为"普当"，意思是"能除污秽的树"。只要把脏衣服捆在树身上，几小时后，在清水中漂洗一下，就很干净了，因此称它为"洗衣树"。原来，在普当树的树皮上有很多小孔，能分泌黄色的碱性汁液，这是它自觉排除体内多余碱性的一种适应环境的方式。这种碱性汁液具有清除污秽的功效。

③无患子：又名油患子、洗手果、黄金树、假龙眼，是无患子科落叶乔木，在我国东部、南部至西南部分布广泛，生长快，易种植养护，每年结一次果（图5-25）。其果皮含无患子皂苷等三萜皂苷，可直接用来代替肥皂洗涤，也可制造"天然无公害洗洁剂"，用于餐具清洁、美容、洗头等日常洗涤和皮肤保健。用无患子果皮做的天然无公害洗洁用品——无患子皂乳、无患子手工皂等天然植物洗洁用品在日本、中国台湾、韩国、美国等国家已经相当流行。特别是欧洲人，更是喜欢将无患子的果皮，不经加工，原原本本的包裹在棉织袋子内，泡水

图 5-25　无患子

搓挤，使其产生泡沫，直接用于洗衣、洗头、洗身。

无患子的果核可用于制作天然工艺品及佛教念珠。其种仁含油量高，也可用来提取油脂，制造天然滑润油和生物柴油。无患子树形美观，叶片到秋天变成黄色，是良好的色叶树种，对二氧化硫抗性也较强。因此，它不仅是重要的工业原料树种，也是城市和农村生态绿化的好树种。

④"鞋子"树：在非洲利比亚东北部的梭那村里，生长着一种树，树高30多米，树叶像一块长方形的硬底板，长30多厘米，犹如鞋底，周围生有青色的叶衣，就像鞋帮一样。叶子除边缘比较柔软以外，中间厚而坚硬，很像自然生成的长方形的鞋底。当地居民要穿鞋子，就摘下树上的叶子，将叶子缝上几针，便成了一双"鞋子"。当地人每逢雨天或走远路时，都喜欢穿这种"树鞋"。这种鞋一般可穿一星期。

⑤"衬衣"树：在美洲南部的巴西，生长着一种奇特的树。因为它的树皮可做成衣服，故被当地居民称为"衬衣"树。这种树高大粗壮，呈圆柱状，树皮竟可以十分完整地剥下来，仍保持原来的圆柱形状。如果把这种树皮放到水里浸泡，然后取出来用木棍轻轻捶打，漂洗干净，晾干，它就可像布匹一样柔软结实。当地的印第安人十分喜欢用"衬衣"树的皮来做衣服。

⑥"布"树：乌干达有一种"树皮布"树。一棵生长10年左右的树，其树皮可加工成长5米、宽2米多的一块"布"，可以做衣服、床单等。当地农民经常加工这种"树皮布"。

⑦"棉花"树：云南省有一种"棉花"树，树上结出的"棉桃"可以纺纱、织布，用来做衣服。"棉花"树是一种锦葵科的小乔木，高3~5米，每年春秋各结"棉桃"1次，3年生的树每次可结"棉桃"300多个，以后逐年增加，10年生的可达1 500个左右。这种木棉纤维长达30~40厘米，品质轻柔，能纺60支以上的细纱。缺点是纤维长短不一、不够洁白。

⑧"凉席"树：几内亚有一种外形酷似芭蕉的巨型阔叶树，四季常青，高7~10米左右，叶子长7米多，宽3米以上，叶面光滑，有一种特殊的香味。当地人常把这种叶子当凉席使用，既方便又凉爽。

⑨"味精"树：云南省贡山独龙族怒族自治县有一种阔叶磊树，它状如古柏，叶大如掌，叶肉厚实，皮和叶具有类似味精的鲜味。人们煮肉或炒菜时，只要摘一片树叶或刮一点树皮放入锅内，菜肴便会格外鲜美。多少年来，当地居民把这棵树的叶和皮当做味精来使用，人们称它为公用的"味精"树。

⑩"醋"树：我国华北、西北地区普遍生长着一种叫沙棘的小乔木，又名醋柳，其果实成熟后采摘起来压成汁，色味如醋，当地人用来代替醋用。

⑪ "刻书" 树：在印度和斯里兰卡热带地区，有一种树叫贝叶棕，是一种棕榈科的常绿乔木，我国华南、东南及西南省区都有引种，是热带地区绿化环境的优良树种。它树高 20 多米，胸径达 1 米左右，树姿仿佛棕榈和蒲葵。树叶很大，连叶柄长达 2~3 米，有掌状分裂，叶面光滑而坚韧，它折皱的小叶有 2~3 个手指那样宽，可当做纸张。用刀在上面刻字，然后涂上墨汁，再抹干净，刻纹上就显出黑色文字，串装成册就成为一种特殊的书。佛教上赫赫有名的 "贝叶经" 就是用贝叶棕之叶片制作而成的。我国西双版纳的寺庙里，还保存有古代的贝叶经。因为贝叶棕在文化上有着重要价值，西双版纳地区的傣族人民视贝叶为自己文化发展的象征，并常常以此引为自豪，甚至对贝叶棕加以神化（图 5-26）。

图 5-26　贝叶棕植株（左）、叶片制作（右）

21. 能当 "农药" 的植物

除虫菊能当作农药，不仅可杀灭蚊虫，还能杀灭小麦、水稻、林木等上面的害虫，被称为理想的 "植物源农药"。除虫菊是多年生的草本植物，一般能长到半米多高。它的叶子呈羽毛状，带有深深的裂纹。在叶子中，簇拥着一朵朵的花瓣，就像野菊花一样。它的花朵中含有 0.6%~1.3% 的除虫菊素和灰菊素。这是一种无色透明的黏稠液体，别看它的浓度不高，只要蚊虫不小心接触到它，神经立刻就会麻痹，最终中毒而死。蚊香中的有效成分就是从除虫菊中提炼的。

可用来制备杀虫杀菌剂的植物其实不少。如辣椒成熟的果实有杀虫作用，但以外种皮和种子中杀虫物质含量最高。大蒜植株的各部分均含有大蒜素，可杀灭细菌、真菌和线虫等。烟草含有烟碱，具有防治各种蔬菜蚜虫、菜青虫、潜叶蝇、螨类、菜螟等作用。蓖麻植株各器官均含有蓖麻碱，有使昆虫产生麻痹中毒的药理作用。川楝、苦楝等楝科植物的根、叶和果实中均含有苦楝素，有杀虫、驱虫等功效。泡桐叶的剂液能杀死地老虎。桑树叶的液剂可治棉蚜和红蜘蛛等等。植物源农药无残留，无污染，没有不良影响，在农作物病虫害的无公害防治上意义重大。

22. 能"蓄电"的树

在印度有一种奇特的电树，它的树叶带有强烈的电荷，如果人们从树旁经过，一不小心碰到了它的枝条，便会被电击得很难受。这种"电树"能影响指南针的磁针。人们把指南针放在距它25米以外的地方，就会看到磁针在剧烈摆动。经科学家研究发现，原来这种树具有发电和蓄电的本领，并且蓄电量和电压随着时间变化而变化。中午，太阳光最强，温度最高，它的蓄电量最大，电压也最高。而到了午夜，它的蓄电量最小，电压也最低。当地人常用它做篱笆，以阻拦盗贼、罪犯或野兽。

23. 能抗火的树

有些树木不易燃烧或点燃后燃烧也难于维持，或者是遭火烧后具有较强的萌芽再生能力，尤其是有较强根蘖能力的树，如木荷、苦槠、火力楠、广玉兰、油茶、红花油茶、杨梅、乳源木莲、深山含笑和毛竹等，它们的抗火能力都比较强。

① 木荷：也叫木围，是山茶科常绿乔木，分布于我国浙江省、福建省、江西省等南方一些省市。木荷既是一种优良的绿化、用材树种，又是一种较难燃的耐火、抗火树种。这种树的含水量很大，为树体总重量的43%左右，生长旺盛的部位含水量会更大，而油脂的含量又很少，仅为6%。如果用木荷来种植成防火林带，当森林大火烧到这种防火林带时，大火就会自行熄灭，靠近火焰的木荷树也不过30%~50%的树叶被烤焦，但树身绝不致烧死。它的生命力很强，烤伤的树枝第二年又可以萌发新叶。因此，称其为"抗火树"，是用来营造生物防火林带的重要树种。

② 苦槠：又叫苦槠子，是壳斗科常绿乔木，分布于我国中国长江以南五岭以北各地，树冠浓密，不仅观赏价值高，而且因为树叶厚革质，鲜叶可耐425℃的着火温度，兼有防风、避火作用，加上萌芽力强，也是很好的防火树种。

24. 能致幻的植物

有的植物因体内含有某种有毒成分，当人或动物吃下这些植物后会产生神经或血液中毒。中毒后的表现多种多样：有的精神错乱，有的情绪变化无常，有的头脑中出现种种幻觉，常常把真的当成假的，把梦幻当成真实，从而做出许许多多不正常的行为来。

常见的致幻植物有苦艾草、迷幻蘑菇、曼陀罗、小韶子、卡瓦根、乌羽玉仙人掌、迷幻鼠尾草等等。随着人类的进步和科学的发展，人们逐渐弄清了它的有效化学成分和致幻机理，它已成为药用植物宝库的重要组成部分，正在为治疗精神疾病发挥积极作用。

① 苦艾草：菊科多年生丛生植物，产于东南欧、西亚地区，具浓烈香味（稍有辛辣味），成株高约 1 米，夏季开花，生命力旺盛。植株含有侧柏酮（苦艾脑），叶片常被用于制作花露水、香醋时的材料，欧洲人也常泡茶饮用。让此类植物出名的是 19 世纪吉普赛人喜爱饮用的苦艾酒。大多数喝过苦艾酒的人都形容这是一种"清醒"的陶醉，类似于"神智清醒的酩酊"。

② 迷幻蘑菇：是一类有剧毒非食用的毒蕈，主要是生长在北欧、夏威夷、西伯利亚及马来西亚一带属于带有神经性毒素的鹅膏菌科的"毒蝇伞"，以及产于苏格兰的野生"裸盖菇"。这类毒蕈含有两种被国际上禁止的化学成分——二甲四羟色胺和二甲四羟色胺磷酸，与迷幻药 LSD 相似，会刺激交感神经，服用后会使人产生多重的幻觉。如果大剂量摄入，将会严重危害身体健康。已被列为二级毒品。

③ 曼陀罗：属茄科野生直立的木质一年生草本植物，在低纬度地区可长成亚灌木，原产自亚洲的热带及亚热带地区，中国各地均有分布。全株有剧毒，以果实特别是种子毒性最大，嫩叶次之，干叶的毒性比鲜叶小。主要有毒成分为莨菪碱、阿托品及东莨菪碱等生物碱，它们都是一种毒蕈碱阻滞剂，有兴奋中枢神经系统，阻断 M- 胆碱反应系统，对抗和麻痹副交感神经的作用。曼陀罗中毒，一般在食后半小时，最快 20 分钟出现症状，最迟不超过 3 小时，严重者出现幻觉、晕睡、痉挛、紫绀，最后昏迷死亡（图 5-27）。

④ 大麻：桑科一年生直立草本植物，高 1~3 米。体内含有四氢大麻醇毒素，可用来作麻醉剂。如少量服用，具有兴奋作用。如用量过多，能使人瞳孔扩张，血压升高，运动失调，全身震颤，逐渐进入梦幻状态。

⑤ 罂粟：罂粟科一年生草本，高 0.5~1.5 米，有数量很多

图 5-27　曼陀罗

的亚种和变种，花色各异，色彩艳丽，蒴果球形或长圆状椭圆形，含吗啡、罂粟

碱等，可制成鸦片，是被禁止栽种的植物。

⑥ 乌羽飞：为仙人掌类植物，原产地是南美洲，在南京中山植物园温室中有栽种。它的体内含有一种生物碱——"墨斯卡灵"，人吃后1~2小时便会进入梦幻状态。通常表现为又哭又笑、喜怒无常。

另外，巴西有一种豆科植物，它含有蟾蜍色胺，也具有致幻作用。当地人常把它碾碎后做鼻烟，闻后不久便会失去知觉。当知觉恢复后，感到四肢发软无力，所看到的东西和景物都是倒立的，并产生种种荒唐而离奇的幻觉；南美洲北部也有一种金尾科植物，含有哈尔朋或类似的有毒成分，食后能产生愉快的感觉或出现知觉障碍，皮肤不敏感。在幻觉中觉得周围景物在作波浪式运动，闭目遐想，眼前会出现各种漂浮不定的神奇景象，食者本人却对此深信不疑。

由于致幻植物引起的症状和某些精神病患者的症状颇为相似，药物学家因此获得新的启示：如果利用致幻植物提取物给实验动物人为地造成某种症状，从而为研究精神病的病理、病因以及探索新的治疗方法提供有效的数据，那将是莫大的收获。

25. 能致癌的植物

中国预防医学科学院病毒学研究所对植物所含物质的致癌作用进行了研究。检出52种植物含有致癌物质，这些植物多属大戟科和瑞香科。常见的有铁海棠、变叶木、乌桕、红背桂花、结香、了哥王、苏木、广金钱草、黄毛豆付柴、假连翘、射干、鸢尾、银粉背蕨、黄花铁线莲、曼陀罗和红凤仙花等。

26. 能治病的树

在种类繁多的植物世界中，有一些非常普通的植物，它们虽然貌不惊人，但却有着神奇的药用价值。

① "抗癌"树：三尖杉是三尖杉科常绿乔木，是亚热带特有植物，产于浙江省、安徽省南部、福建省、江西省、湖南省等省区。它的树皮是灰色的，叶子是长条形的，跟一般的杉树相似。但它的枝、叶、花、种子可以提取20多种生物碱，尤其是含有高三尖杉酯碱和三尖极碱脂，对血癌（白血病）和淋巴肉瘤有显著疗效。据报道，250千克三尖杉木材可提取1克的高三尖杉酯碱。因此，三尖杉是重要药原植物。

据研究报道，植物中的十大抗癌明星是：三尖杉、长春花、红豆杉、八角莲、鸦胆子、冬凌草、莪术、薏苡、秋水仙和喜树（图5-28和图5-29）。

图 5-28　三尖杉　　　　　　　　　　　　　　图 5-29　红豆杉

②"治病"树：在美国迈阿密小哈那区，有一户人家砍倒了一棵奇怪的树。没想到，树干上的液汁创造了奇迹，它使一个 91 岁高龄的老盲人双眼复明，还使一个患严重关节痛的妇女消除了疼痛。这棵树是加勒比热带树，俗称"海滩葡萄"。经专家鉴定，这种树的液汁里含有一种特殊的物质，它能有效地清除眼睛里产生内障的黏质物，使盲人复明，并有消除腹泻、痢疾的功能。

③接骨树：接骨木是忍冬科落叶灌木或小乔木，株高一般不到 6 米，分布于我国华北、华东和东北各地。此外，欧洲和日本也有分布。因其生命力极强，故又被称做扦扦活。接骨木能舒筋血、活脉络。最早发现其药用价值的是我国古代劳动人民。

我国西南少数民族地区就流传着有关接骨木的传说。据说，早先有一位郎中，苦于找不到一种能帮助断骨愈合的药物，整天在山里寻找草药。一次他上山采药，砍伤了一条蜈蚣，结果发现另一条蜈蚣抬来了一片树叶，敷在受伤蜈蚣的伤口上，伤口很快长好了。这树叶就是接骨木的叶子。传说固然是虚构的，但接骨木的作用却不容忽视，因为它对于跌打损伤确实有着奇特的治疗效果。接骨木的茎、叶都能入药，主治风湿痹痛、跌打损伤、筋脉不利。

④"皮肤"树：在墨西哥的奇亚巴斯州生长着一种称为"特别斯"的神奇的树。它对治愈皮肤烧伤有特殊的疗效，因此，人们又称它为"皮肤树"。"特别斯"树高达 8 米，只生长在奇亚巴斯一带。据说，早在玛雅文化时期，玛雅人就

已知道了"特别斯"的特殊性能。他们把生长了8~9年的"特别斯"的树皮剥下来晒干，用来烧制玉米饼，再把燃烧后的树皮研碎细筛，将咖啡色粉末敷在烧伤部位，创面很快就能长出新的皮肤。经卫生专家实验确定，它具有极强的镇痛性能，含有两种抗生素和强大的促使皮肤再生的刺激素。墨西哥红十字会医院曾用"皮肤树"治愈了2 700名大面积烧伤的病人。真正在现代医院里大规模使用"皮肤树"医治烧伤还是近几年的事。目前，在欧洲、日本和美国都已经开始使用"皮肤"树医治烧伤了。

⑤ 阿斯匹林树：原产于卢旺达的原始森林里，是一种非常奇特的丛生常绿灌木。其树叶和枝条中的汁液含有一种类似解热镇痛药物阿斯匹林（APC）的化学成分，能够治疗重感冒、退烧和防治风湿性疾病，因此，当地居民把这种树称做阿斯匹林树。阿斯匹林树在卢旺达很多，当地居民患感冒发烧时，通常不去医院治疗，而是摘下一些阿斯匹林树叶片，放在嘴里细细咀嚼，一般只需过半小时即可退烧。如果感冒较重，就每天多嚼几次树叶，连续嚼上几天，感冒就可治愈。用这种树叶代替阿斯匹林治病，既简便有效，又可节省开支。据化学家和药物学家鉴定，这种树中的天然阿斯匹林，没有副作用和过敏性反应，比人工合成的阿斯匹林还好。由于卢旺达有这种奇特的树，所以阿斯匹林药片在那里几乎没有销路。

其实，能治病的植物举不胜举，中医上用来防治疾病和医疗保健的中药材大多来自植物。我国就有药用植物达3 000多种，其中，不少还是名贵药材。利用药用植物或其制造的药品，对治疗疾病、保障健康有独特的明显作用。以中药材为主要基础的中医起源于中国，至今已有数千年的历史，一直领先世界，是中国的"国粹"。

六、现象探秘

（一）森林植物的自然现象探秘

1. 为什么森林中松柏等树木往往有修长的主干

森林是以乔木为主的生物群落，具有丰富的物种，复杂的结构。在这样的环境中，乔木植物为了在生态系统中占据优势，顶端就"拼命"向上生长，以获得充足的阳光和生长空间。特别是阳性植物，若不这样，它就得不到光照，也就难以生存下来。这是植物的自然竞争现象。那植物为什么会不断地长高呢？这是植物顶端优势作用的结果。顶端优势是指植物的顶芽优先生长，而侧芽生长受抑制的现象。植物顶芽产生的生长素运输有极性，即向下运输，而植物不同部位对生长素的敏感程度不一样，生长素浓度在·定范围内能促进生长，但高了反而会抑制生长。生长素不断地向下运输，大量地积累在侧芽部位，侧芽因为生长素浓度较高而生长受到抑制，但顶芽能不停的生长。因此它们的直向生长明显大于横向生长，使得植物几乎都具有明显的主干。松柏类等乔木植物大多喜阳，长期的自然竞争和进化，使得它们在林中为了获取阳光和生长空间，其顶端优势更为突出，顶芽生长迅速，从而具有修长的主干。而单独生长的同一种树（独

图 6-1 树木修长的主干

立木）因为没有竞争对手，顶端优势得不到充分展示，高生长相对变慢，而侧枝生长相对比较旺盛（图6-1）。

2. 为什么高山上的树木比平地上的矮小

高山上的树木比平地上的矮小，主要原因：一是高山上土层较薄，营养较为匮乏，水分较少，难以满足树木正常生长所需的水分和营养物质；二是高山海拔高，空气稀薄，紫外线强烈，抑制了植物的生长；三是与平地比较，高山风力较大，气温较低，湿度较低，使树体中成熟细胞也不能扩大到正常大小，导致所有器官都小型化、矮化，生长发育迟缓；四是高山风力较强，受到摇晃、震动的机械刺激大，影响了植物的正常生长。高山植物降低了生长量，植株变得矮小，是其主动适应高山不利环境的选择和结果。

3. 为什么高山上和海岸边的树长得像一杆旗

在高山和海岸边，我们常常会见到这样的一些树木，它们的枝叶在树干的一侧长得好而另一侧长得很差，远看就像一面绿色的旗子插在地上，形成"旗形树"，如黄山上的"迎客松"。原因是：高山和海岸边不仅风多、风力较大，而且定向风多，风速也快。这样，会加快叶子的水分蒸发。在盛吹定向强风的环境下，树木向风面的叶片往往因过度蒸发引起枯萎甚至死亡，最后导向风面树枝较多的枯萎死亡。向风面的树木枝芽也会受风的袭击而遭到损坏甚至被折断。因此，向风面的枝条就长不好。即便能长出枝条，但这些枝条也因受风的压力影响往往弯向背风的一侧。而背风面的叶片水分蒸发会相对少一点，芽体也因为受风的影响较小而存活较多。长此以往，这些地方的树木往往就变成了旗形树。当然，背风面虽然能生长枝条，但也比正常环境下树木的枝条长得差。因此，我们根据旗形树树冠的朝向，可以判断那里的风通常是什么风向（图6-2）。

图6-2 "旗形松"

4. "山中只见藤缠树，世上哪见树缠藤"，为什么藤能缠树

藤是攀缘植物中的一种，攀缘植物自身不能直立生长，需要依附它物，由于适应环境而长期演化，形成了卷须、吸盘、气根、勾刺等特殊器官，因而具有攀缘特性。根据不同的攀缘习性，可分为缠绕类、吸附类、卷须类和蔓生类。缠绕

类依靠自身缠绕支持物而向上延伸生长，攀缘能力强。常见栽培的有紫藤、金银花、木通、油麻藤、茑萝、牵牛、何首乌等；卷须类依靠特殊的变态器官——卷须（由茎变态演变而来的称茎卷须，由叶变态演变而来的称叶卷须）而攀缘，攀缘能力也很强，如葡萄、葫芦、丝瓜、西番莲、香豌豆等；吸附类有气生根或吸盘，二者均可分泌黏胶而将植物体粘附于他物之上，依靠黏附作用而攀缘，如具有吸盘的爬山虎、五叶地锦，具有气生根的常春藤、凌霄、扶芳藤、络石、薜荔等；蔓生类没有特殊的攀缘器官，为蔓生的悬垂植物，仅依靠细柔而蔓生的枝条攀缘，攀缘能力最弱，但垂吊效果好。有的种类枝条具有倒钩刺，在攀缘中起着一定的作用，个别种类枝条先端偶尔缠绕。常见的有蔷薇、木香、叶子花、藤本月季等。"藤缠树"就是植物的攀缘特性所致。攀缘植物既可攀爬，又可垂吊，在园林绿化中有着不可替代的作用。

5. 为什么树干基本上都是圆形的

这是自然界中树木为适应环境条件，有利自身更好生长而长期进化的结果。我们知道，在周长相同的情况下，圆形的面积最大。这样，圆形树干中导管、细胞等的数量可以达到最大值，树干输送的水分和养料的能力也就最大；其次，圆柱形的体积也比其他柱体的体积要大，树干的承受力也就能达到最大值，可强有力地支撑着树冠，而不易变得弯曲；再者，在相同体积下，圆柱的表面积最小，这样树木的茎与空气的接触面就达到最小，水分蒸发量也能控制到最小的程度。此外，圆柱形的树干还可以有效地防止外来伤害。由于圆柱形表面积小，又没有棱角，当风吹过时候，风的阻力小，并可以顺着圆柱形的树干擦过，减轻了风对树体的摇摆和对树干的伤害，起到了自我保护的作用。

6. 为什么树木会有年轮

树木的木质部中有形成层，它能使木本植物长粗长高。形成层的活动受季节影响很大，特别是在有显著寒、暖季节的温带和亚热带，或有干、湿季节的热带，形成层的活动就随着季节的更替而表现出有节奏的变化。温带的春季或热带的湿季，由于温度高、水分足，形成层活动旺盛，所形成的木质部细胞径大而薄；温带的夏末、秋初或热带的干季，形成层活动减弱，形成的细胞径小而壁厚。前者在生长季节早期形成的，称为早材，又称春材。早材细胞空隙较

图6-3 树木的年轮

大，细胞纤维少，因而质地疏松，颜色较浅。后者在生长季节晚期形成的，称为晚材，又称夏材或秋材。晚材细胞空隙小，纤维成分较多，细胞沉积物也较多，所以颜色较深，质地致密。从早材到晚材，随着季节的更替而逐渐变化，虽然质地和色泽有所不同，但是不存在明显的界限。而在上年晚材和当年早材之间，却有着显著差异，二者存在非常明显的分界，这就形成了树木的年轮（图6-3）。

7. 为什么"树怕剥皮"

木本植物的树干结构从外向里依次是为树皮、形成层、木质部和髓，而树皮的结构从外到里是表皮、皮层和韧皮部。形成层中有韧皮部，韧皮部在树干的皮层和木质部之间，由筛管和伴胞、筛分子韧皮纤维和韧皮薄壁细胞等组成。筛管是树叶光合作用制造的有机物质向下运输的通道。当树被剥了皮之后，树皮内部输送营养的韧皮部的筛管就被破坏了，有机物质就无法往下输送。因此树干被剥皮的以下部位就得不到有机的营养物质。当树体主干的皮层整圈被环剥以后，环剥圈下部的树干特别是树的根部就要缺乏有机营养物质，树根就会失去生命，因此整株树木就会枯死。

8. 为什么树芽不怕寒冬

芽是尚未发育成枝或花的雏体。芽的结构由芽轴、生长锥、叶原基、幼叶（芽片）、腋芽原基、鳞片组成。树芽的幼叶（芽片）一层卷着一层，包得严严实实，像层层紧身的衣服。芽的外面包有厚厚的鳞片，鳞叶上长满了毛茸茸的细毛，就像给里面的嫩芽穿上了一件毛皮大衣，加上有的芽鳞表面很光滑，但有蜡质，像是打了一层蜡，有的芽鳞上面还包裹着稠密的黏液。嫩芽有了这些特殊的防寒装置，就不怕寒冬了，还可以防止水分的流失。此外，晚秋和冬季时，树体，包括树芽中的脱落酸含量增加，也能提高其抗寒性能。

9. 为什么植物的根向下生长而茎向上生长

这是地心引力在起作用的结果。植物受到单方向的外界刺激之后，会发生单方向的反应，植物学中称为"向性"。植物的向性除了常见的向光性运动外，还有向重力性（也叫向地性）运动。如果把一株植物水平放置不动，经过若干天，植物的根会向下弯曲（正向地性）生长，而茎向上弯曲（负向地性）生长。地心引力为什么会诱导根和茎发生反向的弯曲生长呢？这与植物体内的生长素有关。生长素是一种植物激素，浓度低时促进生长，浓度高时抑制生长。根和茎的生长对生长素浓度的反应不同：生长素浓度低时促进根生长，浓度高时抑制根生长，但促进茎生长，浓度更高时则抑制茎生长。当植株平放时，由于地心引力的作用，生长素移向下侧，茎部下侧生长素浓度高，生长比上侧快，使茎尖向上弯曲；根部下侧生长素浓度高到产生抑制的作用，生长比上侧慢，使根尖向下弯曲。

10."根深叶茂"，为什么根深才能叶茂

"根深叶茂"是一个成语，意思是根扎得深，叶子就茂盛，比喻基础牢固，就会兴旺发展。从生物学上讲，这是很有科学道理的。因为，植物地上部分的枝叶与地下部分的根是相互依赖，他们之间不断进行着物质、能量和信息的交换或传递。植物根系的主要功能是使植物体固着在土壤中，并从土壤中吸收水分和无机盐类。植物地上部分能挺立着，主要归功于根内牢固的机械组织和维管组织，将植物体牢固地固着在土壤中，使植株维持重力的平衡。植物所需要的水分基本上靠根系吸收。根在吸收水分的同时，也吸收了溶于水中的矿物质、二氧化碳及氧。根所吸收的物质通过根中的输导组织运往地上部分的茎、叶等各部分，同时植物又通过茎把叶片制造的有机物质运送到根部，从而维持植物地上部分与地下部分的协调生长与发育。植物只有根系发达，深深扎根于土壤之中，才能很好地经受风雨和其他机械力量的袭击，并充分地吸收土壤中的水分和无机盐类，特别是在表层土壤水分不足的情况下，可更好地吸收土壤深处的水分及其无机盐，以满足整个植物体生长发育的需要。因此，一般来讲，根系发达并深扎的植物，才能枝叶繁茂。"根深叶茂"形象地概括了植物地上部分与地下部分的密切关系。

11.为什么有些植物会长出气生根

植物的根具有吸收、输送、贮藏、固着的功能，少数植物的根也有繁殖的作用。通常根向下生长，是藏在地面以下的，然而有些植物的根不长在地下，而是长在空气中，甚至向上生长呢。这类生长在地表以上的空气中，能吸收气体或支撑植物体向上生长的根，就是气生根，是比较特殊的一类根。植物长出气生根是特定环境下植物为了更好地支撑（或固定）植株，或者是为了辅助呼吸和吸收水分、养料，是植物适应生长环境的需要。气生根一般分为3种类型，类型不同，其作用也有所不同。

（1）攀援根

常从藤本植物的茎藤上长出，根的先端扁平，能够分泌黏液，可以用来攀附于其他物体上，犹如蜘蛛侠的手臂，帮助细长柔弱的茎秆向上生长，如常春藤、凌霄等（图6-4）。

图6-4 攀援植物——常春藤

（2）支柱根

从茎秆上或近地表的茎节上长出，向上长在地面以上空气中，向下伸入土壤中，能够支持植物直立生长，还有辅助呼吸和吸收水分、养料的作用。如玉米、榕树等的支柱根（图6-5）。

（3）呼吸根

有些植物，由于长期生活在缺氧的环境中，逐步形成了一种向上生长而露出地表或水面的根。这些根通常有发达的通气组织，可把空气输送到地下，供给地下根呼吸，因而叫做呼吸根。如生长在水边或水中的池杉、落羽杉的气生根就是用来辅助呼吸的（图6-6）。

图6-5　玉米的支柱根　　　　　　　　　　图6-6　池杉的呼吸根

12. 为什么榕树能"独木成林"

榕树是桑科榕属高大常绿乔木的统称，性喜阳光充足、温暖湿润的气候，一般高的可达25米以上，且树冠广展，枝繁叶茂。不少榕树的枝条上生长有气生根，在温暖湿润的环境下更容易生长出气生根。气生根向下伸入土壤中，会不断增粗形成新的"树干"，称之为支柱根。支柱根不分枝不长叶，具有吸收水分和养料的作用，同时还支撑着不断向外扩展的树枝，使树冠不断扩大。这样，干根交织，柱根相连，柱枝相托，枝叶扩展，最大树冠可达上万平方米，就形成遮天蔽日、独木成林的奇观（图6-7）。

13. 为什么苔藓植物和蕨类植物都喜欢长在潮湿的地方，而且长得也很矮小

苔藓植物和蕨类植物都属于高等植物，但只是属于高等植物中构造较简单的一类。苔藓植物无根，有茎、叶的分化，不能开花结实。蕨类植物有了根、茎、叶的分化，体内的维管束有输导组织，一般长得比苔藓植物高大一点，但也不结

图 6-7　榕树

种子。它们都只能象菌类、藻类和地衣一样，用孢子繁殖后代，属于孢子植物。而孢子繁殖离不开水，因此，适生于荫湿处。

苔藓植物无根，且体内没有维管束组织（即没有导管），这样就无法有效地大量运输水分和无机盐。如果它长得过大，水分、无机盐等会供应不足，暴露在太阳下也会因缺水而死亡。况且由于无机械组织，也无法挺起。蕨类植物的根通常为须根状的不定根，茎中的维管束组织很不发达，且大多为根状茎，匍匐生长或横长。这样也难以有效地支持植株和运送水分、无机盐。因此，这两类植物的植株都比较矮小。

14. 为什么有些树木到了秋天树叶会变黄或变红

在植物的叶子里，含有许多天然色素，如叶绿素、花青素、胡萝卜素和叶黄素。叶的颜色是由于这些色素的含量和比例的不同而造成的。

春夏生长季节，叶片中叶绿素的含量较大，而叶黄素、胡萝卜素的含量远远低于叶绿素，因而它们的颜色不能显现，叶片显现叶绿素的绿色。由于叶绿素的合成需要较强的光照和较高的温度，到了秋天，随着气温的下降，光照的变弱，叶绿素合成受阻，而叶绿素又不稳定，见光易分解，分解的叶绿素得不到应有的补充，所以叶中的叶绿素比例降低，而叶黄素和胡萝卜素则相对比较稳定，不易受外界的影响，因而，叶片中的叶黄素、胡萝卜素开始显露，叶片就逐渐由绿色

图 6-8　无患子

变为黄色，如无患子（图 6-8）。

在植物的叶子中储藏有光合作用产生的淀粉，淀粉只有转化成葡萄糖，才能输送到植物的各部分去。但是，到了深秋季节，天气变冷，叶子在白天制造的淀粉由于输送作用的减弱，到了晚上也不能完全变为葡萄糖运出叶子，同时叶子内的水分也逐渐减少，于是葡萄糖就留在叶子里，浓度越来越高。而葡萄糖的增多和秋天低温有利于花青素的形成。所以，花青素含量逐渐增多而叶绿素含量逐渐降低。花青素是一种不稳定的有机物，本身没有颜色，当它遇到酸性物质时变成红色，遇到碱性物质时会变成蓝色。枫树、槭树、黄栌等植物的叶片到秋天由绿变红，是因为这些树的叶细胞液是酸性的，花青素在酸性的叶细胞中呈红色，所以树叶就变成了红色。

不仅如此，花青素的颜色也会随环境中存在的不同的金属离子而改变，所以同一种花青素在不同的花中，或是同一种花由于种植的土壤不同，都可能显出不同的颜色。

15. 为什么好多植物秋冬时会落叶

许多植物到了秋冬都会出现落叶现象，这是落叶植物安全度过寒冷季节的一种适应。深秋或初冬时节，由于气温降低，降水减少，空气干燥，土壤含水量降低，根系吸水能力下降，影响了植物的光合作用和蒸腾作用。此时叶子进入衰老状态。加上北半球的日照时间渐短，植物体内能抑制叶子脱落的生长素逐渐减少，而脱落酸大量形成。脱落酸运输到叶柄基部时，在基部会形成薄壁细胞的离层，离层的形成使水分不能正常输送至叶片。叶片由于得不到水分，慢慢地变枯。在脱落酸的持续作用下，离层周围就形成一个自然断裂面，秋风一吹，衰老的叶子就纷纷飘落。落叶植物秋冬时通过落叶能降低水分蒸腾和减少养料的消耗，进入一种半休眠的状态，减少了新陈代谢，让植物能安全度过寒冷干燥的冬季，这是适应环境、自我保护的一种机制。

值得注意的是，秋冬时节植物落叶时，往往越是挂在树梢的叶子越是最后落下。这是因为树木在生长的过程中，总是力求向更大的空间发展，因此，它总是将大量的营养成分痛快地输送到树枝里，好让树枝更快地向外生长。树梢在营养不断的供应下，不断地生长，也不断地长出新叶用来光合作用。树梢一直享受着营养的待遇，当树体不再提供营养，其他的部分差不多都落叶的时候，树梢还能靠以前的"储蓄"，短期内使叶绿素没有遭到破坏，而抑制了脱落酸的形成，使得枝梢的叶子较晚才落下来了。

对于常绿植物，由于叶片要么是针状或鳞状叶，要么是表面有着较坚强的蜡质或角质外层，可以很好的控制水分蒸腾。因此，它们叶子的寿命比落叶植物的叶子长得多，如松树的针叶可以活 3~5 年。但不是不落叶，它们不像落叶植物那样，一到秋冬就衰老而全部落下，而是在新叶长出以后，老叶才分批先先后后地脱落。这样植物就保持了常年绿色的模样，始终不会变得光秃秃了。

16. 为什么有的植物在同一植株上会出现不同形状的叶子

一般情况下，一种植物上都具有一定形状的叶子。但有些植物，却在一个植株上有不同形状的叶。这种同一植株上具有不同叶形的现象，称为异形叶性。异形叶性的发生，有两种情况：一种是由于发育年龄不同而产生不同的叶形，称为系统发育异形叶性。如我们常见的构树，新叶是卵圆形的，而老叶就会有深裂。柏树、圆柏幼树和萌发枝的叶为刺形，老龄树的叶为鳞形。蓝桉嫩枝上的叶较小，卵形无柄，对生，而老枝上的叶较大，披针形或镰刀形，有柄，互生，且常下垂。我们常见的白菜、油菜，基部的叶较大，有显著的带状叶柄，而上部的叶较小，无柄，抱茎而生；另一种是由于外界环境的影响而引起异形叶性，为生态异形叶性。例如，水毛莨，生长在空气中的叶扁平广阔，而生长在水中的水叶却细裂成丝状。又如，慈姑有三种不同形状的叶，气生叶为箭形，漂浮叶为椭圆形，而沉水叶则为带状（图 6-9）。

图 6-9　构树

17. 为什么有些植物叶子的正面比背面颜色深

这种叶片叫作异面叶，异面叶的正面和背面结构不同，正面是栅栏组织，而背面是海绵组织。通常情况下，叶片正面能接受较多的光照，其栅栏组织含有较多的叶绿素，能较强的进行光合作用，因此，叶片看起来正面比背面颜色深一些（图 6-10）。

图6-10　异面叶

18. 为什么热带雨林中的植物大部分都有叶尖

热带雨林地区平均气温较高，降雨量大，湿度高。生活在热带雨林中的植物大部分都有尖而长的尾状叶尖，这种叶尖又叫作滴水叶尖。尖长的叶尖有利于湿热环境下叶片的泌水和泌出的水分快速下滴，也有利于叶片的蒸腾作用，以更好地排除植物体内多余的水分。另外，如果叶片的顶端和它的"身体"一样圆润的话，那么雨水从树叶上流走的速度就会很慢，这样水分容易在叶片表面浸积，会导致一些微小附生植物如苔藓和藻类在叶片表面生长而妨碍其光合作用。叶子浸湿在水里的时间长了，也会容易烂掉。而且太多的水积在叶子里面，柔嫩的树叶经受不起那么大的压力，还很容易被压断。多雨是滴水叶尖发育的必要条件，迅速排水是其重要作用之一。滴水叶尖因为能较快清除叶面上的积水，减小了叶面径流的滴水大小，降低了植株下的溅蚀，也能减轻土壤水分的流失。滴水叶尖是热带雨林地区植物适应高温、高湿环境的特征，是长期进化的结果（图6-11）。

图6-11　热带雨林中的植物叶片

19. 为什么有些植物的叶尖在早晨会冒出水珠

这是植物的吐水现象。吐水就是植物从毫无损伤的叶尖或叶缘向外流出液体的现象。它有别于露水，露水是表现在整张叶片上，而吐水只出现在叶片的边缘和叶尖。吐水现象多出现在空气湿度较大又无风的早晨。主要原因是，在土壤水分充足的状况下，由于白天气温比较高，植物会大量吸收水分。一到晚上，气温下降，但湿度还保持较高，植物体内蒸发的水分变得很少，而这时植物根部的水分含量还很充足，根系还大量吸水，从而产生较强的根压，促使植物把

图6-12　植物的吐水现象

体内多余的水分通过叶缘的水孔排出，从而产生了植物吐水现象。吐水还有排出植物体内多余的矿物质的作用。植物的吐水现象是植物的一种正常生理活动，并可作为植物生命力是否旺盛的指标（图 6–12）。

20. 为什么"春色满园关不住，一枝红杏出墙来"

这句诗出自宋代诗人叶绍翁的《游园不值》，描写的是早春之景。"红杏出墙"，从植物生理学和生态学上解释，这是植物向光特性的表现和空间竞争互补的结果。由于杏树等阳性植物具有向光性，且园内树木相对茂密，生长空间比较有限，相互之间竞争光照较为激烈，但墙外阳光充足，杏树受到墙外光照的长期影响，背光一侧生长素含量多，细胞伸长快，生长也就较快，因此枝条就慢慢地伸出墙外。伸出墙外的枝条生长空间大，更能自由地伸展了。

21. 为什么自然界的花儿呈现出多样的色彩

花朵的颜色通常是指花瓣（花冠）的颜色，有时也指萼片和苞片。花瓣的颜色主要由花瓣细胞中的各种色素决定。花瓣细胞液里都含有由葡萄糖变成的花青素，花青素是一种水溶性色素，本身没有颜色，但可以随着细胞液的酸碱性变化而改变颜色，酸性时呈红色，中性时呈紫色，碱性时呈蓝色。酸性愈强，颜色愈红，相反，碱性愈强，颜色愈蓝，以致呈蓝黑色。另一大类色素为类胡萝卜素，主要存在于花瓣细胞的有色体中。类胡萝卜素包括各种构型的胡萝卜素和叶黄素。胡萝卜素最重要的有 α、β、γ 等 3 种，植物体中含量最多的是 β–胡萝卜素，呈现橙黄色，而叶黄素呈现黄色。不同种类的类胡萝卜素能使花瓣呈现出黄色、橙黄色或橙红色。此外，花瓣细胞液中还存在着类黄酮，可呈现出从浅黄到深黄的各种花色。细胞液碱性越强，其黄色变得越深，反之，如酸性越强，其黄色变得越浅。我们所看到的花朵颜色就是由花瓣细胞液中的花青素、类胡萝卜素、类黄酮及花瓣细胞液的酸碱度决定的。不同植物中，由于这些色素的比例不同，酸碱度不同，就导致自然界植物的花朵呈现各种不同的颜色了。也有一些比较特殊的花朵，颜色并不是由花瓣决定的，如八仙花呈现的是花萼的颜色，合欢呈现的是雄蕊的颜色。

22. 为什么有些花在一天内会变色

花的色彩是由花瓣细胞中的花青素、类胡萝卜素和类黄酮等色素决定的。花青素、类黄酮因细胞液的酸碱性变化而呈现不同的颜色。花青素还是一种不稳定的有机物，热和光是影响花青素合成与降解的两大主要因素。有的同一植物在 1 天中，由于光照强度和温度的变化，会引起花瓣中花青素含量和花瓣细胞液酸碱性的变化。这样，该植物花瓣细胞液中的色素比例发生了变化，酸碱度也不同了，从而就导致同一植物的花在 1 天之中变成不同的颜色。如普通的木芙蓉花，一般单朵花是朝开暮谢,早晨初开花时为白色,至中午为粉红色,下午又逐渐呈红色,至深红色则闭合凋谢。而弄色木芙蓉单朵花能开放数日,逐日变色,实为罕见。由于每朵花开放的时间有先有后,常常在一棵树上看到白、鹅黄、粉红、红等不同颜色的花朵,甚至一朵花上也能出现不同的颜色(图6-13)。

a   b

图6-13　木芙蓉

23. 为什么艳丽的花往往没有香气而素色的花香气扑鼻

这是植物长期进化的结果。对于植物来说,开花并不是供人玩赏或是美化环境,它们的目的就是为了结果。植物只有经历开花结果,才是一个完整的生命周期。大多数植物开花后都是依靠昆虫或者其他动物来帮助传粉、授粉,完成受精作用,传宗接代。为了吸引昆虫来为它们授粉,有的植物用花的色彩,有的植物用花的香气,有的则用香甜的花蜜。当然,少数植物兼而有之。因此,艳丽的花即使没有香气,也可以通过花色来吸引昆虫或者动物来传粉、授粉,有香气的素色花也可以通过香气来吸引昆虫或者其他动物来完成传粉、授粉。这些植物都能顺利完成生命周期,实现代代繁殖而被保存下来。而既没花色又没香味的植物则较难引诱昆虫或动物帮助其授粉结果,这样,经过长期的自然选择就会被逐渐淘汰了。

24. 为什么在自然界中很少见到黑色的花

在自然界中,植物花卉品种繁多,花色万紫千红,五彩缤纷,但唯有黑花稀有少见。据统计,全球40多万种植物中,只有8种开黑色花。黑色花稀少的根本原因,是太阳辐射与花卉本身的生理特点决定的。太阳光由7种不同颜色的有效光线组成,每种有色光线的光波长短不同,所含的热量也有明显的差异。在植物界中,红、蓝、橙、白等颜色的花朵,能反射含热量高的有色光,使自身免遭高温灼伤,具有自我保护的能力。而黑色花正好相反,吸收热量的能力强,可吸收太阳光的全部光波，易使花体内部组织产生高温灼伤，以致难以生存。另外，争奇斗艳的花色能吸引昆虫来传播花粉，以繁殖后代。黑色花，特别是没有香气的黑色花，难以引诱昆虫来驻足并帮助它完成传粉、授粉。如此，经过长期的自然淘汰，黑色花就固然难得了，我们在自然界中也就很少看到黑色花了。

25. 为什么高山上的植物花色特别艳丽

高山由于海拔高，空气较为稀薄也比较澄澈透明，紫外线辐射强烈。紫外线能破坏植物的染色体，进而破坏植物的整个代谢反应，对植物的生存是很不利的。为了适应这种严峻的生活环境，高山植物就产生了大量的类胡萝卜素和花青素来进行对抗。这两种物质能大量吸收紫外线，使植物能够正常生长。因为类胡萝卜素能使花朵呈现鲜明的橙色和黄色，花青素则使花朵呈现红色、蓝色、紫色等。这些红、黄、蓝、紫的颜色同时出现在花朵里，在阳光的照射下，就会显得十分鲜艳。加上高山上空气更为清新，视觉上看起来，花也显得相对亮丽。这就是高山上的植物花色比平地上的植物花色更艳丽的原因。

26. 为什么"人间四月芳菲尽，山寺桃花始盛开"

不同的自然气候和地理环境会影响到植物的物候期。白居易的"人间四月芳菲尽，山寺桃花始盛开"（《大林寺桃花》），是说初夏时节诗人去大林寺，山下大地回春早，到 4 月的时候芳菲已尽，但在高山古寺之中，还能意想不到地遇上了一片桃花盛开的春景。这句诗道出了山地气候与平原气候的差异而造成植物物候期的变化。众所周知，气温随海拔高度增加而递减，通常海拔高度每升高100 米，气温会下降 0.6℃。庐山大林寺海拔高度在 1 100~1 200 米间，它比"人间"（九江市的平地，平均海拔 32 米）气温要低 6℃左右。由于存在这样的温差，大林寺桃花开放的时间要推迟 20~30 天。因为山上的物候比山下推迟了一个月左右的时间，所以就出现了诗人所描述的美景。

27. "昙花一现"说明昙花开花时间很短，为什么花期很短

昙花属仙人掌科植物，原产于中南美洲的热带沙漠地区，那里的气候特别干燥，所以其茎、叶变态，老茎木质化，叶退化成针状。昙花 6—10 月开花，开花时间为 20：00~21：00，花期 3~4 小时。它的花瓣又大又娇嫩，需要有一定的气温条件才能开花。白天温度过高，空气干燥，花瓣易被烤灼，深夜里气温又较低，这些对昙花的开放都不利，只有夏天 20：00~21：00 的气温和湿度最为适宜，可以避免低温和高温的伤害，所以它总是在晚上开花。而昙花又属于虫媒花，沙漠地区 20：00~21：00 正是昆虫活动频繁之时，此时开花最有利于授粉。午夜以后，沙漠地区气温又过低，不利于昆虫的活动，就不利于昙花的授粉。因气候特别干燥，昙花开花时间短至两三个小时，也可以减少水分的丧失。因此，

昙花在漫长的进化过程中就逐渐形成了这些特殊的开花习性。昙花的这种现象，被人们称作"昙花一现"（图6-14）。

a

b

图6-14　昙花

28. 含羞草为什么会"含羞"

含羞草为豆科多年生草本或亚灌木。它的叶子受到外力触碰会立即闭合并下垂，所以得名含羞草。含羞草的"含羞"原因是由于含羞草的叶子和叶柄具有特殊的结构，在叶柄基部和复叶的小叶基部，都有一个比较膨大的部分，叫做叶枕。叶枕对刺激的反应很敏感。它中心的部分有许多薄壁细胞，当外界触碰等刺激传到叶枕时，叶枕上半部薄壁细胞的膨压降低，而下半部薄壁细胞仍保持原来的膨压，膨压变化引起两个小叶片闭合起来。当触动力大一些，不仅传到小叶片的叶枕，而且很快传到叶柄基部的叶枕，整个叶柄就下垂了。但刺激之后，稍过一段时间，会慢慢恢复正常，小叶又展开了，叶柄也竖立起来了。含羞草的这种特殊本领，有它的历史根源。含羞草原产热带南美洲的巴西，那里常有大风大雨。当它刚碰到一滴雨点，或一阵疾风时，叶片立即闭合，叶柄下垂，可以躲避狂风暴雨对它的伤害。这是它适应外界环境条件变化的一种自动反应。另外，这也可以看作是一种自卫方式，动物稍一碰它，就合拢叶子，动物也就不敢再吃它了。

29.为什么夜来香晚上才"来香"

我们常见的植物,以白天开花居多,并且开花后放出香气,引诱昆虫来传粉。夜来香是多年生藤状缠绕草本植物,花呈黄绿色。它的花瓣构造与一般白天开花的花瓣不一样,其花瓣上的气孔有个特点,一旦空气的湿度大,它就张得大,气孔张大了,蒸发的芳香油就多,并凭借着散发的强烈香气,引诱夜间出现的飞蛾传播花粉。夜晚虽没有太阳照晒,但空气湿度比白天大得多,所以夜间其气孔就张开得大,香气也就特别浓。在阴雨天,因空气湿度大,它的香气也比晴天浓。夜来香原产热带地区,因为白天气温高,飞虫很少出来活动。而夜晚气温降低,湿度增大,许多飞虫才出来觅食,这时夜来香散发出浓烈的香味,能很好地引诱飞虫前来传粉。经过长期的环境影响,夜来香就形成了晚上开花并散发香味的习性。

30.为什么牵牛花清晨开花,中午就萎谢

夏天的早晨,田野路边的牵牛花打开那蓝紫色的喇叭,迎着东方的太阳,看它的样子是多么的欢乐。可在 9:00~10:00 或中午再去看它,就不是早晨那个样子了。这时的牵牛花,往往是合拢着花瓣,显得一点精神也没有,从此再也难以恢复,它已经凋萎了。而第二天我们能看到盛开的牵牛花,那是另一批花朵开的花了。牵牛花为什么早晨开花,中午就萎谢了呢?大多数的植物和人类一样,其生理状态所表现的周期性变化,是受其体内的"生物钟"(内在的节律)所支配。植物的开花时间,通常也是由"生物钟"所决定的。而植物的生物钟与外界的光照、温湿度等关系比较密切。牵牛花俗称喇叭花,为旋花科的一年生藤本植物,花冠喇叭状,又大又薄,并且花中含有丰富的水分,当太阳照射到花时,花中的水分在短时间内便会蒸发干了。牵牛花开花既需要阳光,又害怕过强的阳光,清晨四、五点钟的空气比较湿润,阳光比较柔和,这样的外界环境对于牵牛花开放最为适宜。这时,牵牛花花瓣的上表皮细胞(即花瓣的内侧),比下表皮细胞(即花瓣的外侧)生长得快,于是花瓣向外弯曲,这样,花就开了。然而到了中午,阳光强烈,空气干燥,娇嫩的牵牛花花朵不得不因缺少水分而萎谢了。一般说来,一种植物的生活习性,总是经过长时期的选育和淘汰而遗传下来的。每种植物总要挑选最适宜的好时间才开花,只有这样,才有利于它的生存繁衍。植物的花在一定的时间开放,是长期适应外界环境条件而形成的一种习性。

31.为什么荷花"出淤泥而不染"

荷花又叫莲花,是多年生水生植物。荷花哪怕扎根于肮脏不堪的水底淤泥里,也总是能一尘不染地亭亭玉立,原因是荷叶表面具有超疏水和自洁的特性。荷花和荷叶的表面布满了一层蜡质白粉,并有许多乳头状的细微"突起",上面

布满绒毛。当它们的叶芽和花芽从污泥中抽出来的时候，由于表层有蜡质，蜡质具有疏水性，污泥浊水很难沾附上去。挺出水面后，荷叶表面的"突起"之间充满着空气，形成了很薄（纳米级厚）的空气层，当灰尘、雨滴落到荷叶上，因有空气层保护，灰尘、雨滴等难以渗入。雨滴在自身表面张力作用下形成小球状雨珠，雨珠在滚动中又吸附灰尘，再加上叶表面的细微结构之助，最后滚出叶面，达到自我洁净的效果。因此，荷花即使出生在脏兮兮的淤泥中，也能一尘不染（图6–15）。

图6–15　荷花

32. 为什么白天森林中的氧气比晚上多

植物的生理活动在白天和晚上是有差异的。白天，由于有阳光，植物能利用光能进行光合作用，吸收二氧化碳和水，生成有机物，并释放出氧气。森林中所有的植物都不断从空气中吸收二氧化碳和不断地释放氧气到空气中。白天尽管植物也因呼吸作用要放出二氧化碳、吸收氧气，但其光合作用强于呼吸作用，这样，空气中的二氧化碳会越来越少而氧气会越来越多。到了晚上，植物无法进行光合作用，只进行呼吸作用。呼吸作用吸收氧气而放出二氧化碳，所以，森林空气中二氧化碳的含量就会比白天多，而氧气要比白天少。这就是白天森林中氧气要比晚上多的原因。我们在不同的时间进入森林，感受会有所不同，如果你白天走进森林，会觉得空气很新鲜，而晚上走进森林，便会觉得有点昏沉沉。也正因如此，所以，在早晨太阳没出来时，不宜到林子中锻炼。

33. 为什么"山青水秀太阳高"

森林具有涵养水源、优化水质、防止水土流失和吸尘、除雾霾、净化空气等功能。山体植物青翠，植被越茂盛，上述的生态功能就越强，所以，山青了，水土流失就减少了，水质也变好了，所以水看起来就秀了。同时，山上空气因尘埃少了，而也变得更为清新。由于光学原理，光在杂质较少的空气中传播，折射率变小，因此，太阳看起来感觉也就高了。

34. "落花不是无情物，化作春泥更护花"，这是为什么

这句诗揭示了生态系统物质循环的规律。生态系统是个有机的整体，生态系统中的物质循环是指生态系统中的生物成分和非生物成分之间物质往返流动的过程，是大气、水体和土壤等环境中的物质通过绿色植物吸收，进入生态系统，被植物重复利用，最后再归还于环境中，这些归还的物质又再一次被绿色植物吸收进入生态系统的过程。植物的枯枝落叶、落花等掉到地上后成了绿肥，经氧化分解，有机物转化为无机物，增加了土壤的养分，供植物吸收利用后，可促进植物体自身的生长发育，这样可以更好地哺育花蕾，并对花的成长更有好处。因此，落花化作"春泥"后就"更护花"了。

35. "橘生淮南则为橘，橘生淮北则为枳"，这是为什么

这是环境条件所造成的。生物的性状是由基因型和环境共同作用的结果。基因型相同的个体在相同的环境中表现出的性状相同，但在不同的环境中表现出的性状不一定相同。物种在长期进化的过程中，因为温度、积温等差异，有时候会产生变异的性状。秦岭至淮河是我国一条重要的地理分界线，淮河两岸的气候不同，温度、湿度等环境因子存在很大差异，尤其是积温差异，淮河以南积温较高，适宜橘树的生长，而淮河以北积温较低，不适合橘树生长，长出的果实味道就不一样了。光、温、湿、水、气、土等生态环境因子是物种性状表现的前提和关键，万物都是环境的产物，在不同的区域，因环境因子不同，不但物种的分布会有差异，而且同一物种所表现出来的性状难免也会存在差异。

36. 为什么竹子不会长粗

通常树木（指双子叶植物）在韧皮部与木质部之间，会有一个薄层，这是由分裂能力相当强的细胞组成，这层细胞叫做形成层。春夏季节，气候温暖，正是形成层细胞最活跃的时候。形成层向外分裂产生新的韧皮部，向内分裂产生新的木质部，这样树干就逐渐增粗。但竹子是单子叶禾本科植物，单子叶植物和双子叶植物的最大区别就是茎中没有形成层，所以，竹子像大多数的单子叶植物一样无法长粗。当然，刚出土的笋细胞还很活跃，靠扩大细胞还能长粗一点，但是到

了一定程度后，由于细胞逐渐老化，就再也长不粗了。

但为什么棕榈、甘蔗和玉米等单子叶植物在生长过程中，其茎干会明显的增粗呢？这是由于它们的茎尖中存在着初生加厚分生组织，能增生细胞，从而使幼茎增粗。但这些植物的初生加厚分生组织在茎尖活动强烈，在茎干的成熟区段会逐渐停止活动，分化为成熟组织，因此，其茎干不能无限度地增粗（图6-16）。

图6-16　蒸蒸日上的竹林

37. 为什么竹子的茎中央是空的

这是由竹子茎的结构决定的。一般双子叶植物茎的构造是由树皮、形成层、木质部和髓四部分构成。而竹子是单子叶植物，茎的结构由表皮、机械组织、基本组织和维管束组成。从进化上看，竹子的茎一开始也是实心的，后来在长期的进化过程中，茎中心的髓慢慢萎缩退化，成了空心。竹子茎变空，而机械组织和维管束增强，就好像立柱中钢筋混凝土的梁架，支撑能力更强，韧性更强，能有效地支撑着繁茂的竹梢，使竹子直立起来而不倒伏，也不易被折断。茎的中空结构是进化的结果，对植物是有利的。

38. 为什么雨后春笋长得特别快

竹子的茎分为地上茎（竹杆）和地下茎（竹鞭），地下茎（竹鞭）中储藏大量的养分，具有很强的繁殖能力。冬天时，竹鞭上的芽也储藏了大量的养分。等到了春天，气温回升，特别是春雨之后，土壤水分增加，土质疏松，竹鞭上储足了养分的芽迅速生长，萌发成春笋，一个个破土而出，并快速长高（图6-17）。

图 6-17　雨后春笋

39. 为什么大多数竹子开花后会成片的枯死

竹子与水稻、小麦等植物同属禾本科，是一次性开花植物。竹子开花是一种生理现象，是由竹子的生命周期决定的。竹子的生长分为营养生长和生殖生长，竹子开花属于生殖生长。干旱、土壤板结、竹鞭纵横等不利的环境条件可为竹子花芽的生长和开花创造条件。竹子开花时，营养物质的需求加大，耗尽了竹鞭和竹竿中贮藏的养分，使竹子的营养器官全部枯死。因此，开花后的竹子往往会成片的枯死。如毛竹开花后地上和地下部分全部枯死。

但是，像斑竹、桂竹、雅竹等少数竹种，开花后地上部分死亡，而地下部分的芽仍能复壮更新。也有个别竹种如水竹、花竹等，开花后植株叶片仍保持绿色，地下部分也不枯死。不过，应尽快砍去花枝，以减少营养消耗，从而保证竹林的正常生长。

40. 为什么松树要"流泪"

我们经常会看到松树干上有半透明、软乎乎的黏液，好像松树"流泪"了，还有一股气味，这种黏液是松树或者松类树干分泌的树脂，叫松脂。松脂含松香和松节油，是一种重要的原料。松树的根、茎、叶里有许许多多细小的管道，这是松树在生长过程中形成的细胞间隙。这些管道衔接成纵横交错、贯穿全身的管道系统，叫做树脂道。树脂道是由一层特殊的分泌细胞围起来的，这些分泌细胞能分泌树脂，并不断地将其输送到管道里储藏起来。每当松树受到伤害的时候，

图6-18 松树的"眼泪"

松树脂就会从管道里流出来，很快地将伤口封闭，以防止有害物质的入侵。另外，松树脂挥发出的带有气味的物质还能杀死有害细菌。所以，松树"流泪"实际上是自我保护的现象。其实，也正因为有了松脂，松树才具备了很强的耐腐性，成为颇受人们重用的建筑材料（图6-18）。

41.为什么会"藕断丝连"

莲是睡莲科的多年生水生草本植物，藕是莲的地下茎。一般植物茎中的导管内壁在一定的部位特别增厚（而非全部一律增厚），形成种种纹理，有的呈环状，有的呈梯形，有的呈网形。而藕的导管壁增厚部位却连续成螺旋状的，特称螺旋纹导管。藕的螺旋纹导管很多，其中的木质纤维素具有一定的弹性。在折断或咬断藕时，导管内壁增厚的螺旋部脱离，成为螺旋状的一根根细丝，像弹簧一样被拉长而不断，所以会呈现出藕断却丝连的现象（图6-19）。

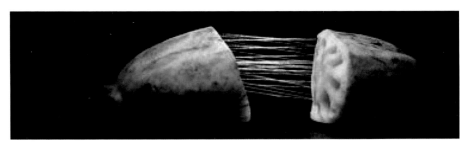

图6-19 莲藕的"丝连"

42.为什么睡莲要"睡觉"

睡莲，又称子午莲、水芹花，是睡莲科的多年生水生植物。因为其花朵在晚上闭合，第二天早上重新开放，所以被称为"花中的睡美人"。夜晚难道它真的疲劳了，跟人一样睡觉了吗？睡莲是植物，没有动物的神经，也没有动物的感觉，当然不像人一样会倦困而睡觉。原因是睡莲对阳光反应特别敏感的缘故。每当太阳升起的时候，闭合着的睡莲花瓣的外侧层受到阳光的照射，生长变慢了，而内侧层背阳，能正常迅速地伸展，于是花儿绽开了。到中午时分，花瓣展开成一个大圆盘。这时的睡莲花内侧层受到阳光照射，生长变慢，而外侧层开始照不到阳光，生长加快了，它的伸展逐渐超越了内侧层，花朵因此逐渐闭合。随着太阳渐渐西下，暮色降临，整个花朵就慢慢地自动闭合起来，好像要睡觉了。其实，睡莲的花瓣在晚上合拢，还能防止娇嫩的花蕊被冻伤，这也是它在适应环境过程中逐渐形成的"习惯"。

43. 为什么有些植物也要"午睡"

在炎热的中午，有的植物的叶片会合拢起来，甚至其气孔会暂时关闭，有的连叶柄也会下垂，好像人一样也有"午睡"的现象。引起植物"午睡"的主要原因是高温和干燥。在炎热的夏季中午，温度很高，空气中的湿度降低，植物通过叶片气孔的蒸腾作用加快。为减少水分的消耗，有些植物的叶片就渐渐关闭气孔，甚至垂下叶柄，这样二氧化碳就无法进入叶片，叶片接受阳光的照射也减少了，以致光合作用的原料亏缺，光合作用强度也就相应降低，植物生理活动也因此减慢了，似乎像要"午睡"。测定表明，当温度超过植物光合作用的适温高限时，植物就开始"午睡"。这是植物在长期进化过程中形成的一种抗衡高温、干旱的本能，主要是为了减少水分散失，以便在不良环境中生存下来。小麦、大豆在炎热的中午就有"午睡"现象。据测定，小麦在光合作用适温范围内，光合作用强度随着光照的增强而上升，当气温超过25℃时，随着气温的再上升，光合作用强度会急剧下降，当气温超过30℃后，光合作用会下降到最低值，继而还要降低到负值。

对农作物来说，"午睡"会影响其产量。据测定，会损失有机物5.56%~78.13%。不同作物"午睡"带来的产量损失也不一样：小麦约为4/5，大豆约为2/3，花生约为3/5，高粱、谷子约为1/2，水稻、马铃薯约为1/3，棉花约为1/5。由此可见，大多数作物由于"午睡"造成的产量损失是很可观的。如能克服作物的"午睡"现象，即可大幅度提高光合作用强度，从而大大增加作物的产量。这个问题已引起了国内外科学家的注意。有人试验，在小麦乳熟期（约15天），每天从10：00~16：00，用断续喷灌进行人工降温，将麦田的气温保持在25℃以下，这样可提高光合产物1.5倍，增产50%以上。可见，研究作物的"午睡"现象，并设法消除此现象，是挖掘作物产量潜力的一条重要途径。

44. 为什么仙人掌植株上长着好多刺

仙人掌为丛生肉质灌木，原生长在非洲的沙漠地区。沙漠地区炎热少雨，环境恶劣，使植物不易生存，所以，对植物来说，短暂雨季所带来的水分必须要小心的使用及保存，才可以度过漫长的旱季。为了减少水分的丧失，并避免被沙漠中的动物当作美食，经过长期在沙漠恶劣环境下的演变，仙人掌的叶片就演

图6-20 仙人掌

化成特殊的形态，退化成针状的小刺。而为了储存更多的水分，其茎部则变得肥厚而多汁。这样，仙人掌所吸收的水分就不容易散失掉，它也就不怕沙漠的炎热和干旱，而能继续在沙漠里生存下去。因此，仙人掌植物上的刺其实是一种变态叶。仙人掌叶子退化了，植物体所需要的营养物质靠谁来制造呢？靠茎！它们的茎是绿色的，它接替了叶片的功能，进行光合作用来制造养分（图6-20）。

45.为什么薰衣草可以驱逐蚊子

薰衣草又名灵香草，香草，为香水植物，属唇形科薰衣草属的一种小灌木。薰衣草可以驱赶蚊子，是因为薰衣草含有挥发性精油，内含一种特殊的物质，蚊子非常讨厌这种味道，所以，就不会光临了。不仅是蚊子，就连蟑螂、苍蝇等也会对这种气味退避三舍的，而且这些气味还可以抑制或杀灭细菌和病毒呢。其实，不只是薰衣草，其他很多植物也有类似的功能，如柠檬、紫薇、茉莉、兰花、丁香、薄荷等。因此，在家里可以种植或摆放这些植物，以驱赶害虫。不过晚上在卧室里有的植物不宜多放。

46.为什么铁树不容易开花

铁树是苏铁科常绿植物，原产于炎热的热带、亚热带地区，喜暖热湿润的环境，对温度和湿度的要求很高。俗话说"千年铁树开了花"，似乎铁树开花是件不易之事，其实这是一种误解。有十多年生的铁树，每年都有开花的能力，只不过铁树必须要有适应的环境才能开花和结果，否则便只生长而不能繁殖了。在湿热的热带、亚热带地区，便能每年开花一次。而在我国的北方，天气较冷，雨量又少，它的生长发育就极为缓慢，往往需几十年，甚至上百年才能开花，有的终生也不开花（图6-21）。

图6-21 铁树开花

47.为什么向日葵总向着太阳

向日葵又称葵花、向阳花，是菊科的一年生草本植物。"朵朵葵花向太阳"，这是植物向光性特点的表现。一般植物体内的生长素的运输与分布受光照的影响较大。在阳光的照射下，生长素在背光的一侧分布较多，背光侧的细胞受生长素的作用生长快，且伸长幅度大，而向光侧则相反，因此，使向日葵慢慢的面朝太阳。但科学家进一步研究发现，在向日葵的茎叶生长区，还含有一种奇妙的植物生长素—叶黄氧化素，且浓度较高。叶黄氧化素非常怕光，一遇光线照射，它就会转移到背光的一面去，同时它还刺激背光一面的细胞迅速繁殖。所以，背光的一面就比向光的一面生长得快，也促使向日葵产生了向光性弯曲，让其花盘一直朝着有太阳的一边倾斜。因此，在生长素和叶黄氧化素共同作用下，向日葵就不停地跟着太阳旋转了（图6-22）。

图6-22 向日葵

48. 为什么草坪修剪后，经过一段时间又能恢复如初

植物体上能持续或周期性地进行细胞分裂的组织，叫分生组织。分生组织按其在植物体中分布的位置，分为顶端分生组织、侧生分生组织和居间分生组织。顶端分生组织位于植物根、茎和枝的先端，分生的结果主要是使根、茎和枝不断地伸长和长高，并形成茎、根的初生构造。侧生分生组织位于裸子植物和双子叶植物的体轴周围，包括维管形成层和木栓形成层。维管形成层细胞分生的结果是产生次生构造，使根、茎和枝不断增粗，木栓形成层细胞分生的结果是形成新的保护组织，覆盖在已经增粗了的根、茎、枝表面。居间分生组织是夹在多少已经分化了的组织区域之间的分生组织，它是顶端分生组织在某些器官中局部区域保留下来的一部分分生组织。典型的居间分生组织存在于许多单子叶植物的茎、叶基部和茎节。草坪多数为单子叶的禾本科植物，其茎基是一个高度压缩的茎，内由很短的节分隔开来。草坪茎基上生长点位置比较低，通常位于地表或地表附近，不易受到干扰，即使修剪时也不易被破坏。草坪修剪后，其叶的基部和茎基密集的茎节中具有的居间分生组织通过细胞分裂活动形成的分生结果，能使其叶和茎再次伸长。同时，茎基上的生长点因没被破坏，通过分蘖也能生出新的植株，新植株的顶端分生组织又可促使其幼茎的生长。就是因为这样，所以，修剪后的草坪，经过一段时间就能恢复如初。

同样道理，由于韭菜和葱等单子叶百合科植物的叶基部具有居间分生组织，分生的结果也能使叶子重新伸长。因此，韭菜或葱的叶子被割掉后，经过一段时间也能恢复如初。又因为居间分生组织的分生能力有限，所以它们叶子的伸长是有限的。

49. 为什么大多数果实成熟后会变成黄（或红）色，且变得又软又甜

未成熟的果实由于叶绿素含量较高而呈现绿色，其果肉细胞壁中含有果胶质和纤维素、半纤维素，果实的抗压力强，因此果实往往比较硬。又因为内含有机酸、鞣质等，所以，果实的口感酸涩。等果实慢慢成熟后，叶绿素逐渐被破坏，类胡萝卜素的颜色呈现出来或由于形成花青素而使果实呈现出黄、红、橙等颜色。果实细胞壁中的果胶和纤维素、半纤维素等物质被果胶酶和纤维素酶降解，细胞排列由致密变为疏松，细胞膜的通透性增加，细胞液渗出，果实就渐渐变软了并变得有汁了。果实在成熟后细胞中的有机酸和鞣质等通过氧化转变成可溶性糖、脂质和过氧化物等物质，有机酸和鞣质等含量下降了，口感也变好变甜了。因此常常成熟后的果实变成黄色或者红色，而且变得又软又甜。

50. 为什么香蕉和柿子成熟后不能马上食用

这是由香蕉和柿子成熟机理所致。香蕉和柿子生理成熟时，不能立即食用，是因为此时果实中果胶质、纤维素、半纤维素较多，且含有大量单宁、有机酸、鞣质。因此，果实质地偏硬、色泽暗淡、味酸涩，口感差。保存一段时间后，果实通过生理后熟过程，上述的成分减少，而可溶性糖、芳香脂等含量增多，果实就变得质地柔软、色泽纯正，食用起来口感也香甜了。

（二）植物种养措施的释疑

1. 为什么好多经济果木种植时要用嫁接苗而不用实生苗

嫁接是植物人工营养繁殖的方法之一，属于无性繁殖。与实生苗相比，嫁接苗通过嫁接，能充分利用优良品种的枝和芽，增加繁殖数量。嫁接能将砧木和接穗的优良性状集于一身，既能保持接穗品种的优良性状，又能利用砧木的有利特性，增强对土壤、气候的适应能力，还能极大缩短传统育种的年限，达到提早结实。同样品种，嫁接苗比实生苗一般可提早 2~5 年结果。总之，用嫁接苗能达到繁殖快、抗性强、早结果的目的，因此，广泛应用于经济类苗木的定向培育方面。

2. 为什么有些经济作物在同一地块上不宜连续种植

种植经济作物是以收获作物的果实、茎叶等有价值的器官为主要目的。有些经济作物连作，容易造成土壤中一种或者几种营养元素的偏耗，引起养分失调，流失的营养元素若得不到及时补充，会造成地力下降，土壤板结退化，破坏土壤正常的理化性质。另外，有些作物单一连作多年后，其根系、叶片、植物残体会造成土壤某些有毒物质的大量积累，如有机酸、萜烯类根系分泌物的积累，从而会抑制作物的生长和发育。连作还为病原菌的寄生与传播提供了有利条件。作物很多病原菌都可以在土壤或作物残株余物中存活 2~3 年或更长时间。长期连作的地块，作物害虫越冬基数也较难得到有效控制，特别是专一性寄主的害虫，生长繁殖能力强，对作物危害加剧。加上土壤地力消耗过大，会降低作物抗病能力，影响作物生长发育。长期连作的地块，杂草的生长力和繁殖力也增强，与作物争夺养分、水分、光和空间，导致作物生长环境恶化，最后造成作物产量、质量降低。因此有些同一经济作物在同一地块上不宜连作。

3. 为什么生产上常常把紫云英、苜蓿等与其他农作物进行间作

紫云英、苜蓿为豆科植物，豆科植物的根上常常生有各种瘤状突起，称为根瘤。根瘤是由生活在土壤中的根瘤菌侵入到根内而形成的。根瘤菌是一种固氮细菌，它能将空气中游离的氮转化为含氮化合物，供植物吸收利用。植物在生长发育中，需要大量的氮，因为氮是组成蛋白质的重要元素。尽管空气中有 78% 的氮，但它是游离态的氮，不能被植物直接利用。所以根瘤菌的存在，就使植物得到充分的氮素供应。另外，根瘤菌固氮作用所制造的含氮物质的一部分，还可以从植物的根部分泌到土壤中，被其他植物吸收利用。因此，在生产上经常把紫云英、苜蓿以及田菁、三叶草等豆科植物作为绿肥，或把它们与其他农作物进行间作，以增加土壤肥力，提高作物的产量（图 6-23）。

图 6-23　紫云英

4. 为什么有些植物种类间能"共存共荣"，有些植物种类间则"水火不容"

植物之间的相克相生作用，又称化感作用、生化它感，它是指一种植物（供体植物）通过对其环境释放的化感作用物质对另一种植物或其自身产生直接或间

接、有利或有害的效应。这种作用是生存竞争的一种特殊形式。有些植物之间，由于种类不同，习性各异，在其生长过程中，为了争夺营养空间，从叶面或根系分泌出对其他植物有杀伤作用的有毒物质，致使其与邻近的其他种植物生长不好，甚至死亡。如胡桃的根系能分泌出一种叫胡桃醌的物质，在土壤中水解氧化后，有极大的毒性，能造成松树、苹果、马铃薯、番茄、桦木及多种草木植物受害或致死；桧柏与梨、海棠等花木也不能种在一块，否则易使其患上锈病。反之，有些植物之间，由于种类不同、习性互补，叶片或根系的分泌物可互为利用，从而使它们能"互惠互利、和谐相处"。如在葡萄园里栽种紫罗兰，结出的葡萄果实品质会更好；大豆与蓖麻混栽，为害大豆的金龟子会被蓖麻的气味驱走。在花卉种养护中也有同样现象。如丁香和铃兰不能放在一起，否则丁香花会迅速萎蔫。如把铃兰移开，丁香就会恢复原状；铃兰也不能与水仙花放在一起，否则会"两败俱伤"；丁香、薄荷、月桂能分泌大量芳香物质，对相邻植物也有抑制作用，最好不要与其他盆花长时间摆放在一块。而能够友好相处的花卉种类则有：百合与玫瑰种养或瓶插在一起，比它们单独放置会开得更好；花期仅一天的旱金莲如与柏树放在一起，花期可延长至 3 天；山茶花、茶梅、红花油茶等与山苍子摆放一起，也可明显减少霉污病。因此，植物之间如何趋生避克、就利去害，确实应引起重视。

5. 为什么移栽大苗时要带土球、剪枝叶

大苗移栽时，最大的问题是脱水。因为移栽时需要将苗木挖起来种到别的地方，在这个过程中不仅会损伤苗木的根系，而且根系从土中挖出后也无法吸收水分。为了尽可能减少对根系的破坏，并减轻苗木的脱水问题，提高大苗移栽的成活率，通常采用两种措施：一是带土球移植，以尽量少损坏苗木的根系，尤其是须根。带上土球后，还能短时期为苗木提供一定的水分。二是剪掉一些次要的枝叶，以减少移植初期的叶片蒸腾作用，避免苗木水分的过度散失。移栽时带土球、剪枝叶都是提高苗木特别是大苗成活率的必要措施。

6. 为什么在炎热的夏天中午不宜给植物浇水

水是生命之源，植物的生长离不开水分。在栽种植物，尤其是盆栽花木时，当土壤干燥时，我们要适时浇灌水分。但是，在炎热的夏天中午，不宜给植物浇水。这是因为，炎热夏天的中午气温高，土壤温度也很高，有时高达 40℃以上，如果这时浇水，土壤温度会突然下降，这时给植物浇水犹如人们在炎热的夏天冲凉水澡，植物根部的温度会突然下降，导致植物体内，尤其是根部的酶的活性下降和失调，这些酶就有呼吸作用的酶，从而引起植物呼吸功能的减弱，植物对水的吸收能力也就降低。其次载体蛋白也受到温度骤降的影响，从而影响到主

动运输，导致植物体吸收的矿质元素减少，造成植物细胞液浓度下降，吸水也会减少。另一方面，在高温炎热的天气下，植物要通过蒸腾作用来散热，即以蒸发自身内部水分的形式将热量带出植物体外，因此，这时植物叶片的气孔仍然张得很开，水分蒸腾较大，这样就会打破植物根系吸收水分和叶面蒸腾水分之间的平衡，容易造成植物的生理失水，以致受到伤害甚至死亡。所以，在炎热的夏天，给植物浇水一定要选在早晨和傍晚进行。早晚的温度较低，水温与土壤温度相差不大，这时浇水不会使植物受到伤害。

7. 为什么不允许大树进城

大树进城，一方面违背了大树生长规律，大树一般处于生长的稳定期，其根系已经达到最大根幅，也适应了周围的环境，成为当地生态系统稳定性的重要因子，将大树连根挖掘移走，给大树周围植物、植被造成破坏，势必对这个生态系统造成严重破坏，并导致其他植物种类生长不良甚至死亡；同时采挖时将造成水土流失、泥石流等；移植大树必将对大树的根系和树冠造成伤害，移植成活率较低；为保成活，需强修剪，原来枝繁叶茂的树体变得像光秃秃的老树桩，景观变差了。大树再生能力弱，树体恢复慢，有的难以恢复，成为"小老头树"，丧失了应有的环境和生态功能。另一方面，大树进城增加了珍贵树木资源管理的难度，对森林资源管理，特别是珍贵树木的保护管理构成极大的威胁；大树进城追求的是一夜成林、一日成景的形象工程、政绩工程，这种剜肉补疮的生态掠夺行为、劳民伤财的浪费行为与党的方针政策也是相违背的；移植古树名木更是极不文明的违法行为。可以说大树进城是以牺牲广大农村的生态环境为代价的，死亡率极高，是得不偿失的，是违背自然规律的。

8. 为什么铺装草坪或育苗、栽植时要用黄心土

黄心土是土层以下的心土，为石灰岩发育的红壤，具一定黏性，pH值为4~6，病菌、虫卵和杂草种子都比较少。铺装草坪和播种育苗时，一般都用打碎后的黄心土作为垫土，并用过筛后的黄心土覆盖种子，可以有效防止土壤中病虫对草坪和幼嫩苗木的侵染，减轻病虫害的发生，同时可减少杂草的萌生，降低管理成本。黄心土覆盖还能提高种子发芽率和苗木质量。刚铺装的草坪和刚栽植的苗木生活力较弱，抗性较差，易感病虫害。黄心土具有一定的黏性，持水力强，也有利于草坪和苗木栽植后的恢复，增强抗性，提高成活率。

9. 为什么到了秋冬时节不少行道树和公路两侧树木的"下半身"要涂上白色

秋冬时节，人们把行道树和公路两侧树木的"下半身"涂上白色，这个白色乳液是一种由水、生石灰、石硫合剂、食盐和油脂等成分配制的涂白剂，主要是为了防止病虫害和延缓树木发芽的作用。冬季，林木害虫将卵产在树皮里越冬，

图6-24　公路两侧树干"下半身"涂白的水杉

来年春天孵化。冬天将树干刷白，可有效杀灭越冬的虫卵、害虫和病原体，起到防治病虫害的作用。在大陆性气候地区，涂白可以反射太阳光，减弱树木地上部分吸收的太阳辐射热量，以减缓组织的增温，从而可延长树木的休眠期，推迟树木芽的萌动期，间接地增强了植物的抗寒性。涂白也因为能降低树干在日光下受热的程度，还可以有效避免树干局部温度升高而可能带来的灼害。另外，对车辆和行人来说，涂白还可以起到很好的导向作用（图6-24）。

10. 为什么在栽培观叶植物时适当多施氮肥，而栽培观花观果植物时适当多施磷肥

氮元素是叶绿素的主要组成成分。氮肥供应充足时，植株枝叶繁茂，躯体高大，分枝能力强。所以栽培观叶植物时要多施点氮肥。

磷元素是形成细胞核蛋白、卵磷脂等不可缺少的元素。磷元素能加速细胞分裂，促使根系和地上部分加快生长，促进花芽分化，提早成熟，所以，栽培观花、观果植物时要多施点磷肥。

七、常见植物辨识

（一）身边相似植物的辨识

1. 月季与玫瑰（表7-1，图7-1和图7-2）

表7-1　月季与玫瑰主要区别

植物名称	主 要 区 别			备 注
	枝	小 叶	花	
月季 *Rosa chinensis*	无毛，被短粗的钩状皮刺，用手容易掰下	3~5片，先端尖，上面平整而光亮，两面无毛	一般数朵簇生或单花顶生；花柄长，且近无刺；四季开花，单花寿命3~7天；香气通常较淡	两者都属蔷薇科蔷薇属灌木。市场上销售的"玫瑰花"，其实都是现代月季（*Rosa cvs.*），由人工杂交、反复回交培育而成，品种繁多，习性、花型、花色极其多样，花期较长，是著名的切花；玫瑰少盆栽，也很少用于切花
玫瑰 *Rosa rugosa*	密被绒毛和针刺，针刺直或钩状，用手不易掰下	5~9片，先端急尖或圆钝，上面发皱而无光泽，叶脉凹陷，下面密被绒毛	单生或1~3朵簇生；花柄短，有刺；仅夏季开1次花，单朵寿命1~2天；香气较浓	

图7-1 月季

图7-2 玫瑰

2.芍药与牡丹（表7-2，图7-3和图7-4）

表7-2 芍药与牡丹主要区别

植物名称	主 要 区 别			备 注
	习性形态	叶	花	
牡丹 *Paeonia suffruticosa*	落叶灌木，高可达2米左右	顶生小叶宽卵形，3裂至中部，裂片不裂或2~3浅裂	多单生枝顶，花盘发达，杯状，革质，全包心皮；花形相对较大，直径10~17厘米	均属于芍药科（或毛茛科）芍药属植物，在园林中被称为"花王花相"
芍药 *Paeonia lactiflora*	多年生宿根草本，高40~70厘米	顶生小叶不分裂，小叶狭卵形、椭圆形或披针形	单生或簇生，花盘不发达，浅盘状，肉质，仅包心皮基部；花形相对较小，直径8~12厘米	

图7-3 牡丹

图7-4 芍药

3. 梅花、早樱与日本晚樱（表7-3，图7-5、图7-6与图7-7）

表7-3　梅花、早樱与日本晚樱主要区别

植物名称	主 要 区 别			备　注	
	枝条	花、叶开放顺序	花		
梅花 *Armeniaca mume*	一年生枝绿色	先花后叶	花梗极短；一朵朵单独开放；花单瓣或重瓣，花瓣先端近圆形；香气浓郁；花期1—3月	蔷薇科杏属，有许多品种，是传统十大名花之一，早春重要的观花树种，常用于园林观赏	浙江野生樱花常见的有迎春樱 *C. discoidea*、钟花樱 *C. campanulata*、山樱 *C. serrulata* var. *spontanea*、大叶早樱 *C. subhirtella*、浙闽樱 *C. schneideriana* 等，多数为先花后叶的类型。
早樱（日本樱花、东京樱花）*Cerasus yedoensis*	一年生枝淡紫褐色	先花后叶	花梗较长，被毛；常3~4朵或更多成簇、成串开放；花单瓣，花瓣先端有缺刻；通常无香气；花期2—3月	蔷薇科樱属，是早春重要的观花树种，常用于园林观赏	
日本晚樱 *Cerasus lannesiana*	一年生枝灰白色或淡褐色	花叶同放	花梗较长，无毛；常2~3朵或更多成簇开放；花重瓣、半重瓣，花瓣先端有缺刻；通常无香气；花期4月中下旬	蔷薇科樱属，是春季重要的观花树种，常用于园林观赏	

图7-5　梅花　　　　　　图7-6　早樱　　　　　　图7-7　日本晚樱

七、常见植物辨识

203

4. 桃、杏与李（表 7-4，图 7-8、图 7-9 与图 7-10）

表 7-4 桃、杏与李主要区别

植物名称	主要区别			备 注	
	叶	花	果		
桃 *Amygdalus persica*	长椭圆状披针形	花单生，花梗极短；萼片花后不反折，萼筒外面背茸毛；花瓣粉红色	果较大，被柔毛	蔷薇科桃属。分果桃、花桃（碧桃），后者花单瓣、半重瓣或重瓣，花形花色多样，品种众多	都是落叶小乔木，是优良的早春观花植物和经济树种
杏 *Armeniaca vulgaris*	阔卵形或圆卵形	花单生，花梗极短；萼片花后反折，萼筒外面被疏毛；花瓣白色或粉红色	果较小，被柔毛	蔷薇科杏属	
李 *Prunus salicina*	倒卵状长圆形、长椭圆形	花常 3 朵簇生，花梗长 1~2 厘米；萼片花后反折，萼筒外面无毛；花瓣白色	果较小，无毛，被蜡粉	蔷薇科李属	

图 7-8 桃　　　　　图 7-9 杏　　　　　图 7-10 李

5. 山茶与茶梅（表7-5，图7-11与图7-12）

表7-5　山茶与茶梅主要区别

植物名称	主要区别				备注
	习性	枝条	叶	花	
山茶（山茶花、红山茶）*Camellia japonica*	灌木或小乔木	嫩枝无毛	叶较大，长6~12厘米，宽3~7厘米，上面中脉无毛，下面全面散生均匀的木栓疣；叶柄长8~15毫米，无毛	花形一般较大，可达10厘米以上；子房无毛；花期1—4月；野生者花红色，单瓣，园艺品种花型、花色极其多样	山茶是中国传统名花，野生者分布于我国东南沿海和日本、韩国；茶梅原产于日本。两者均是山茶科山茶属常绿观花树种，各地普遍栽培
茶梅（冬红茶梅）*Camellia hiemalis*	低矮灌木	嫩枝有毛	叶较小，长3~6厘米，宽2~3厘米，上面中脉有毛，下面通常无木栓疣；叶柄长4~6毫米，上面有毛	花形较小；子房有毛；花期依品种不同在9~11月至翌年1—3月；花重瓣或半重瓣	

图7-11 山茶

图7-12 茶梅

6.紫荆与黄山紫荆（表7-6，图7-13与图7-14）

表7-6　紫荆与黄山紫荆主要区别

植物名称	主要区别			备注
	茎、小枝	叶	果	
紫荆 *Cercis chinensis*	丛生或单生；小枝不曲折，斜上伸展；茎干上无棘刺状分枝	纸质，两面通常无毛，或沿叶脉被短柔毛	荚果薄，常不开裂，有翅，喙细小而弯曲	均为豆科紫荆属落叶灌木，花先叶开放，鲜艳夺目
黄山紫荆 （浙皖紫荆） *Cercis chingii*	丛生；小枝曲折，较粗壮，横向伸展；茎干上具几垂直的棘刺状分枝	近革质，下面常于基部脉腋间簇生黄褐色柔毛	荚果厚而坚硬，开裂，果瓣常扭转，无翅，喙粗而直	

图7-13　紫荆

图7-14　黄山紫荆

7. 映山红与满山红（表 7-7，图 7-15 与图 7-16）

表 7-7　映山红与满山红主要区别

植物名称	主要区别				备注
	习性	小枝	叶	花	
映山红（杜鹃、柴爿花）*Rhododendron simsii*	半常绿灌木	有扁平糙伏毛	二型，春叶卵状椭圆形，基部楔形，散生枝上；夏叶较小，倒披针形，常集生枝顶	2~6 朵簇生枝顶，花冠鲜红色或深红色（变种普陀杜鹃 var. *putuoense* 的花紫色，白花映山红 var. *albiflorum* 的花白色）	都属于杜鹃花科杜鹃属灌木，花均呈喇叭形，春季开花
满山红 *Rhododendron mariesii*	落叶灌木	无毛或仅幼时有柔毛	一型，常 3 枚集生枝顶呈轮生状，叶片先端急尖，基部圆钝至平截	1~2 朵簇生枝顶，花冠淡紫色（变种白花满山红 form. *albescens* 为白色）	

图 7-15　映山红

图 7-16　满山红

8. 木槿与朱槿（表 7–8，图 7–17 与图 7–18）

表 7–8　木槿与朱槿主要区别

植物名称	主要区别				备注
	形态	枝条	叶	花	
木槿（篱笆花） *Hibiscus syriacus*	落叶灌木；高可达3~4米	小枝密被黄色星状茸毛	菱形至三角状卵形，常具深浅不同的3裂，边缘具不整齐齿缺	直立，花冠钟形，淡紫色，单瓣，园艺品种的花色多样，有白色、粉红色、桃红色，单瓣或重瓣；雄蕊柱短，一般不伸出花瓣外，花期7—10月	均系锦葵科木槿属观花灌木
朱槿（扶桑、佛桑） *Hibiscus rosa-sinensis*	常绿灌木；高1~3米	小枝疏被星状柔毛	卵形，没有缺裂，边缘具粗齿或缺刻	常下垂，花冠漏斗形，玫瑰红色或淡红、淡黄等色；雄蕊柱较长，多伸出花瓣外，重瓣品种雄蕊较短，花期全年	

图 7–17　木槿

图 7–18　朱槿

9.迎春花、云南黄馨与连翘（表 7–9，图 7–19、图 7–20 与图 7–21）

表 7–9　迎春花、云南黄馨与连翘主要区别

植物名称	主要区别				备注	
	习性	枝	叶	花		
迎春花（迎春、金腰带）*Jasminum nudiflorum*	落叶灌木	枝细短，直立或俯垂，绿色，实心，四棱形	三出复叶或小枝基部具单叶；小叶片较小，长 1~2.5 厘米	单生于去年生小枝叶腋，先于叶开放；花较小，花冠裂片 5~6 枚，短于花冠管；2—4 月开花，花期约 1 个月	木犀科素馨属植物	均为丛生灌木，花色金黄，在园林绿化中宜配置在湖边、溪畔、墙隅、或在草坪、林缘、坡地或房屋周围
云南黄馨（云南黄素馨、南迎春）*Jasminum mesnyi*	常绿灌木	枝细长下垂，绿色，四棱形	三出复叶或小枝基部具单叶；小叶片较大，长 1.5~3.5 厘米	常单生（稀双生）于叶腋，后于叶开放；花较大，花冠裂片为 6~8 枚，或成半重瓣，长于花冠管；11 月至翌年 8 月开花，花期可达数月		
连翘（黄花条、连壳、青翘）*Forsythia suspensa*	落叶灌木	枝呈拱形下垂，浅褐色，圆形或略呈四棱形，空心	单叶或有分裂时呈三出复叶；叶片大，长 3~10 厘米	常单生或 2 至数朵着生于叶腋，先于叶开放；花瓣 4 枚；3—4 月开花	木犀科连翘属植物	

图 7-19　迎春花

图 7-20　云南黄馨

图 7-21　连翘

七、常见植物辨识

10. 金丝桃与金丝梅（表 7–10，图 7–22 与图 7–23）

表 7–10　金丝桃与金丝梅主要区别

植物名称	主要区别				备注
	习性	枝	叶	花	
金丝桃(土连翘) *Hypericum monogynum*	半常绿灌木	小枝圆柱形	长椭圆形或长圆形，长 3~8 厘米，主侧脉 4~6 对	花直径3~5厘米，花瓣长 1.5~2.5 厘米，质地薄，平展，雄蕊与花瓣近等长或略长，花药黄至暗橙色	均为藤黄科金丝桃属的丛生灌木；花金黄色
金丝梅（金香、端午花） *Hypericum patulum*	常绿小灌木	小枝具 2 纵线棱	卵形、卵状长圆形，长 2.5~5 厘米，主侧脉 3 对	花直径 2.5~4 厘米，花瓣长 1~1.5 厘米，质地较厚，多少内弯；雄蕊短于花瓣，花药亮黄色	

图 7–22　金丝桃

图 7–23　金丝梅

11. 菜豆树与幌伞枫（表 7-11，图 7-24 与图 7-25）

表 7-11 菜豆树与幌伞枫主要区别

植物名称	主 要 区 别			备 注	
	叶	花	果		
菜豆树（幸福树、豇豆树）*Radermachera sinica*	2（稀为 3）回羽状复叶对生；小叶片较小，长 4~7 厘米，宽 2~3.5 厘米，卵形至卵状披针形，顶端尾状渐尖，侧脉 5~6 对；侧生小叶柄长约 1 厘米	顶生圆锥花序；花冠钟状漏斗形，白色至淡黄色，长约 6~8 厘米，先端 5 裂；雄蕊 4；花期 5—9 月	蒴果圆柱形，长可达 85 厘米，直径约 1 厘米	紫葳科菜豆树属	都是常见的室内常绿观叶树种，可盆栽摆放在门厅、客厅、办公室、书房等
幌伞枫（富贵树）*Heteropanax fragrans*	3 至 5 回羽状复叶互生；小叶片较大，长 5.5~13 厘米，宽 3.5~6 厘米，椭圆形，先端短尖，侧脉 6~10 对；侧生小叶柄长 0~1 厘米	伞形花序集成大型圆锥花序；花小，淡黄白色，花瓣 5，离生；雄蕊 5；南方可春、夏、秋连续开花	浆果状核果卵球形，小，长 7 毫米	五加科幌伞枫属	

图 7-24 菜豆树

图 7-25 幌伞枫

七、常见植物辨识

12. 百合、萱草与朱顶红（表7-12，图7-26、图7-27与图7-28）

表7-12　百合、萱草与朱顶红主要区别

植物名称	主要区别			备注
	茎、根	叶	花	
百合（百合蒜、蒜脑薯、夜合花） *Lilium brownii var. viridulum*	有近球形的鳞茎和直立、圆柱形的地上茎；根有肉质根和纤维状根二类	叶在茎上互生；叶片条状披针形或披针形，长7~15厘米，宽6~15毫米	花喇叭形，花色多样，多为黄色、白色、粉红、橙红，有的具紫色或黑色斑点，也有一朵花具多种颜色的；单朵花的花期较长	百合科百合属多年生草本。品种很多，主要用于观赏，有些品种可作为蔬菜食用和药用
萱草（黄花菜、忘忧草、金针菜、安神菜） *Hemerocallis fulva*	无鳞茎和明显的地上茎；根肉质，部分顶端膨大呈纺锤形	叶基生；叶片条状披针形，长40~80厘米，宽1.5~3.5厘米	花近漏斗状，橙黄色；单朵花一般只开1天，早上开放晚上凋谢	百合科萱草属多年生草本。主要用于观赏或食用
朱顶红（百枝莲、柱顶红、朱顶兰、百子莲、百枝莲、对对红） *Hippeastrum rutilum*	有近球形的鳞茎；具粗壮的肉质根	叶基生；叶片宽带状，长30~40厘米，宽2~6厘米	花漏斗状，红色且具白色条纹；单朵花开放时间较长	石蒜科朱顶红属多年生草本。主要用于观赏

图7-26　百合　　　　　　图7-27　萱草　　　　　图7-28　朱顶红

13. 红掌与火鹤（表 7–13，图 7–29 与图 7–30）

表 7–13 红掌与火鹤主要区别

植物名称	主要区别		备注
	叶	花	
红掌（花烛、蜡烛花、安祖花）*Anthurium andraeanum*	叶片较长较宽，长椭圆状心形	花序圆柱形直立；佛焰苞心形，表面波皱，有蜡质光泽，红、桃红、朱红、白、绿等色；花期全年	均为天南星科花烛属多年生常绿草本，原产于热带美洲。佛焰花苞硕大，色泽鲜艳华丽，是全球发展快、需求量较大的高档热带切花和盆栽花卉
火鹤（火鹤芋、红鹤芋、安祖花）*Anthurium scherzerianum*	叶片较短，长圆形	花序螺旋状卷曲；佛焰苞卵形，红色；花期2—7月	

图 7–29 红掌

图 7–30 火鹤

14. 虞美人、罂粟与花菱草（表7-14，图7-31、图7-32与图7-33）

表7-14　虞美人、罂粟与花菱草主要区别

植物名称	主 要 区 别				备 注
	习性和株体	叶	花	果	
虞美人（丽春花）*Papaver rhoeas*	一或二年生草本；全株被伸展的糙毛	宽卵形或长圆形，羽状深裂，裂片披针形或条状披针形	花瓣质地薄，深红、紫红、洋红、粉红、白等色，基部常具深紫色斑。品种多，有复色、间色、重瓣和复瓣等	蒴果宽倒卵球形	罂粟科罂粟属。是春季美化花坛、花境以及庭院的精细草花，也可盆栽或作切花用。全株含有毒生物碱，误食后会引起抑制中枢神经中毒，严重可致生命危险
罂粟（鸦片花）*Papaver somniferum*	一年生草本；全株被白粉，通常无毛	长圆形或长卵形，叶缘缺刻状浅裂或具粗锯齿	花瓣质地厚，红色、粉红色、紫红色或白色，有时重瓣或半重瓣	蒴果长椭圆形	罂粟科罂粟属。是鸦片、海洛因等各种毒品的原始材料，在我国是严禁种植的
花菱草（*Eschscholtzia californica*）	多年生草本；全株被白粉，无毛	多回三出羽状细裂，小裂片条形	花瓣黄色、橘红色，基部具橙黄色斑点	蒴果狭长圆柱形	系罂粟科花菱草属。作春季花坛、花境以及庭院的精细草花

图7-31　虞美人　　　　图7-32　罂粟　　　　图7-33　花菱草

15. 丝兰与凤尾丝兰（表 7-15，图 7-34 与图 7-35）

表 7-15　丝兰与凤尾丝兰主要区别

植物名称	主要区别			备注
	茎	叶	花	
丝兰（软叶丝兰、毛边丝兰、洋波萝花）*Yucca smalliana*	茎很短或不明显	近莲座状基生；叶片较窄，宽2.5~3厘米，边缘有稍弯曲的丝状纤维	花序轴有乳突状毛；花近白色，外轮花被片先端不带紫红色	均为百合科丝兰属常绿灌木状植物；适作观花、观叶植物
凤尾丝兰（凤尾兰、菠萝花、剑麻）*Yucca gloriosa*	茎干明显，有时分枝	近莲座状排列于茎顶；叶片剑形，宽4~6厘米，叶缘无丝状纤维	花序轴无毛；花白色或稍带黄色，外轮花被片先端常带紫红色	

图 7-34　丝兰

图 7-35　凤尾丝兰

16. 蟹爪兰与仙人指（表 7–16，图 7–36 与图 7–37 ）

表 7–16　蟹爪兰与仙人指主要区别

植物名称	主　要　区　别		备　注
	茎	花	
蟹爪兰（锦上添花、蟹爪） *Schlumbergera truncata*	叶状茎边缘呈锐齿状，形如蟹爪	花形不规则或两侧对称；花色丰富，有淡紫、黄、红、粉红、白、橙和双色等；花期 9 月至翌年 4 月	均为仙人掌科蟹爪兰属植物。叶退化，植株均呈茎节状，嫩"叶"（即新茎节）与花苞由茎节顶端生出，茎扁平呈叶状，是常见的盆栽观花植物。
仙人指（巴西蟹爪、圆齿蟹爪） *Schlumbergera bridgesii*	叶状茎有明显的中脉，边缘呈浅波状	花形为整齐花；花色相对单一，红色或紫红色；花期 2—4 月	

图 7–36　蟹爪兰

图 7–37　仙人指

17. 万寿菊与孔雀草（表 7-17，图 7-38 与图 7-39）

表 7-17　万寿菊与孔雀草主要区别

植物名称	主　要　区　别			备　注
	茎	叶	花	
万寿菊（臭芙蓉） *Tagetes erecta*	具纵细条棱	较长，羽状分裂的裂片长椭圆形或披针形	头状花序较大，直径 5~6 厘米；花序总梗顶端棍棒状膨大；舌状花黄色或暗橙色	菊科万寿菊属一年生草本。叶对生，稀互生，叶片一回羽裂；头状花序单生茎顶；花期长，是花坛、草地等常用草花
孔雀草（小万寿菊、西番菊、红黄草） *Tagetes patula*	通常近基部分枝	较短，羽状分裂的裂片条状披针形	头状花序较小，直径约 4 厘米；花序总梗顶端稍增粗；舌状花金黄色或橙色，带红色斑	

图 7-38　万寿菊　　　　　　　　　图 7-39　孔雀草

18. 香堇菜与三色堇（表7-18，图7-40与图7-41）

表7-18　香堇菜与三色堇主要区别

植物名称	主要区别			备注
	茎	叶	花	
香堇菜（香堇） *Viola odorata*	无地上茎，具匍匐枝	基生，圆形或肾形至宽卵状心形，花后叶片增大，基部深心形	较小，直径1~3厘米，紫色、粉红色或白色，花瓣中间一般无大块斑，只有似猫胡须的线条；有淡香味	堇菜科堇菜属草本。花色艳丽，园艺品种多，适宜布置花坛、花境或盆栽
三色堇（猫儿脸、蝴蝶花、人面花、猫脸） *Viola tricolor*	具直立或稍倾斜、单一或多分枝的地上茎	基生叶卵形或圆心形，具长柄；茎生叶卵状长圆形或长圆状披针形，基部楔形下延	较大，直径4~6厘米或更大；每花有紫、白、黄三色；花瓣中间有黑、黄、蓝等斑块，形如猫脸。杂交选育后品种多，有纯色的；无香味	

图7-40 香堇菜

图7-41 三色堇

19. 荷花与睡莲（表 7-19，图 7-42 与图 7-43）

表 7-19　荷花与睡莲主要区别

植物名称	主要区别			备注
	叶	花	果	
荷花（莲、莲花、水芙蓉、藕花）*Nelumbo nucifera*	具挺水叶；叶片盾状着生于具小刺的叶柄上，直径可达 90 厘米	花梗和叶柄等长或稍长，散生小刺；挺水	坚果坚硬	荷花隶属于睡莲科莲属；睡莲隶属于睡莲科睡莲属，浙江的野生睡莲 *Nymphaea tetragona* 形体较小，引种栽培者形体较大，花型、花色多样，主要有白睡莲 *N. alba*、红睡莲 *N. alba var. rubra*、黄睡莲 *N. mexicana*、香睡莲 *N. odorata* 等。两者均为多年生水生草本，观赏花卉，常用于公园、绿地的水体绿化，也可盆栽欣赏
睡莲（*Nymphaea* spp.）	无挺水叶；浮水叶片心状卵形、卵状椭圆形，较小，非盾状着生；叶柄细长，光滑	花浮水或挺水	浆果海绵质，在水下成熟	

图 7-42 荷花

图 7-43 睡莲

20. 芦竹与芦苇（表 7-20，图 7-44 与图 7-45）

表 7-20　芦竹与芦苇主要区别

植物名称	主要区别			备注
	茎秆	叶	花	
芦竹 （*Arundo donax*）	秆高 3~6 米，直径 1~1.5 厘米，常生分枝；冬季秆不全枯死	叶片浅绿色，长 30~60 厘米，宽 2~5 厘米	圆锥花序长 30~60（90）厘米，分枝稠密，斜升；小穗有小花 2~4 朵	禾本科芦竹属多年生草本；生于堤岸、河滩地
芦苇 （*Phragmites australis*）	秆高 1~3 米，直径 2~10 毫米，不分枝；冬季地上部分全枯死	叶片深绿色，长 15~45 厘米，宽 1~3.5 厘米	圆锥花序长 10~40 厘米，分枝疏散，稍下垂；小穗有小花 4~7 朵	禾本科芦苇属多年生草本；生于沼泽、滩涂、水域

图 7-44　芦竹

图 7-45　芦苇

21. 马尾松、黄山松、黑松与湿地松（表7–21，图7–46、图7–47、图7–48与图7–49）

表7–21　马尾松、黄山松、黑松与湿地松主要区别

植物名称	主要区别			备注	
	针叶	冬芽	球果		
马尾松 *Pinus massoniana*	2针一束,绿色或黄绿色,细柔或稍坚硬,长10~20厘米	褐色	长4~7厘米；鳞脐无尖刺	自然分布于海拔700米以下丘陵山地	都是松科松属常绿乔木
黄山松 *Pinus taiwanensis*	2针一束,深绿色,粗硬,长7~11厘米	深褐色	长4~6厘米；鳞脐有尖刺	自然分布于海拔700m以上山地	
黑松 *Pinus thunbergii*	2针一束,深绿色,有光泽,粗硬,长6~12厘米	银白色	长4~6厘米；鳞脐有尖刺	原产于日本、韩国；常用于荒山、海岛绿化	
湿地松 *Pinus elliottii*	2针和3针一束并存,深绿色,刚硬,长18~30厘米	淡灰色	长6.5~13厘米；鳞脐瘤状,先端急尖	原产于美国东南部；较耐水湿,生长快	

图7–46　马尾松　　图7–47　黄山松　　图7–48　黑松　　图7–49　湿地松

22. 水杉、池杉、落羽杉、墨西哥落羽杉与中山杉（表7-22，图7-50、图7-51、图7-52、图7-53与图7-54）

表7-22　水杉、池杉、落羽杉、墨西哥落羽杉与中山杉主要区别

植物名称	主 要 区 别		备 注
	习性、叶	枝、干	
水杉 *Metasequoia glyptostroboides*	落叶，条形，扁平，对生，在小枝上排成2列，呈羽状	大枝不规则轮生；小枝对生或近对生；树干基部常膨大和有纵棱，无呼吸根	水杉系杉科水杉属，其他都系杉科落羽杉属；中山杉为落羽杉与墨西哥落羽杉的杂交无性系；都是平原及道路、河边、宅旁绿化的优良树种；池杉、落羽杉和墨西哥落羽杉更耐水湿；墨西哥落羽杉和中山杉耐盐碱，也是滩涂、盐碱地绿化的适宜树种
池杉 *Taxodium distichum* var. *imbricatum*	落叶，钻形，在小枝上螺旋状互生，不成2列	大枝向上伸展；小枝螺旋状排列，不呈2列；干基常膨大，在湿地生长时有屈膝状呼吸根	
落羽杉 *Taxodium distichum*	落叶，条形，扁平，互生，在小枝上排列较疏，成2列，呈羽状	大枝水平开展；生叶的侧生小枝互生，排成2列；干基常膨大，在湿地生长时有屈膝状呼吸根	
墨西哥落羽杉 *Taxodium mucronatum*	常绿或半常绿，条形，扁平，互生，在小枝上排列紧密，成2列，呈羽状	大枝水平开展；生叶的侧生小枝螺旋状散生，不呈2列	
中山杉 *Taxodium distichum* × *T. mucronatum* 'Zhongshanshan'	常绿或半常绿，条形，互生，螺旋状散生小枝上，不成2列	大枝斜上伸展；生叶的侧生小枝互生，排成近2列	

图7-50　水杉　　　　　　　　　　　图7-51　池杉

图 7-52　落羽杉

图 7-53　墨西哥落羽杉

图 7-54　中山杉

23. 悬铃木（法国梧桐）与梧桐（表7-23，图7-55与图7-56）

表7-23　悬铃木（法国梧桐）与梧桐主要区别

植物名称	主要区别			备注
	树皮	叶	花、果	
悬铃木（法国梧桐）*Platanus* spp.	苍白色，不规则大块薄片状剥落，剥落后光滑	宽卵形或宽三角状卵形，掌状分裂，裂缺较浅，边缘有不规则尖齿和波状齿；托叶鞘状包围叶柄	头状花序球形；聚合果球形，1~3个串生	悬铃木科悬铃木属	均为落叶乔木，是优良的庭荫树和行道树。悬铃木有3种，因它们的叶片有点像梧桐，在我国俗称法国梧桐、梧桐，实际上与我国原产的梧桐是两类完全不同的植物。
梧桐（青桐）*Firmiana simplex*	绿色或灰绿色，平滑不裂	阔卵形，3~5裂至中部，边缘有数个粗大锯齿	顶生圆锥花序；蓇葖果，成熟前开裂成汤匙状	梧桐科梧桐属	

注：悬铃木分一球悬铃木（美国梧桐、美桐，*Platanus occidentalis*）、二球悬铃木（英国梧桐、英桐，*Platanus acerifolia*）和三球悬铃木（法国梧桐、法桐，*Platanus orientalis*）。一球悬铃木原产于北美洲。树皮有浅沟，呈小块状剥落。叶片通常3裂，稀为5浅裂。球果单生，稀为2个；二球悬铃木是一球悬铃木和三球悬铃木的杂交种，在英国育成，我国种植较广。树皮光滑，大片块状脱落。叶片阔卵形，上部掌状5裂，有时7裂或3裂。球果多为2个；三球悬铃木原产于欧洲东南部和亚洲西部。树皮薄片状脱落。叶片5~7深裂至中部或更深，稀3裂。球果3~6个一串。

图7-55　悬铃木　　　　　　　　　　图7-56　梧桐

24. 香椿与臭椿（表7-24, 图7-57与图7-58）

表7-24　香椿与臭椿主要区别

植物名称	主要区别				备注
	树皮	叶	花	果	
香椿（香椿铃、香铃子、香椿子） *Toona sinensis*	粗糙，有浅纵裂，片状脱落	偶数（稀奇数）羽状复叶，小叶片全缘或有疏离的小锯齿；叶揉碎后有香味	花白色；花期6—8月	蒴果；果期 10—12月	楝科香椿属	都是落叶乔木，常作庭院树、行道树和四旁绿化树种；香椿嫩叶、芽可作蔬菜
臭椿（椿树、木砻树） *Ailanthus altissima*	平滑而有直纹	奇数（稀偶数）羽状复叶，小叶片近基部有2—4个粗腺齿；叶揉碎后有臭味	花淡绿色；花期4—5月	翅果；果期8—10月	苦木科臭椿属	

图7-57　香椿

图7-58　臭椿

25. 苦楝与川楝（表 7-25，图 7-59 与图 7-60）

表 7-25　苦楝与川楝主要区别

植物名称	主　要　区　别			备　注
	叶	花	果	
苦楝（楝、楝树）Melia azedarach	2~3 回奇数羽状复叶；小叶片卵形、椭圆形至披针形，边缘有钝锯齿	圆锥花序约与叶等长；萼片、花瓣 5 数，雄蕊 10 枚，子房 5~6 室	核果较小，长 1~2 厘米，宽 8~15 毫米	均为楝科楝属落叶乔木，是平原及低海拔丘陵区的良好造林树种
川楝（Melia toosendan）	2 回奇数羽状复叶；小叶片椭圆状披针形，全缘或有不明显钝齿	圆锥花序长约为叶的 1/2；萼片、花瓣 5~6 数，雄蕊 10~12 枚，子房 6~8 室	核果较大，长约 3 厘米，宽约 2.8 厘米	

图 7-59　苦楝　　　　　　　　　　　图 7-60　川楝

26. 棕榈与蒲葵（表 7-26，图 7-61 与图 7-62）

表 7-26　棕榈与蒲葵主要区别

植物名称	主要区别			备注	
	树干	叶片	花、果		
棕榈 *Trachycarpus fortunei*	常被着不易脱落的老叶柄基部和密集的网状纤维	较小，呈 3/4 圆形或近圆形，深裂至中部以下，成 30~50 片具皱褶的线状剑形裂片，裂片先端具短 2 裂或 2 齿，末端一般直伸，不下垂；叶柄两侧具细圆齿，顶端有较大的明显戟突	花单性，花序较粗壮，从叶腋生出，多次分枝，密集，下垂。果阔肾形，有脐，成熟时由黄色变成淡蓝色，有白粉；果期 12 月	棕榈科棕榈属	树干挺直，叶形独特宽大如扇，四季常绿，是优良的观赏植物
蒲葵 *Livistona chinensis*	基部常膨大，树干不被纤维	较大，阔肾状扇形，掌状深裂至中部，裂片线状披针形，2 深裂成长达 50 厘米的丝状下垂的小裂片，末端自然下垂；叶柄下部两侧有黄绿色（新鲜时）或淡褐色（干后）下弯的短刺	花两性，花序圆锥状，有 2~3 次分枝，约有 6 个分枝花序，直立。果椭圆形，如橄榄状，黑褐色；果期 4 月	棕榈科蒲葵属	

图 7-61　棕　榈　　　　　　　　图 7-62　蒲　葵

27. 南方红豆杉与香榧（表 7-27，图 7-63 与图 7-64）

表 7-27　南方红豆杉与香榧主要区别

植物名称	主要区别			备注	
	树皮	叶	花、种子		
南方红豆杉 （*Taxus wallichiana* var. *mairei*）	红褐色或淡褐色，裂成条片状脱落	叶片略呈镰刀形弯曲，上面中脉明显凸起，叶质地较柔软，先端渐尖，不刺手	雌球花单生于叶腋或苞叶；种子小，生于红色、杯状的种托内	红豆杉科红豆杉属，国家Ⅰ级重点保护植物，是优良观赏、材用树种	都是常绿大乔木
香榧 （*Torreya* *grandis* Merrillii）	灰褐色、淡黄灰色，纵裂	叶片直，上面无中脉，叶质地较厚硬，先端具刺状尖头，稍刺手	雄球花单生于叶腋，雌球花对生于叶腋；种子大，外种皮绿色	红豆杉科榧属，是世界上稀有的经济树种	

图 7-63　南方红豆杉

图 7-64　香榧

28. 乌桕与山乌桕（表7-28，图7-65与图7-66）

表7-28　乌桕与山乌桕主要区别

植物名称	主　要　区　别			备　注
	习性	叶片	花、果	
乌桕（腊子树、柏子树）*Sapium sebiferum*	乔木	菱形或菱状卵形，长宽几相等，先端尾状长渐尖	雄花每一苞片内有10~15朵花，花丝伸出于花萼之外；蒴果扁球形	均为大戟科乌桕属。重要的工业油料树种，也是优良的色叶观赏树种
山乌桕（红叶乌桕、山柏）*Sapium discolor*	乔木或灌木	椭圆状卵形，长为宽的2倍或2倍以上，先端钝或短渐尖	雄花每一苞片内有5~7朵花，花丝短；蒴果球形	

图7-65　乌桕

图7-66　山乌桕

29. 油桐与木油桐（表7-29，图7-67与图7-68）

表7-29　油桐与木油桐主要区别

植物名称	主要区别				备注
	习性	叶	花	果	
油桐（三年桐、桐油树、桐子树）*Vernicia fordii*	小乔木	叶片全缘，稀1~3浅裂；叶柄顶端有2枚扁平、无柄的红色腺体	花先于叶或与叶同时开放；花瓣白色，有淡红色脉纹；花萼外面密被棕褐色微柔毛；雌雄同株	核果无棱，果皮光滑	都是大戟科油桐属落叶乔木和木本油料植物
木油桐（千年桐、山桐、皱桐）*Vcmicia Montana*	中乔木	叶片全缘或2~5浅裂，裂缺常有杯状腺体；叶柄顶端有2枚具柄的杯状腺体	花后于叶开放；花瓣白色或基部紫红色且有紫红色脉纹；花萼无毛；雌雄异株，有时同株异序	核果具3棱，果皮有网状皱纹	

图7-67　油桐

图7-68　木油桐

30. 蛇莓、山莓、掌叶覆盆子与蓬蘽（表7-30，图7-69、图7-70、图7-71与图7-72）

表7-30　蛇莓、山莓、掌叶覆盆子与蓬蘽主要区别

植物名称	主要区别				备注
	习性、植株	叶	花	果	
蛇莓（蛇泡草、地莓、野草莓、蛇蛋果）*Duchesnea indica*	多年生常绿匍匐草本；全株有白色柔毛	三出复叶；小叶片倒卵形至菱状长圆形，两面有柔毛或上面无毛；叶柄有柔毛	单生于叶腋，黄色；花梗有柔毛；花期6—8月	卵球形，淡而无味；果期8~10月	蔷薇科蛇莓属。适作观赏地被
山莓（格公、三月泡、大麦泡）*Rubus corchorifolius*	落叶直立或披散灌木；枝具皮刺，幼时被柔毛	单叶；叶片卵形至卵状披针形，边缘不分裂或基部3浅裂，下面沿中脉疏生小皮刺；叶柄疏生小皮刺	单生于短枝顶或叶腋，白色；花梗具细柔毛；花期2—3月	球形或卵球形，实心，密被柔毛，味酸甜；果期4—6月	蔷薇科悬钩子属
掌叶覆盆子（覆盆子、牛奶格公、牛奶莓、麦扭）*Rubus chingii*	落叶直立或披散灌木；枝具白粉和皮刺，无毛	单叶；叶片近圆形，掌状5深裂，稀3或7裂；叶柄疏生小皮刺	单生于短枝顶或叶腋，白色；花梗无毛；花期3—4月	球形或卵球形，实心，密被柔毛，味鲜甜；果期5—6月	蔷薇科悬钩子属。未成熟的果系中药"覆盆子"的原材料
蓬蘽（饭消扭、田格公）*Rubus hisutus*	落叶或半常绿亚灌木；枝被柔毛、腺毛，疏生皮刺	奇数羽状复叶；小叶3~5枚，小叶片卵形或宽卵形；叶柄具柔毛和腺毛，并疏生皮刺	花单生于侧枝顶端，白色；花梗具柔毛和腺毛；花期4—6月	近球形，空心，无毛，味清甜；果期5—6月	蔷薇科悬钩子属

图7-69　蛇莓

图 7-70　山莓

图 7-71　掌叶覆盆子

图 7-72　蓬蘽

（二）部分植物类别的判识

1. 木麻黄是针叶树还是阔叶树

木麻黄（*Casuarina equisetifolia*）隶属于木麻黄科木麻黄属，是常绿阔叶大乔木。木麻黄为了适应干旱、贫瘠和盐渍等恶劣的生态环境，叶片退化成鳞片状，披针形或三角形，长 1~3 毫米，轮生成环状，每轮通常 7 枚，少至 6 或 8 枚，围绕在小枝每节的顶端，下部连合为鞘，与小枝下一节间完全合生。人们看到的是灰绿色纤细下垂的枝条，很像裸子植物的针状叶，容易被认为是针叶，而真正的叶片因退化后很小，且紧贴在小枝上，不易被看见。

2. 银杏是针叶树还是阔叶树

银杏（*Ginkgo biloba*）为银杏科银杏属落叶大乔木，别名白果，公孙树，鸭脚树，蒲扇。银杏是第四纪冰川运动后遗留下来的最古老的裸子植物，也是现存种子植物中最古老的孑遗植物。和它同纲的所有其他植物皆已灭绝，因此，被当作植物界中的"活化石"。银杏的叶是扇形的，常二裂，看上去很像阔叶树，不像正常意义上的松、杉、柏科等植物的针叶。但叶片形状、大小不是针叶树和阔叶树主要区分的特征，阔叶树的特征是叶脉网状分布；木质部有导管；髓线很发达，粗大且明显；胚珠为子房所包，形成果实；花有花被及柱头，为两性或单性；种子发芽时子叶出土或不出土。而针叶树的特征是叶脉垂直分布；木质部无导管，仅有管胞（假导管）；髓线细小而不发达；胚珠裸露，不为子房所包；花无花被与柱头，多单性；种子发芽时子叶概多出土。银杏具有针叶树的典型特征，因此是针叶树。实际上它是比真正的针叶树更原始的一类群植物中唯一的幸存者。

3. 冷杉、云杉、铁杉和水松哪种是松科植物？哪种是杉科植物

松科植物和杉科植物的区别是松科植物雌球花的珠鳞与苞鳞互相分离，每珠鳞有 2 颗胚珠，花粉具气囊；而杉科植物的珠鳞与苞鳞相互合生或半合生，每珠鳞有 1 至多颗胚珠，花粉无气囊。冷杉［*Abies fabri*（Mast.）Craib］、云杉（*Picea asperata* Mast.）和铁杉（*Pinaceae*）具备松科植物的特征，虽然名称上都带有"杉"，但都不属杉科植物，冷杉、云杉和铁杉分别是松科冷杉属、云杉属和铁杉属常绿乔木树种。而水松（*Glyptostrobus pensilis*）具备杉科植物特征，尽管名称上带有"松"，却是杉科水松属常绿乔木树种。

4. 竹柏是竹类或柏类吗

竹柏［*Podocarpus nagi* (Thunb.) Zoll. *et* Mor *ex* Zoll.］，又名罗汉柴、竹叶柏、铁甲树，我国浙江省、福建省、台湾省、江西省、湖南省、广东省、广西壮族自

治区和四川省等地均有栽培。竹柏因叶脉平行，叶片细长似竹叶，且长年翠绿旺盛，不落叶，生长期极长，有柏树的特征而得名。但它既不是竹类植物，也不是柏类植物，而是罗汉松科常绿乔木。竹柏为古老的裸子植物，是国家二级保护植物。因叶形奇异，叶茂荫浓，终年苍翠，树态优美，抗病虫害强，又是优美的观赏树木。竹柏的叶片和树皮能常年散发缕缕丁香浓味，能分解多种有害废气，还具有净化空气、抗污染和强烈驱蚊的效果。

5. 竹子是树还是草

草本植物（常称为草）和木本植物（常称为树）最显著的区别在于它们茎的结构，草本植物的茎为"草质茎"，茎中密布很多相对细小的维管束，充斥维管束之间的是大量的薄壁细胞，在茎的最外层是坚韧的机械组织。草本植物的维管束也与木本植物不同，维管束中的木质部分布在外侧而韧皮部则分布在内侧，这是与木本植物完全相反的。另外，草本植物的维管束没有形成层，不能不断长粗。竹子符合草本植物的特征，因此，它是草而不是树，是乔木状的禾本科多年生常绿植物。

6. 香蕉是树吗

香蕉（*Musa nana* Lour.）原产于亚洲东南部热带、亚热带地区，我国主要分布在西南地区。我们一般把直立的木本植物称为树。香蕉植株高 2~5 米，看上去像树，但我们看到的香蕉的"茎"，其实不是真正的茎，而是由香蕉的叶鞘一层包着一层而裹成的假茎。也就是说，香蕉的"茎"其实是叶的一部分。况且，香蕉的叶也是草质的。因此，香蕉不能被称为树，其实它是芭蕉科的巨型草本植物。

7. 牡丹是草本植物还是木本植物

牡丹（*Paeonia suffruticosa*）的茎结构与一般的木本植物相同，符合木本植物的特征，属多年生落叶小灌木。

8. 无花果是无花植物吗

藻类、苔藓类和蕨类等植物属于无花植物。裸子植物开出的"花"，也不是真正意义上的"花"。无花果（*Ficus carica* Linn.）属于被子植物，是桑科榕属的落叶小乔木，是一种开花植物。它不仅有花，而且有许多花，只不过是人们用肉眼看不见罢了。我们吃的无花果，并不是无花果的真正果实，而是它的花托膨大形成的肉球，无花果的花和果实却藏在那个肉球里面。所以从外表上看不见无花果的花，这种花在植物学上属于"隐头花序"。如果把无花果的肉球切开，用放大镜观察，就可以看到内有无数的小球，小球中央有孔，孔内生长着无数绒毛状的小花,雄花、雌花上下分开。通过从肉球顶部小孔爬进去的昆虫传粉受精后结成一个个小果实，也藏在肉球内。无花果的名字其实是名不符实的。自然界"看似无花却有花"的植物有几百种，无花果是一个典型的例子。

9. 君子兰是兰科植物吗

君子兰（*Clivia miniata*）具鳞茎状宿存的叶基，叶片基生，呈带状，花葶自叶腋中抽出，花整齐，雄蕊 6，其特征与兰科植物不同。虽带有一个"兰"字，可它不是兰，属于石蒜科，是一种多年生常绿草本植物。

10. 胡萝卜是萝卜吗

胡萝卜（*Daucus carota* var. *sativa*）不是萝卜，它属于伞形科植物，而萝卜（*Raphanus sativus*）是十字花科植物，两者叶子和花的形状都不一样，亲缘关系也差得很远。

（三）个别植物雌雄株的形态鉴别

1. 银杏

银杏性别的早期鉴定有多种方法，但大多需要一定的设备。形态上主要可以从以下 8 个方面予以鉴别。

（1）看主干枝夹角

雄株主干枝夹角较挺直向上，分枝夹角 30° 左右；雌株主干分枝较平展下垂，夹角为 50° 左右。

（2）看芽、叶分化时间

雄株花芽分化早，落叶晚；雌株花芽分化迟，落叶早。

（3）看叶形

雌株叶缺刻浅且比雄株叶小些，雄株则正好相反。

（4）看树冠形态

雄株树冠形成晚一些，枝条较少而细弱，层次清晰；雌株树冠形成早，枝多且粗壮，层次较杂乱。

（5）看短枝长短

雄株枝条短，一般只有 1~2 厘米；雌株由于多年结果不断延伸，通常有 10 厘米。

（6）看花芽

雄株花芽大而饱满，顶部稍平；雌株花芽瘦尖而小。

（7）看花序

雄花序为柔荑花序，像桑葚花序一样；雌株则长，在花梗顶部分权，如火柴梗。

（8）看茎干粗细

雄株主干高一些，细弱一些，雌株则矮一些，粗壮些。

2. 苏铁（铁树）

雄铁树开圆锥状花序但不结果，雌铁树开圆盘状花序而且结果。

3. 杜仲

雌株的枝条比较稠密，树冠开张，树皮皮色亮白，皮孔少而稀，排列较整齐。叶芽瘦长，发芽晚。已结实树在冬季往往具有当年或多年宿存的果实；雄株的枝条比较稀疏，树冠较狭长，树皮皮色灰暗，皮孔密，交错排列；叶芽粗圆，发芽早，展叶早。

4. 杨梅

雄株花序圆柱形，红黄色菜黄花序，雌株花序卵状长椭圆形，穗状花序；雄株开花较早，花比较长，而且花的着色很深，远远就可以看到，看起来很漂亮，雌株的花比较小，一个节位能看到1~3个花，大概只有米粒那么大；雄株能开花，给母株授粉，但不能结果，雌株能开花结果。

5. 南方红豆杉

南方红豆杉未开花时雌雄植株可看叶片，一般叶片直且密的是雌株。开花后，雄株的球花单生于叶腋，只开花不结果；而雌株球花的胚珠单生于花轴上部侧生短轴的顶端，开花后能结果，基部有圆盘状假种皮。

八、花卉知识拾零

（一）花卉植物趣名

1.以十二生肖动物开头的花卉植物名

鼠：鼠尾草、鼠李、鼠曲菜、鼠爪花、鼠耳芥、鼠尾掌、鼠掌老鹳草等。

牛：牛蒡、牛角瓜、牛角兰、牛筋藤、牛膝、牛膝菊、牛繁缕、牛鼻栓、牛栓藤、牛舌草、牛至、牛鞭草、牛尾草、牛轭草、牛皮消、牛奶子、牛奶菜、牛矢果等。

虎：虎皮兰(虎尾兰)、虎皮楠、虎刺花、虎刺梅、虎耳草、虎杖、虎头花、虎掌南星（天南星）、虎尾珍珠菜、虎尾铁角蕨、虎舌红等。

兔：兔耳草、兔狗尾、兔尾草、兔耳花（兔子花、仙客来）、兔耳朵（碧光环）等。

龙：龙柏、龙舌兰、龙血树、龙爪槐、龙血兰、龙眼（桂圆树）、龙须藤、龙芽草、龙葵、龙珠、龙船花、龙虾花、龙胆草、龙骨等。

蛇：蛇舌草、蛇莓、蛇葡萄、蛇目菊、蛇床、蛇麻花、蛇根草、蛇鞭菊、蛇地钱（钱苔）、蛇菰、蛇灭门等。

马：马褂木、马尾松、马醉木、马樱花、马银花、马蹄莲、马鞭草、马兜铃、马齿苋、马尼拉、马兰、马棘、马唐、马蒿、马蓼、马缨丹、马梨光（血皮槭）、马林光、马蹄草、马蹄黄、马尾铁、马来葵、马绊草、马莲、马氏榛、马鼻缨、马桉树、马比木、马边槭、马络葵、马边玄参、马蹄海棠、马缨杜鹃、马乳葡萄（马奶子葡萄）、马边楼梯草、马边玉山竹、马鞍山吊灯花等。

羊：羊蹄、羊蹄甲、羊踯躅、羊乳、羊角葱、羊角豆（黄秋葵）、羊角槭、羊角藤、羊舌树、羊耳菊、羊齿天门冬、羊齿蕨等。

猴：猴耳草、猴欢喜、猴头杜鹃、猴板栗（七叶树）、猴狲木、猴面包树、猴接骨草、猴脑果（橙桑）等。

鸡：鸡冠花、鸡矢藤（鸡屎藤）、鸡骨草、鸡骨香（鸡脚香）、鸡眼草、鸡爪槭、鸡爪子（拐枣、鸡爪连）、鸡腿堇菜、鸡肠繁缕、鸡桑、鸡麻等。

狗：狗牙根、狗尾草、狗牙瓣、狗筋蔓、狗爪豆、狗舌草、狗骨柴等。

猪：猪笼草、猪殃殃、猪婆藤、猪毛蒿、猪胆茄（茄瓜）等。

2. 以"五行"开头的花卉植物名

金：金桂、金银花、金钱松、金钱树、金叶女贞、金叶榆、金叶细枝柃、金银忍冬、金银莲花、金缕梅、金钟花、金樱子、金兰、金爪儿、金丝梅、金丝桃、金盏菊、金锦香、金线兰、金灯藤、金豆、金荞麦、金盏银盘、金线吊乌龟等。

木：木槿、木荷、木莲、木通、木兰、木笔（紫玉兰）、木犀、木麻黄、木油桐、木防已、木半夏、木芙蓉、木姜子、木姜叶冬青、木蜡树、木香花等。

水：水杉、水松、水青冈、水竹、水芹、水仙、水烛、水苏、水马桑、水栀子、水丝梨、水团花、水车前、水桂竹、水榆花楸、水锦树、水蓑衣、水蓼、水茄、水蔓青、水苦荬、水塔花、水蛇麻、水翁、水筛、水同木、水石榕、水蔗草、水青树、水金凤、水田碎米荠等。

火：火炬松、火棘、火焰木、火球花、火炭母草等。

土：土茯苓、土忍冬（土银花）、土麦冬、土人参、土当归、土沉香、土田七、土豆等。

3. 以颜色开头的花卉植物名

赤（红、朱）：赤楠、赤榕、赤桉、赤皮青冈、红楠、红豆杉、红豆树、红花檵木、红花酢浆草、红玉兰、红掌、红枣树、红树、红皮树、红皮榕、红叶李、红叶牛膝、红山茶、红枝柴、红紫珠、红心藜、红果榆、红果乌药、红果钓樟、红果山胡椒、红脉钓樟、红柄白鹃梅、红壳寒竹、红白忍冬、红边竹、红后竹、红鸡竹、红哺鸡竹、红梅、红景天、红根草、红背、红花、红马蹄草、红网纹草桂、朱蕉、朱栾、朱砂根、朱丽球等。

橙（黄）：橙树、黄连木、黄檀、黄杉、黄杨、黄堇、黄花菜、黄花远志、黄花美人蕉、黄金树、黄丹木姜子、黄姑竹、黄荆、黄瑞木、黄牛奶子、黄绒润楠、黄海棠、黄古竹、黄槽竹、黄背越橘、黄芩、黄精、黄连、黄蘗、黄独、黄龙尾、黄鹌菜、黄瓜菜等。

绿：绿萝、绿竹、绿巨人、绿蓟、绿豆、绿灯笼、绿穗苋、绿爬山虎、绿叶甘檀、绿叶胡枝子、绿柄白鹃梅等。

青：青冈、青檀、青钱柳、青葙、青枫、青窄槭、青风藤、青花椒、青棕、青紫木、青蒿、青皮木、青皮竹、青珊瑚、青菜叶、青灰叶下珠等。

蓝：蓝莓、蓝果树、蓝花儿、蓝花琉璃繁缕、蓝睡莲（蓝莲花）、蓝雪花、蓝草、蓝铃、蓝藻等。

紫：紫藤、紫荆、紫薇、紫楠、紫檀、紫穗槐、紫罗兰、紫玉兰、紫锦兰（紫背万年青）、紫竹、紫竹梅、紫茉莉、紫弹树、紫果槭、紫金牛、紫花络石、紫花地丁、紫花前胡、紫花野菊、紫花香薷、紫叶美人蕉、紫苜蓿、紫玉簪、紫珠、紫苏、紫萼、紫堇、紫萼蝴蝶草、紫麻等。

白：白蜡、白鹃花、白鹃梅、白芨、白须草、白接骨、白哺鸡竹、白花细叶茶、白花败酱、白花泡桐、白花菜、白花益母草、白花碎米荠、白花鬼针草、白花滨海前胡、白花单瓣木槿、白花重瓣木槿、白毛乌蔹莓、白玉兰、白兰花、白栎、白榆、白檀、白堇、白簕、白术、白苞芹、白苞蒿、白棠子树、白豆杉、白三叶、白子菜、白背牛尾草、白酒草等。

黑（乌）：黑松、黑莓、黑弹朴、黑荆树、黑壳楠、黑果菝葜、黑果荚蒾、黑山山矾、黑蕊猕猴桃、黑腺珍珠菜、黑三棱、乌桕、乌饭树、乌冈栎、乌药、乌蔹莓、乌楣栲、乌竹、乌哺鸡竹、乌蔹等。

灰：灰楸、灰绿藜、灰水竹、灰绿龙胆、灰白蜡瓣花、灰背清风藤、灰叶安息香、灰叶稠李、灰毡毛忍冬等。

4. 以季节开头的花卉植物名

春：春兰、春桃、春薰（薰衣草）、春荀（荀草，即香草）、春芩（黄芩）、春玫（玫瑰）、春迎（迎春花）等。

夏：夏蜡梅、夏枯草、夏水仙、夏桑菊等。

秋：秋海棠、秋牡丹、秋子梨、秋茄树、秋葵、秋樱（大波斯菊、帚梅）等。

冬：冬青、冬青卫矛、冬红茶梅、冬瓜、冬云（景天科植物）等。

5. 以方位开头的花卉植物名

东：东风菜、东亚魔芋、东亚老鹳草、东亚五味子、东亚唐棣、东南葡萄、东南景天、东南悬钩子、东南山梗菜、东瀛四照花、东方古柯等。

西：西府海棠、西川朴、西南卫矛、西南水芹、西子报春苣苔、西番莲、西瓜等。

南：南天竺、南洋杉、南五味子、南酸枣、南蛇藤、南紫薇、南方荚蒾、南方泡桐、南方红豆杉、南方六道木、南方千金榆、南方大叶柴胡、南方碱蓬、南方菟丝子、南方兔儿伞、南川柳、南丹参、南苜蓿、南牡蒿、南苦苣菜、南湖菱、南山堇菜、南岭黄檀、南岭山矾、南岭莞花、南赤飑、南瓜等。

北：北枳椇、北柴胡、北江莞花、北美鹅掌楸、北美香柏、北美圆柏、北美独行菜等。

6.以数字开头的花卉植物名

半：半枝莲、半边莲、半夏、半枫荷、半蒴苣苔等。

一：一品红、一串红、一点红、一叶兰、一丈青、一叶萩、一年蓬、一枝黄花、一把伞南星等。

二：二月兰、二色茉莉、二乔玉兰、二色五味子、二球悬铃木等。

三：三色堇、三角梅、三角花、三角枫、三角槭、三角叶堇菜、三峡槭、三尖杉、三叶青、三叶赤楠、三叶木通、三叶五加、三叶委陵菜、三七、三桠乌药、三花悬钩子、三花冬青、三叉苦、三裂蛇葡萄、三裂叶野葛、三裂瓜木、三脉紫菀、三脉菝葜等。

四：四季海棠、四季樱草、四季桂、四叶葎、四叶草、四季绣球、四季竹、四季柚、四照花、四角菱、四川山矾、四籽野豌豆等。

五：五加、五色梅、五角枫、五针松、五色苋、五色椒、五味子、五爪金龙、五月茶、五月瓜藤、五月艾、五节芒、五叶薯蓣、五岭龙胆等。

六：六月雪、六月菊、六角荷、六角莲、六叶葎等。

七：七月菊、七叶树、七叶一枝花、七子花、七姊妹、七星草、七指蕨等。

八：八仙花、八角莲、八角枫、八角金盘、八角茴香等。

九：九重葛、九里香、九节龙、九龙山楂等。

十：十姊妹、十大功劳、十样锦等。

百：百合、百日草、百日红、百日青、百子莲、百齿卫矛、百两金、百棠子树等。

千：千日红、千年木、千年桐、千金藤、千金榆、千屈菜、千里光、千头菊等。

万：万年青、万年竹、万年麻、万寿菊、万带兰等。

（二）花（树）家行语

1.含有数字的花（树）家行语

天下第一香：兰花。

人间第一香：茉莉。

江南第一香：玉簪。

凌波第一花：水仙。

春风一家：桃、李、杏。

花中二绝：牡丹、芍药。

岁寒三友：松、竹、梅。

沙漠三友：胡杨、红柳、沙枣。

热带三友：椰树、芭蕉、木棉。

园林三多：松柏多寿、牡丹多福、石榴多子。

园林三雅：竹、芭蕉、沿阶草。

园林三宝：树中银杏、花中牡丹、草中蕙兰。

盛夏三白：白兰花、茉莉花、栀子花。

蔷薇三姊妹：月季、玫瑰、蔷薇。

香花三主（香花三状元）：兰花、茉莉、桂花。

世界三大高山花卉：杜鹃花、报春、龙胆（高山植物通常是指分布在海拔3 000米以上的植物。杜鹃、报春和龙胆中的大部分种类是高山花卉的典型代表）。

世界三大饮料植物：茶叶、咖啡、可可。

盆景三型：树桩、山水、草木。

四大切花：月季、菊花、香石竹（康乃馨）、唐菖蒲（剑兰）（切花通常是指从植物体上剪切下来的花朵、花枝、叶片等的总称。它们为插花的重要素材，也被称为花材，用于插花或制作花束、花篮、花圈等花卉装饰）。

花中四君子：梅、兰、竹、菊（分别代表傲、幽、坚、淡四种品质）。

雪中四友：迎春、冬梅、水仙、山茶。

花间四友：蝶、莺、燕、蜂。

花草四雅：兰花、菊花、水仙、菖蒲（兰花清香淡雅，菊花幽贞高雅，水仙娟丽素雅，菖蒲潇洒清雅，它们的共同特色是"雅"）。

春花四绝：国花牡丹、国魂梅花、国香兰花、国艳海棠。

四大古梅：晋梅、隋梅、唐梅、宋梅。

桂花四大品种群：金桂、银桂、丹桂、四季桂。

牡丹四大传统名种：姚黄、魏紫、赵粉、豆绿。

海棠四品：西府海棠、垂丝海棠、木瓜海棠、贴梗海棠。

世界四大洋兰：蝴蝶兰、卡特兰、万代兰、石斛。

盆景四大家：黄杨、金雀、迎春、绒针柏。

江南四大名木：樟、楠、梓、桐。

世界四大水果：葡萄、柑橘、香蕉、苹果。

世界四大红茶：祁门红茶，阿萨姆红茶，大吉岭红茶，锡兰高地红茶。

梅四贵：贵稀、贵老、贵瘦、贵合。

盆景表现四境：生境、花境、诗境、意境。

世界五大行道树：银杏、鹅掌楸、椴树、悬铃木、七叶树。

世界五大公园（园林）树种：金钱松、南洋杉、雪松、日本金松、巨杉。

世界五大切花：菊花、月季、香石竹、唐菖蒲、非洲菊。

盆花五姐妹：山茶、杜鹃、仙客来、石蜡红、吊钟海棠。

五果之花：桃、杏、李、梨、萘（苹果）。

中国五大经济林木：竹、香樟、杉木、漆树、油松。

世界七大色叶树：多花紫木、檫木、黄栌、北美白醋、酸木、落羽杉和胶皮糖胶树。

多花紫树：秋叶树，叶有不同色调的深红、栗红、橙及黄色，果蓝黑色。

檫木：秋叶树，叶呈黄、橙和猩红等颜色。

黄栌：秋叶树，叶呈深浅不同的亮黄、橘黄、红及紫色。

北美白蜡：秋叶树，从嫩黄、深紫等到栗色，最能体现庭园中秋色季相的细微变化。

酸木：多季观赏树种，金字塔树形，春季叶鲜绿，夏季是有光泽的绿，开花时铃兰般的白色圆锥花布满枝头，干后一直挂存到冬季，秋季叶色丰富，有橘黄、黄、粉、紫、酒红等色，冬季也颇有特色，棕褐色果宿存。

落羽杉：秋叶树，叶呈深浅不一的橙、棕至铁锈色。

胶皮糖胶树：秋叶树，叶色深紫红至葡萄酒红色。

七香图：百合、水仙、栀子花、梅花、菊花、桂花、茉莉。

盆景"七贤"：榆、枫、冬青、银杏、雀梅、黄山松、缨络柏。

七宝莲花：红莲、白莲、白睡莲、红睡莲、青睡莲、黄睡莲、赤白睡莲。

中国八大香花：兰花、茉莉、桂花、白玉兰、珠兰、玳玳花、玫瑰、栀子。

庭园名花八品：玉兰、海棠、牡丹、桂花、翠竹、芭蕉、梅花、兰花（寓意玉堂富贵、竹报平安）。

兰花八品：春兰、蕙兰、墨兰、建兰、寒兰、大花蕙兰、兜兰、石斛兰。

中国十大名花：梅花——花中之魁、牡丹——花中之王、月季——花中皇后、茶花——花中娇客（珍品）、荷花——花中仙子（君子）、杜鹃——花中西施、菊花——花中隐士、兰花——花中君子（香祖）、桂花——花中月老、水仙——花中雅客（仙子、极品）。

（另：芍药为花中之相、海棠为花中神仙）

花卉"十友"：荼蘼——韵友、瑞香——殊友、茉莉——雅友、荷花——静友、海棠——名友、丹桂——仙友、菊花——佳友、芍药——艳友、栀子——禅友、梅花——清友。

中国十大名菊：帅旗、绿牡丹、墨菊、十丈珠帘、绿衣红裳、金马玉堂、高原之云、红炼金、黑狮子、犁香菊。

十二姐妹花：梅花、杏花、桃花、蔷薇、石榴、荷花、凤仙、桂花、菊花、木芙蓉、水仙、腊梅（华夏农历每月有一种代表性的花开放，民间称为"十二姐妹花"）。

十二个花神：一月兰花神屈原、二月梅花神林逋、三月桃花神皮日休、四月牡丹花神欧阳修、五月芍药花神苏东坡、六月石榴花神江淹、七月荷花神周敦颐、八月紫薇花神杨万里、九月桂花神洪适、十月芙蓉花神范成大、十一月菊花神陶渊明、十二月水仙花神高似孙。

名花十二客：牡丹贵客、菊花寿客、梅花清客、丁香素客、莲花静客、桂花仙客、瑞香佳客、兰花幽客、荼蘼雅客、蔷薇野客、茉莉远客、芍药近客。

花中十二师：牡丹、兰花、梅花、菊花、桂花、莲花、芍药、海棠、水仙、腊梅、杜鹃花、玉兰。

花中十二友：珠兰、茉莉、瑞香、紫薇、山茶、碧桃、玫瑰、桃花、杏花、石榴、月季、丁香。

花中十二婢：栀子、凤仙、蔷薇、梨花、李花、木香、芙蓉、兰菊、绣球、秋海棠、罂粟、夜来香。

园林传统名木十六品：四大叶木、四大果木、四大藤本和四大阴木。

四大叶木：翠竹、芭蕉、红枫、垂柳。

四大果木：柑橘、枇杷、柿、枣。

四大藤木：紫藤、凌霄、忍冬、葡萄。

四大阴木：苍松、桧柏、银杏、梧桐。

花中十八学士：梅花、桃花、虎刺、吉庆、枸杞、杜鹃、翠柏、木瓜、腊梅、南天竺、山茶、罗汉松、西府海棠、凤尾竹、紫薇、石榴、六月雪、栀子花。

二十四番花信风：人们把花开时吹过的风叫做"花信风"，意即带有开花音讯的风候。花信风是应花期而来的风，为中国节气用语。南朝宗懔《荆楚岁时说》：始梅花，终楝花，凡二十四番花信风。根据农历节气，从小寒到谷雨，共八气，一百二十日。每气十五天，一气又分三候，每五天一候，八气共二十四候，每候应一种花。顺序如下。

小寒：一候梅花、二候山茶、三候水仙。

大寒：一候瑞香、二候兰花、三候山矾。

立春：一候迎春、二候樱桃、三候望春。

雨水：一候菜花、二候杏花、三候李花。

惊蛰：一候桃花、二候棣棠、三候蔷薇。

春分：一候海棠、二候梨花、三候木兰。

清明：一候桐花、二候麦花、三候柳花。

谷雨：一候牡丹、二候荼蘼、三候楝花。

经过24番花信风之后，以立夏为起点的夏季便降临了。

2. 百花与百花群芳谱

百花 亦作"百华"，指各种花。北周庾信《忽见槟榔》诗："绿房千子熟，紫穗百花开。"唐熊孺登《祗役遇风谢湘中春色》诗："应被百华撩乱笑，比来天地一闲人。"宋梅尧臣《依韵和李密学会流杯亭》："来从百花底，转向众宾前。"郭小川《投入火热的斗争》诗："就连梦，都像百花盛开的旷野，那般清新。"

《镜花缘》中的"百花"：曼陀罗、虞美人、洛如花、青囊、疗愁、灵芝、玫瑰、珍珠花、瑞圣花、合欢花、百花、牡丹、木笔花、洛阳花、兰花、菊花、琼花、莲花、梅花、海棠花、桂花、杏花、芍药、茉莉、芙蓉、笑靥花、紫薇花、含笑花、杜鹃、玉兰、蜡梅、水仙、木莲、素馨花、结香花、铁树花、碧桃花、绣球花、木兰花、秋海棠、刺蘼花、玉簪花、木棉花、凌霄花、迎辇花、木香花、凤仙花、紫荆花、蔷薇、秋牡丹、锦带花、玉蕊花、八仙花、子午花、青鸾花、旌节花、瑞香花、荼蘼花、月季、夜来香、罂粟、石竹花、蓝菊花、丁香、棣棠花、迎春花、千日红、翦春罗花、夹竹桃、荷包牡丹花、西番莲、金丝桃花、翦秋纱花、十姊妹花、丽春花、山丹花、玉簪花、金雀花、栀子花、真珠兰花、佛桑花、长春花、山矾花、宝相花、木槿花、蜀葵花、鸡冠花、蝴蝶花、秋葵花、紫茉莉花、梨花、藤花、芦花、蓼花、葵花、杨花、桃花、草花、菱花和百合。

注：《镜花缘》是中国古典长篇小说，其中的"百花"对应着一百位才女，有的并不是植物学上的名称。

百花群芳谱

牡丹——国色天香	梅花——傲骨凌寒
兰花——王者之香	荷花——出水芙蓉
菊花——凌霜绽妍	水仙——凌波仙子
桂花——十里飘香	茶花——富丽堂皇
月季——花中皇后	杜鹃——花中西施
海棠——解语贵妃	桃花——春之芳菲
琼花——天下无双	玫瑰——爱神仙姬
芍药——玲珑红绡	蔷薇——瑶池仙缬
君子兰——高贵君子	百合——云裳仙子

玉兰——玉树银花

茉莉——冰清玉洁

虞美人——袅袅娉娉

紫荆花——和睦象征

丁香花——素装淡裹

紫罗兰——款款深情

仙客来——喜迎贵客

石榴花——百子仙姬

康乃馨——温馨慈祥

蝴蝶兰——兰中皇后

梨花——冰肌雪魄

罂粟——美女毒蛇

唐菖蒲——剑插兰香

满天星——玲珑细致

瑞香花——千里香兰

秋海棠——相思香草

一品红——老来冬娇

雪莲——纯洁仙葩

绣球花——希望之花

大丽花——雍容华贵

素馨——美人之花

三角梅——姹紫嫣红

辛夷 (木笔)——凌云作赋

凤仙花——染指紫蝶

忍冬花——造福人间

玉簪——瑶池仙子

晚香玉——夜来蕊香

凤尾兰——盛开希望

风信子——淡雅清香

石蒜——鲜红如血

风雨花——风雨傲放

连翘——满枝金黄

朱槿（扶桑）——随和融洽

芙蓉——霜染胭脂

荼蘼——独步春风

樱花——热烈高尚

紫薇——百日长红

萱草 (忘忧)——母爱象征

郁金香——雅致骑士

木棉花——阳刚英雄

杏花——二月花神

睡莲——水中女神

锦带花——花中君子

天竺葵——绣球仙姬

鸢尾花——蓝色妖姬

凌霄花——慈母之爱

栀子 (檐葡)——花中禅客

合欢（夜合）——忠贞不渝

蜡梅——傲雪寒香

薰衣草——香草之后

昙花 (或优昙花)——刹那芳华

碧桃花——团簇胭脂

李花——淡雅真人

美女樱——花繁色艳

马蹄莲——气质高雅

天女花——天女散花

木香——凌空仙子

长春花——花团锦簇

鸡冠花——趾高气昂

含笑——嫣然一笑

倒挂金钟——圆满富贵

一串红——爆仗红火

迎春花——春之使者

蜀葵——一丈锦簇

菱花——寂寞水客

豆蔻——含苞待放

扶郎花——吉祥如意　　　　三色堇——护肤圣花

牵牛花——藤绕蔓缠　　　　夹竹桃——袅娜团簇

刺桐（山矾）——火红瑞木　仙丹花——红花绣球

油菜花——遍地花黄　　　　醉蝶花——一夜风流

曼陀罗——美丽毒花　　　　孔雀草——爽朗活泼

油桐花——五月飞雪　　　　茶梅——粉雕玉琢

槐花——清雪仙姬　　　　　凤凰花——展翅飞翔

仙人掌——外刚内柔　　　　百日草——天长地久

芦花——花中孝子　　　　　红蓼花——离人泪血

火鹤花——热烈豪放　　　　葵花——取心向日

女贞花——素蕊吹香　　　　桔梗——花中处士

梧桐花——纯朴芬芳　　　　杨柳花——荡子春魂

3. 花品

梅为仙品、桃为华品、杏为贵品、梨为素品、莲为静品、兰为高品、菊为逸品、桂为灵品、水仙为名品、茉莉为妙品、牡丹为荣品、山茶为寒品、棠棣为教品、合欢为异品、芦花为幽品、秋海棠为情品、芍药为选品、木棉为奇品、芙蓉为尤品、虞美人为生品、海棠为佳品、凤仙为新品、鸡冠为闻品。

4. 花语

花自无言最有情，花语可用来表达人的语言或某种情感。它是由一定的社会历史条件逐渐形成，并为大众所公认的。在很多场合中，未必都能找到合适的语言来表达心声，花卉却善解人意，能含蓄而恰当地表达送花者的感情和愿望。

天堂鸟——自由、幸福、吉祥　　百合——纯洁、高贵、百事合意

红玫瑰——热恋、我爱你　　　　蓝玫瑰——稀缺的爱

黄玫瑰——褪色的爱　　　　　　蝴蝶兰——我爱你

非洲菊——永远快乐　　　　　　郁金香——热情的爱

风信子——永远的怀念　　　　　马蹄莲——纯洁的爱

康乃馨——温馨、真心的祝福　　勿忘我——情意绵绵

情人草——爱意永恒　　　　　　风铃草——温柔的爱

紫罗兰——你永远那么美　　　　茉莉——永不分离、你是我的

栀子花——一生的守侯、永恒的爱　朱顶红——渴望被爱、追求爱

仙客来——你真漂亮　　　　　　彩叶草——绝望的恋情

迷迭香——留住回忆　　　　　　含羞草——暗恋你

忘忧草——放下他(她)放下忧愁　野蔷薇——浪漫的爱情

菖　蒲——信仰者的幸福　　　　　桔梗花——真诚不变的爱

鸢　尾——绝望的爱　　　　　　　茶　花——你值得敬慕

杜鹃花——强烈的感情　　　　　　翠　菊——请相信我

波斯菊——永远快乐　　　　　　　牵牛花——爱情永固

天竺葵——偶然的相遇　　　　　　大丽花——华丽、优雅；大吉大利

虞美人——安慰　　　　　　　　　石　竹——纯洁的爱

夜来香——危险的爱　　　　　　　木棉花——珍惜眼前的幸福

熏衣草——等待爱情　　　　　　　狗尾巴草——暗恋

水仙花——只爱自己　　　　　　　红　豆——相思

三叶草——幸运　　　　　　　　　仙人掌——坚硬、坚强

丁　香——回忆　　　　　　　　　紫云英——没有爱的期待

（三）花钟

在不少国家的城市园林中布设了花钟，花钟主要有二种形式，一种是由花卉组成钟盘，并与钟表结合来报时，另一种是根据不同植物的开花时间不同，而将其组成一个报导时间的时钟。花钟既有别致的园林景观，又有报时的功能，不仅受到园林工作者的推崇，而且一直深受民众喜爱。

图 8-1　瑞士日内瓦花钟

1. 以花卉和钟表组合的花钟

这种花钟将花卉之美与钟表完美地结合起来，以多姿多彩的植物花卉为材料，布设成钟盘，又称园艺钟。如瑞士日内瓦的"花钟"，它的机械机构设置于地下，地面上的钟面由鲜嫩翠绿的芳草覆盖，代表 12 小时的阿拉伯数字则由浓密火红的花簇组成。有时候，钟面开满了艳丽的花朵，它的阿拉伯数字却换成了平整的绿茵。当组成钟面的鲜花盛开期过后，就改种另一种鲜花，使钟面形成新的图案。它成为日内瓦著名景点；美国瀑布城"花钟"的钟面由 24 000 株花组成，直径 10 多米；苏格兰爱丁堡街心钟花园的"园钟"直径约 4 米，指针用空心金属制成，并由机械传动，"钟面"的 12 个阿拉伯数字也是用栽种的花卉造型而成（图 8-1）。

2. 以不同开花时间的花卉组成的花钟

这种花钟就是根据不同植物的开花时间不一，而有意识地将在 24 小时内陆续

开放的花卉种在一起，把花圃修建得像钟面一样，组成一个花的"时钟"，人们只要看看什么花刚刚开放，就知道大致是几点钟。这是一种真正意义上的花钟。

瑞典著名植物学家林奈（Linnaeus, Carolus）在植物研究中观察到一些植物花的开闭具有波动性。他把 46 种具有波动习性的植物分为三组：一组是大气花，它们的开放和闭合随大气条件而变化；一组是热带花，它们随光照的长短而变化；还有一组花是定时开放与闭合，不受昼夜长短的影响。林奈将第三组的花栽培在花盆里，然后按开花的早晚顺序摆在自己的书桌上，成为富有自然情趣的"花钟"。林奈花钟的开放时间顺序如下：

03：00 左右	蛇床花	04：00 左右	牵牛花
05：00 左右	野蔷薇	06：00 左右	龙葵花
07：00 左右	芍药花	10：00 左右	半枝莲
12：00 左右	鹅肠菜	15：00 左右	万寿菊
17：00 左右	紫茉莉	18：00 左右	烟草花
19：00 左右	丝瓜花	20：00 左右	夜来香
21：00 左右	昙花		

在我国，蛇麻花凌晨约 3：00 首先开花，大约 4：00 时，牵牛花的大喇叭也跟着张开了，5：00 左右，野蔷薇、蒲公英花开，然后是龙葵花（大约 6：00）开放，睡莲（约 7：00）开出花瓣，郁金香（大约 7：30）、半枝莲（约 10：00）、大爪草（约 11：00）盛开，接下去是午时花（约 12：00）迎着烈日怒放。正午过后，依次是万寿菊（约 15：00）花开、紫茉莉（约 17：00）添香、烟草花（约 18：00）绽开。夜晚降临，月光花（约 19：00）吐蕊，夜来香、待宵草（约 20：00 钟）破蕾，昙花（约 21：00）含笑一现。这些不同时间开花的花草，可以组成园林式"花钟"。

在欧美国家，常见的是由 13 种鲜花组成的"花钟"：斑纹猫耳在 6：00 开放，非洲金盏花在 7：00 开放，鼠耳紫菀在 8：00 开放，多刺苦菜在 9：00 开放，乳头状草在 10：00 开放，伯利恒之星在 11：00 开放，受难花在 12：00 开放，石竹花在 13：00 闭合，深红紫繁缕在 14：00 闭合，小鸢花在 15：00 闭合，小旋花在 16：00 闭合，白荷花在 17：00 闭合，待宵草在 18：00 开放（图 8-2）。

在大自然中，每一种植物都有其自身生长发育的节律，它受约于生物钟。但生长发育的节律会因环境的改变而多少发生变化。植物的开花时间除了受自身生物钟的控制外，还受到地区、温差和气候等因子的影响。如同一种花，在我国南方开得早一些，而在北方就会迟一些。因此，"花钟"虽然很有趣，并有一定的报时作用，但其"报告"的时间可能会有误差。

图 8-2　欧美常见的花钟

（四）送花常识

鲜花能够烘托气氛，又因不同的鲜花有不同的花语和特定的寓意，因此鲜花又能传递感情，表达心意。送花是一门学问，也是一门艺术，我们应该把握合适的时间、合适的情形，送出合适的鲜花。

1. 不同节日宜送的花卉

元旦（1月1日）：选带有节日喜庆的剑兰、蝴蝶兰、大花蕙兰、君子兰、玫瑰、香石竹、兰花、仙客来、水仙、蟹爪兰、红掌、凤梨、金橘、鹤望兰等（图8-3）。

春节（农历正月初一）：选送带有喜庆与欢乐气氛的花卉，选送的具体花卉

图 8-3　蝴蝶兰（左）、大花蕙兰（右）

与元旦相似。

情人节（2月14日）：以送红玫瑰最多，表达专一热烈的情感。另如百合、郁金香、勿忘我、红掌等，也可表达深深的爱意。

母亲节（5月的第二个星期日）：通常以康乃馨代表子女对母亲绵绵不断的感情。另可送百合、萱草、茉莉、凌霄等。

儿童节（6月1日）：可送三色堇（蝴蝶花）、月季、含羞草等。

父亲节（6月的第三个星期日）：通常以送黄色的玫瑰和百合为主。

中秋节（阴历八月十五）：最好选送花语与团圆相关的鲜花，如百合、绣球、大丽花、天堂鸟（鹤望兰），或组合花篮、花束。

教师节（9月10日）：教师常被比喻为母亲，可送各色康乃馨，或者米兰、唐菖蒲、菊花等。

国庆节（10月1日）：适宜送组合的花篮或花束。

重阳（农历九月九日）：宜送菊花、兰花等。

圣诞节（12月25日）：通常送一品红、圣诞树、南洋杉、黄色百合或红花绿叶组成的花环。

2.不同对象、情形下宜送的花卉

看望父母：可选剑兰花、康乃馨、百合花、菊花、满天星等插成花蓝或花束，祝父母百年和好，幸福美满。

探望病人：可选素静淡雅的马蹄莲、素色苍兰、剑兰、百合、康乃馨表示问候，并祝愿早日康复。或选用病人平时喜欢的品种，有利病人怡情养性，早日康复。

给病人送花有很多禁忌。探望病人时不要送整盆的花，以免病人误会为久病成根；忌送白色花。另外，香味很浓的花对手术病人不利，易引起咳嗽；颜色太浓艳的花，会刺激病人的神经，激发烦躁情绪；山茶花容易落蕾，被认为不吉利。

送别朋友：宜赠一束芍药花。芍药花朵鲜艳，表示难舍难分、依依惜别之情。

迎接亲友：可选紫藤、月季、仙客来、马蹄莲组成的花束表示热情好客。

热恋的情人：可互送玫瑰花、蔷薇花或桂花。这些花以其美丽、雅洁、芬芳而成为爱情的信物和象征。另有郁金香、香雪兰、风信子、大花蕙兰、紫罗兰、朱顶红等。

夫妻之间：可互赠合欢花。合欢花的叶子两两相对合抱，是夫妻好合的象征。也可用玫瑰、水仙、并蒂莲、茉莉花等。

新娘：新娘子在披纱时所用的捧花，除了有玫瑰、百合、郁金香、香雪兰、扶郎花、菊花、剑兰、大丽花、风信子、舞女兰、石斛兰、大花蕙兰等外，适当加入两枝满天星将更加华丽脱俗。

送工商界朋友：可送杜鹃花、大丽花、常春藤等祝福其前程似锦，事业成功。

送离退休同志：可选兰花、梅花、红枫、君子兰、万年青，敬祝正气长存，保持君子的风度与胸怀。

拜访德高望重的老者：宜送兰花，因为兰花品质高洁，又有"花中君子"之美称。

对婚恋受挫的朋友：宜送秋海棠，因为秋海棠又名相思红，寓意苦恋，以示安慰。

祝长辈华诞：可选送长寿花、寿星草、万年青、百合花、龟背竹、大丽花、迎春花、兰花等具有延年益寿含意的花草为好，寓意"福如东海，寿比南山"。如能赠送国兰或松柏、银杏、古榕等盆景则更能表达尊崇的心意。

祝贺新婚：可送花色艳丽、花香浓郁的鲜花，如百合、玫瑰、牡丹、月季、郁金香、并蒂莲、扶郎花等表示富贵吉祥，幸福美满。

祝同辈生日：可选石榴花、象牙花、红月季等喜庆的花，含有青春永驻、前程似锦的祝愿。

祝婴儿出生满月：最好选送各种鲜艳的时花和香花。

祝贺乔迁：以巴西铁、鹅掌叶、绿萝柱、彩叶芋等观叶植物或盆景为宜。平安树、幸福树、金钱树、富贵树、富贵椰子、发财树等可表示平安幸福、富贵吉祥、兴旺发达，也是很适宜的。还可送红掌、凤梨、蝴蝶兰、大花蕙兰、仙客来等带有喜气的花卉（图8-4）。

图8-4　红掌（左）、凤梨（右）

祝贺新店、公司开业：宜送开运竹、红掌、月季、牡丹、一品红、发财树、金钱树、富贵椰子、巴西铁等，寓意"开业大吉、红红火火、兴旺发达、财源茂盛"。或送上繁花似锦的花篮或花牌，以祝贺生意兴隆，财源广进。

每一种花都具有某种含义，蕴藏着无声的语言。但由于各地各民族的风俗不同，送花亦有不同的喜好和忌讳，不可生搬硬套。因此，送花时应考虑风俗和对方的情况选择不同的花种。

3. 送花禁忌

世界上不同国家对花有不同的忌讳。

忌白色花：在欧洲，除生日之外，一般忌用白色鲜花作为赠礼。

忌黑色花：欧洲人多忌黑色，认为黑色是丧礼之色。

忌紫色花：送巴西人花时不要送紫色花，因为巴西人习惯以紫色花为丧礼之花。

忌黄色花：许多欧洲人忌讳黄色花。如法国人往往忌送黄色花，法国传统习俗认为黄色花象征不忠诚。英国人送花时也忌送黄玫瑰，英国传统习俗认为，黄玫瑰象征亲友分离。

忌菊花：在欧洲许多国家，比如意大利、西班牙、德国、法国、比利时等国，人们忌用菊花。他们的传统习俗认为，菊花是墓地之花，象征着悲哀和痛苦。许多拉丁美洲人、日本人将菊花视为"妖花"，认为菊花是不吉祥的，因此，忌用菊花装饰房间。

忌百合花：在中国，百合花象征着百年好合，但英国、加拿大、印度等国却认为百合花代表"死亡"，因此，不能送百合花给这些国家的人。

忌红玫瑰：德国、瑞士等一些国家忌送红玫瑰给已婚（或已有男友）的女士，因为红玫瑰代表爱情，会使女士的丈夫（或男友）产生误会。

忌莲花：日本人讨厌莲花，他们认为莲花是人死后在阴间用的花。

忌郁金香：德国人视郁金香为"无情之花"，送郁金香给他们就表示绝交。

忌双数花：俄罗斯、波兰、罗马尼亚等国家忌讳双数，认为双数花不吉祥，送花时必须送单数，即使一枝也可。不过，如果是过生日则可以送双数。

4. 数字花情（送花枝数象征）

1朵——你是我的唯一，对你情有独钟；一见钟情。

2朵——心心相印，相亲相爱；世界只有我和你。

3朵——我爱你。

4朵——海誓山盟。

5朵——无怨无悔。

6朵——一帆风顺。

7朵——喜相逢。

8朵——兴旺发达，吉祥如意。

9朵——长相守，久相爱，永相随。

10朵——美满幸福，全心全意，十全十美。

11朵——一心一意爱着你，心中最爱。

12朵——全部的爱；一年好运。

13朵——你是我暗恋中的人。

16朵——一帆风顺。

18 朵——青春美丽；财源广进。 19 朵——最爱。

20 朵——生生世世的爱，永远爱你， 22 朵——爱相随；两情相悦，
　　　　此情不渝。 　　　　你浓我浓。

24 朵——时时刻刻的思念。 27 朵——爱妻。

29 朵——爱到永久。 30 朵——尽在不言中。

33 朵——三生三世我爱你。 36 朵——浪漫心情全因有你。

44 朵——至死不渝，亘古不变。 50 朵——这是无悔的爱。

51 朵——我的心中只有你。 52 朵——我爱。

66 朵——爱无止境。 77 朵——相逢自是有缘。

88 朵——用心弥补一切的错 99 朵——天长地久，永沐爱河。

100 朵——百年好合；完美结合。 101 朵——你是我唯一的爱；直
　　　　　到永远。

108 朵——求婚，嫁给我吧。 110 朵——无尽的爱。

111 朵——一生一世只爱你一个。 144 朵——爱你日日月月、生生
　　　　　世世。

365 朵——天天想你，天天爱你。 999 朵——无尽的爱，爱无止
　　　　　休；天长地久。

1000 朵——爱你一万年，忠诚的爱、至死不渝。

（五）室内常见花木摆放与养护小窍门

1.适合摆养在室内的花木

（1）能吸收有毒物质的植物

如吊兰能吸收空气中 95% 的一氧化碳和 85% 的甲醛，还能吸收室内的二氧
化碳、苯乙烯和香烟烟雾中的尼古丁等有害物质。虎尾兰可吸收室内 80% 以上
的有害气体。常春藤是植物中吸收甲醛和苯的冠军。芦荟、龙舌兰、龟背竹、鸭
跖草、菊花也是吸收甲醛的好手。白掌也能吸附甲醛和氨气、丙酮、苯。万年青
可有效清除空气中三氯乙稀污染，还可清除硫化氢、苯、苯酚、氟化氢和乙醚
等多种有害气体，是一种极好的用于改善室内空气的植物。月季能吸收硫化氢、
苯、氟化氢、乙醚等有害气体。木槿、米兰等能吸收二氧化硫、氯气和氯化氢等
有害气体。菊花、月季、蒲葵也能很好地吸收氯气。发财树能吸收烟草燃烧产生
的废气。栀子、桂花可吸收光化学烟雾和汞蒸汽。龙舌兰能吸附氨气。金橘吸收

氟能力较强。而橡皮树是消除有害物质的多面手。绿萝、兰花也能吸收室内的有毒有害物质，并能净化空气。

（2）能净化空气的植物

包括芦荟、凤梨、紫薇、玉兰、仙人掌、昙花、常春藤、绿萝、兰花、铁树、菊花、石榴花、仙人球等。芦荟是净化空气的植物"高手"，一盆芦荟相当于九台生物空气清洁器；山茶花能抗御二氧化硫、氯化氢、铬酸和硝酸烟雾等有害物质的侵害，对大气有净化作用；凤梨能释放被人们喻为空气维生素的负氧离子；仙人掌和仙人球类植物能净化空气。但其叶面上的刺有毒性，易引起皮肤发炎，红肿痛痒，痛苦难忍。

（3）抗辐射植物

如仙人掌、宝石花、景天等多肉植物，可有效减少各种电器产生的电磁辐射污染。仙人掌是减少电磁辐射的最佳植物。菊花还有助于气场磁场的稳定。

（4）驱虫杀菌植物

有的植物具有特殊香气或其他气味，对人无害，而蚊子、蟑螂、苍蝇等害虫闻到会避而远之。有的香气还可以抑制或杀灭病菌，如除虫菊、野菊花、万寿菊、茉莉、紫茉莉、柠檬、紫薇、薄荷、艾草和紫苏等。

2.不宜摆养在室内的花木

（1）易产生异味的花木

如接骨木、松柏类植物会分泌一种脂类物质，对人体的肠胃有刺激作用，如果闻久了，不仅影响食欲，还会使人心烦意乱、恶心呕吐、头昏目眩。玉丁香发出的异味会引起人气喘、烦闷。

（2）耗氧性花木

如丁香、夜来香等，呼吸作用时会大量耗氧，使室内氧气含量下降。此外，它们在夜间还会大量散播强烈刺激嗅觉的微粒或废气，使高血压和心脏病患者感到憋闷，影响人体健康。这些花闻起来很香，但如果长期摆放在床头，或在室内种植过多，会引起头昏、咳嗽，甚至气喘、失眠。这类花卉白天可短时间放在室内，傍晚宜搬到室外。

（3）会引起过敏的花木

如触摸一品红、五色梅、洋绣球、天竺葵等花草时，会引发皮肤过敏，出现奇痒、红疹。一品红全株有毒，其白色乳汁能刺激皮肤红肿，引起过敏反应，误食茎、叶甚至有中毒死亡危险。凤仙花对鼻咽和食道疾病有促发作用。

（4）含有毒物质的花木

如郁金香花中含有毒碱，人在这种花丛中呆上2~3个小时，就会头晕脑涨，接触的时间越长中毒越深，严重者还会毛发脱落；百合花的浓厚香味久闻后，易引起眩晕、失眠、咳嗽、气喘和瞬间迟钝；夹竹桃花朵闻之过久易使人昏昏欲睡，智力下降，诱发呼吸道、消化系统等疾病。

有的花草摆放在室内可起到美化和清新空气等作用，但其体内含毒素，虽然不会自行释放到空气中，但触摸、攀折时，会有损人体健康，养护时要慎重。如含羞草体内有羞草碱，过多接触会引起周身不适，毛发脱落；白色杜鹃花中含有四环二萜类毒素，人中毒后会呕吐、呼吸困难、四肢麻木，甚至休克；黄杜鹃的植株和花内均含有毒素，误食后会引起中毒；虞美人全株有毒，内含有毒生物碱，尤以果实毒性最大，误食后会中毒，严重的还可能导致生命危险；南天竹全株有毒，主要含天竹碱、天竹苷等，误食后会引起全身抽搐、痉挛、昏迷等中毒症状；夹竹桃叶及茎皮有剧毒的乳白色液体，人畜误食后可致命；花叶万年青属的植物叶片和茎部的汁液有毒，对皮肤有强烈刺激性，入口会引起剧烈肿痛；水仙花枝、叶的液汁可使皮肤发红，鳞茎含拉丁可毒素，食后会呕吐；马蹄莲花含生物碱，有毒，误食后会昏迷；滴水观音茎内的白色液汁有毒，滴下的水也是有毒的，误碰或误食其汁液，就会引起咽部和口部的不适，胃里有灼痛感（图8-5）。皮肤接触它的液汁还会瘙痒难耐，眼睛接触液汁可引起严重的结膜炎，甚至失明；曼陀罗花汁有刺激神经中枢的作用，吞食后可产生兴奋作用，并可能出现幻觉，过量可致神经中枢过度兴奋而突然逆转为抑制作用，使机体功能骤降，严重的可导致死亡；燕飞掌、虎刺、霸王鞭、文殊兰、银边翠、石蒜、龙舌兰、风信子等花粉或浆汁对人也有毒。

3. 室内花木摆放要领

植物永远都是点缀家庭的最好装饰品，每一片绿都是一叶舟，满载着生命和活力的气息。但是如何选择和摆放好这些绿色的生命，却有不少讲究，应该考虑花木的生长习性、环境条件和对人体健康的影响等因素。一般要掌握以下几点：一是喜光的植物应摆放在阳光充足的地方，如阳台、窗台等处，半喜光的植物应摆放在一天中能晒到1~2小时阳光的地方，阴生植物宜摆放在阳光不强烈之处；二是室内应多选用生长健壮的常绿耐阴品种；三是最好选用无特殊气味的品种和不带针、刺、毛的品种；四是花木摆设要与周围环境相协调，空间大的室内可摆放体量大的、扩张型生长的品种，反之，则宜布置小型低矮、直长型

图8-5 滴水观音

的品种，同时要考虑室内装修的风格、色彩和其他物品的摆放情况；五是摆放数量要适中。

客厅：主人休息、会客的地方，常是家庭中最大的一个空间。植物装饰宜简朴、美观，不宜过杂，并要考虑家具式样与墙壁色彩来选择合适的植物种类。大中型盆栽如散尾葵、棕竹、龟背竹、发财树、龙血树、富贵树、富贵椰子、幸福树、平安树、巴西铁、大花蕙兰、变叶木等一般适宜放置在墙角。展示架上适合摆放蕨类、仙人掌、金枝玉叶等小型盆栽或四季海棠、仙客来、凤仙花、瓜叶菊、常春藤、芦荟、虎尾兰、袖珍椰子等。茶几上宜放一些剑兰、蝴蝶兰、月季、凤梨、红掌、郁金香、百合等，这些都是极好的待客鲜花。但郁金香、百合等香气浓厚，久闻对人体不利，不宜多放。

餐厅：要卫生、整洁，植物的装饰应有利于增进食欲。如在饭厅周围摆放棕竹、龙血树、富贵椰子等叶类盆栽植物，也可按不同季节进行更替。餐桌上可放君子兰、金桔、凤梨和黄色的玫瑰、康乃馨等桔黄色的花卉植物，以增进食欲、促进健康。

卧室：一般要充满宁静、安详、温馨的气息，应根据年龄和兴趣的需要安排相应的花木。不能摆放有毒的植物，不能摆放会散发出刺激性气味或令人兴奋气味的植物。可选择富贵竹、万年青、仙人掌、仙人球、水仙、玫瑰、绿宝石、荷兰铁等，且以点缀作用为主，一般花卉的数量不宜太多，因为自然界大多数植物都是白天进行光合作用，晚间吐出二氧化碳，只有少数品种如仙人掌、仙人球、水仙等，才在夜间吸收二氧化碳。卧室内不宜悬挂花篮、花盆以避免花盆滴水。摆放在卧室中的花应尽量远离床铺。水仙体内和仙人掌类的刺有毒，不要触碰。

书房：要充满书香气，宜摆放文竹、富贵竹、君子兰、吊兰、兰花、红掌、常春藤或小山石盆景等，这些花卉能活跃人的思维能力，有利于学习思考。在书桌上也可放盆叶草、菖蒲等，有凝神通窍、防止睡眠的作用。

卫生间：因空气湿度大，耐阴、喜湿的盆栽类最适合布置在卫生间里。适宜摆放蕨类和藤类等喜温喜湿的小型悬挂式盆栽植物，如蕨类能吸湿，常春藤、万年青是耐阴花卉，可以净化空气、杀灭细菌。洗手台上如果地方够大，可以放些小型观叶蕨类或冷水花、吉祥草、袖珍椰子等。如放上一瓶水竹也很合适，不但易养活且能生出许多绿意。虎尾兰的叶子可以自己吸收湿气为自身保湿所用，是厕所和浴室植物的理想选择。鸡冠花和含烟草则能够帮助吸收陶瓷的釉面释放的有害物质。绿萝、君子兰等植物也有利于改善卫生间的空气质量。

厨房：烹饪之地，烟气多、温度高、湿度大。因此，需要选择那些生命力顽强、体积小、并且可以净化空气的植物，如吊兰、绿萝、仙人球、芦荟都十分不错。要注意的是，由于厨房的烟尘和蒸汽不利于植物生长，因此最好定期给花草"洗澡"。

　　阳台：朝向不同，其环境条件相差很大。应按阳台的朝向和阳光等条件选择适宜的花卉品种。各种花卉摆放时要各得其所，把阳性植物放在靠近阳光的位置，阴性植物放在避阳处。南向和东向阳台光照充足、温度高、易干燥，宜选择喜光、耐旱、喜温暖的花卉，如天竺葵、茉莉、米兰、含笑、扶桑、杜鹃、月季、金桔、迎春、瑞香、蟹爪兰、仙人球类等。北向阳台光照少、温度低、风大，宜选择喜阴的观花观叶花卉作春、夏、秋三季装饰，如八仙花、文竹、万年青、吊兰、旱伞草、龟背竹、合果芋、绿萝、南天竹、袖珍椰子等。西向阳台夏季太阳西晒重、温度高，宜选择藤本花卉，如茑萝、牵牛、凌霄、绿萝、常春藤等形成"绿帘"，用于遮蔽烈日，或选择耐高温的花卉，如三角梅、扶桑、五色梅等（图8-6）。

图8-6　绿萝（左）、常春藤（右）

4. 养花小窍门

（1）大蒜

把蒜和洋葱头切碎，与一匙胡椒粉加入1升水中，喷洒在花卉叶子上，猫狗就会避而远之了；把一个大蒜头捣碎，用一汤匙胡椒粉一起掺入半升水中，一小时后，把它喷洒在花叶上，可防鼠。

（2）烟草

将烟蒂、烟丝用热水浸泡一两天，待水变成深褐色时，将一部分水洒在花茎、花叶上，其余的稀释后浇到花盆里，即可消灭蚂蚁；把三个烟头泡在一杯水中，加入少许碱性皂液，直接喷洒在花卉上，能杀死蚜虫。

（3）醋

每隔两三周在花卉的周围浇 1 次由 2 匙醋和 1 升水配成的醋水，黄叶便会消失；棉球蘸些食醋揩花叶，可令介壳虫、红蜘蛛、蚜虫等骚动不安，然后可扫下来消灭之；用 40% 左右的醋溶液喷叶和花蕾能使光合产物累积增多，花朵增大，叶更葱绿，花更鲜艳；施过有机肥的盆花放在室内会有腥臭味，如果浇入适量的醋液既能消除异味，又能使土壤杀菌消毒。

（4）全脂牛奶

将半杯全脂牛奶加入 20 升的清水中，然后把这种液体喷洒在花卉的枝叶上，能够杀死大部分壁虱及其卵；牛奶变质后，加水用来浇花是好肥料。

（5）葡萄糖粉

将变质葡萄糖粉少许捣碎与清水按 1∶100 混合，用它浇灌花木，能促使花木黄叶变绿，长势茂盛。适用于吊兰、虎刺梅、万年青和龟背竹等。

（6）啤酒

把啤酒倒入放在花卉土壤上的浅盘里，蜗牛就会爬入盘内淹死；啤酒也是好花肥，因为啤酒含有大量的二氧化碳，而二氧化碳又是各种植物及花卉进行新陈代谢不可缺少的物质，而且啤酒中含有糖、蛋白质、氨基酸和磷酸盐等营养物质，有益花卉生长。水和啤酒按 1∶50 的比例均匀混合后浇花，可使花卉生长旺盛，叶绿花艳，不仅能够使花卉得到充分的养分，而且还吸收得特别快。用水和啤酒按 1∶10 的比例均匀混合后，喷洒叶片，同样能收到根外施肥的效果。

（7）黄豆及豆渣

煮熟的黄豆和豆渣是上乘肥料，无碱性。豆渣虽是磨浆取汁后的残渣，但仍含有相当一部分蛋白质、多种维生素和碳水化合物等。它们经过人工处理，最适宜花苗生长。自制豆渣肥的方法是把豆渣装入缸内，加入 10 倍清水发酵后 (夏季约 10 天左右，春秋季约 20 天左右)，再加入 10 倍的清水混合均匀，用以浇灌各种盆花，效果不错。尤其是用来浇灌昙花、令箭荷花、蟹爪兰、霸王鞭、仙人掌、仙人球等仙人掌类花卉，效果更佳。

（8）麦饭石颗粒

在花盆里撒上一层麦饭石颗粒，可促进花卉的生长，延长开花期。

（9）小苏打

花卉含苞欲放之际，用 1×10^{-4} 浓度的小苏打溶液浇花，可促使花开繁茂。

（10）洗涤剂

用一茶匙洗涤剂与 4 千克水混合，每隔 4~5 天喷洒叶背 1 次，可彻底消灭白蝇和细菌。

（11）淘米水

淘米水含氮、磷、钾等微量元素，既是复合肥料又是温和肥料，用其浇花可使花木枝叶茂盛，花色鲜艳。沉淀过的淘米水可促进盆景山石生出青苔。把山石盆景放在阴湿的地方，每天用沉淀过的淘米水浇在需要长青苔的地方，一般情况下 15~20 天便能生出绿茵茵的青苔。

（12）中药渣

中药煎煮后的剩渣，是一种很好的养花肥料，且可以改善土壤的通透性。

（13）残茶

残茶水浇花能给植物增添氮等养料，还可以保持土壤水分。

（14）蛋壳

将蛋壳压碎埋入花盆中，是很好的肥料，可以使盆花生长茂盛，叶繁花艳。

（15）鱼内脏、猪骨、鱼骨等

将平日准备废弃的鱼内脏埋入花盆中，把猪骨、鱼骨等烤枯捣碎，施放在盆底或盆面，都是极好的肥料，能促进花木生长。

（16）外出时间较长时如何防止花卉干枯

爱养花的人，如因探亲或外出办事十天半月不在家，没人浇花时，可将一个塑料袋装满水，用针在袋底刺一个小孔，放在花盆里，小孔贴着泥土，水就会慢慢渗漏出来润湿土壤。孔的大小需掌握好，以免水渗漏太快。或者在花盆旁放一盛满凉水的器皿，找一根吸水性较好的宽布条，一端放入器皿水中，另一端埋入花盆土里。这样，至少半个月左右土质可保持湿润，花不致枯死。

5.延长鲜切花保鲜时间的技巧

（1）折枝法

对于一些枝梗脆性的花木，把用来瓶插的花枝折断，这样花梗没有受到压力，导管保持正常，容易吸收水分，可延长花期。

（2）末端击碎法

将花梗末端（约 3 厘米左右）击碎，可使吸水面积扩大。一般木本花枝如玉兰、绣球、丁香、牡丹、紫藤等，多可使用此法。

（3）鲜花保鲜剂

在插花溶液中加适量的化学保鲜药剂，可延长保鲜时间。也可用4‰浓度的高锰酸钾水溶液防腐，或用3‰浓度的阿司匹林水溶液配制成简易的保鲜剂。在插花的水中加点糖或维生素C，也可延长花期。

（4）浸烫法

将草本花卉基部浸于沸水中约10秒钟，或在热水中浸2分钟，取出后再浸入冷水中，可防止花卉组织液汁外溢，有利于花梗末端杀菌、防腐和吸水。多用于草本花卉，如芙蓉花、大丽花、牡丹花等。

（5）茶水法

用较浓的冷茶水代替清水来插花，不仅可延迟插花凋谢的时间，而且能促使花朵鲜艳夺目，香气四溢。

（6）急救法

鲜花失水垂头后，可剪去花枝末端一小段，再把它放在盛满冷水的容器中，仅留花头露于水面，经1~2小时，花枝会重新鲜活过来。草本、木本花卉均适用。

（7）啤酒法

在插着鲜花的瓶子里加进一点啤酒，或将花插在剩有泡沫的啤酒瓶里，再添加适量的清水，会使鲜花的保鲜期延长。这是因为，啤酒中含有乙醇，能为花枝切口消毒防腐，又含有糖及其他营养物质，能为枝叶提供养分。

（8）冰箱保鲜法

全家外出时，把瓶养插花取出用塑料袋装好放在冰箱中保存，可保持数日不凋。回来后取出再插回花瓶中，又可栩栩如生。

另外，在蔷薇花的剪口处用火灸一下，再插入瓶中；在秋菊花的剪口处涂上少许薄荷晶；山茶花、水仙花插入1‰的淡盐水中；莲花用泥堵塞气孔，再插入淡盐水中；栀子花在水中加1~2滴鲜肉汁都能延长鲜花的保鲜时间。在养菊花的清水中，加进微量的尿素或土壤浸出液（肥泥土加水搅拌后过滤而成的溶液），可使瓶插菊花长达30天才凋谢，比用一般清水可延长10多天；白兰花晚上用湿布包裹，白天揭开，可使花的凋谢时间推迟2~3天（图8-7）。

图8-7　鲜切花

九、森林保护

（一）林木资源保护

1.《中华人民共和国森林法》（简称森林法）的立法目的、基本任务和基本原则

（1）森林法立法目的

①保护、培育和合理利用森林资源。

②加快国土绿化。

③发挥森林蓄水保土、调节气候、改善环境的作用。

④适应社会主义建设和人民生活的需要。

（2）森林法的基本任务

①维护林权。

②鼓励造林。

③保护资源。

④改善环境。

（3）森林法的基本原则

①生态效益优先原则。

②遵循森林资源自身规律原则。

③以营林为基础、永续利用的原则。

④国家对森林资源实行重点保护原则。

2.国家对森林资源实行的主要保护性措施

一是对森林实行限额采伐，鼓励植树造林、封山育林，扩大森林覆盖面积。二是根据国家和地方人民政府有关规定，对集体和个人造林、育林给予经济扶持或者长期贷款。三是提倡木材综合利用和节约使用木材，鼓励开发、利用木材代用品。四是征收育林费，专门用于造林育林。五是煤炭、造纸等部门，按照煤炭和木浆纸张等产品的产量提取一定数额的资金，专门用于营造坑木、造纸等用材林。六是建立林业基金制度。

另外，国家设立森林生态效益补偿基金，用于提供生态效益的防护林以及特种用途林的森林资源、林木的营造、抚育、保护和管理。

3. 需要制止破坏森林资源的主要行为

一是毁林开垦，即通过放火烧山等手段将林木毁掉，使林地变为种植粮食等农作物的耕地的行为；二是毁林采石、采砂、采土，即为了生产或者生活的需要在长有林木的地方采石、采砂、采土等毁坏林木的行为；三是其他毁林行为，即除了毁林开垦和毁林采石、采砂、采土外，在长有林木的地方采矿、采脂、修坟、建房等行为；四是在幼林地和特种用途林内砍柴、放牧。所谓幼林地，是指林木尚未成熟的林地；所谓特种用途林，是指以国防、环境保护、科学实验等为主要目的的森林和林木。

4. 森林采伐限额制度

我国是一个少林国家，森林资源的数量极不适应国民经济发展和维护生态平衡的需要，且在过去相当长的一段时期内，我国森林的消耗量大于生长量，木材供需矛盾尖锐。由于森林采伐过量，森林资源消耗严重，导致我国一些地区生态环境的恶化。为了恢复和扩大森林资源，合理采伐利用森林，《中华人民共和国森林法》规定，国家对森林实行采伐限额制度，根据用材林的消耗量低于生长量的原则，严格控制森林年采伐量。森林采伐限额制度是森林法规定的基本制度之一，是将一定时期内的森林采伐量限制在一定数量范围之内的制度，也是控制森林资源过量消耗的核心措施和加强森林可持续经营的关键手段。

年森林采伐限额：是指林业主管部门根据用材林消耗量低于生长量和森林合理经营、永续利用的原则，对森林和林木实行限额采伐的最大控制指标，依照法定范围、程序和方法对森林和林木，经过科学测算并经国务院批准的合理年采伐量。国务院批准的年采伐限额，每五年核定调整一次。森林采伐限额一经批准就具有法律约束力。

个人所有的林木，除自留地和房前屋后个人所有的零星林木外，也纳入年森林采伐限额范围内进行管理，但林木的权属不发生变化，仍归个人所有。

5. 林木采伐许可证制度

《中华人民共和国森林法》规定，"采伐林木必须申请采伐许可证，按许可证的规定进行采伐"。林木采伐许可证是指采伐林木的单位或个人依照法律规定办理的准许采伐林木的证明文件。一般包括采伐地点、面积、蓄积（株数）、树种、方式、期限和完成更新造林的时间等。

林木采伐许可证制度是一项法律制度，也是森林采伐管理的重要制度之一。必须遵守下列规定：

第一，国家林业主管部门依法制式、省林业主管部门依法印制的《林木采伐许可证》是采伐林木的唯一法律凭证。

第二，县级林业主管部门应固定一名领导审批林木采伐许可证申请。

第三，依法拥有核发林木采伐许可证职权的部门和单位，必须确定一至二名专职或兼职林木采伐许可证核发员。

第四，申请林木采伐许可证和核发林木采伐许可证必须遵守采伐限额规定。

第五，下列情形不需要办理林木采伐许可证：

一是农村居民采伐自留地和房前屋后个人所有的零星林木；二是林木种子生产经营者采挖苗圃地苗木；三是竹子的抚育采伐；四是采伐胸径 5 厘米以下薪炭林的林木；五是采伐经济林、用材林内的胸径 5 厘米以下非目的树种；六是法律、法规、规章规定的其他情形。

第六，紧急情况下采伐林木的规定：在某些紧急情况下必须采伐林木，但又来不及申请办理林木采伐许可证的，有关法律法规中有明确规定。根据《中华人民共和国防洪法》第四十五条规定，在紧急防汛期，根据防汛抗洪的需要，需要砍伐林木的，在汛期结束后依法向有关部门补办手续。《中华人民共和国森林法实施条例》第三十条规定：因扑救森林火灾、防洪抢险等紧急情况需要采伐林木的，组织抢险的单位或者部门应当自紧急情况结束之日起 30 日内，将采伐林木的情况报告当地县级以上人民政府林业主管部门。

6.采伐森林和林木的一般规定

林木采伐包括主伐、抚育采伐、更新采伐和其他采伐等类型，主伐又分为择伐、皆伐和渐伐 3 种方式。根据森林法规定，采伐森林和林木须遵守下列规定：

第一，成熟的用材林应根据不同情况，分别采取择伐、皆伐和渐伐方式。皆伐应当严格控制，并在采伐的当年或次年内完成更新造林。主伐中的择伐强度不得大于伐前林分蓄积量的 40%；一次皆伐面积应当控制在 5 公顷以内，林地坡度在 35°以下的林分可以扩大到 20 公顷，一个自然年度内相连地块的皆伐面积应当合并计算。抚育采伐强度不得大于伐前林分蓄积量的 40%，伐后林分郁闭度不得小于 0.5，但清理自然灾害受损林木等特殊情形除外。

第二，防护林和特种用途林中的国防林、母树林、环境保护林、风景林只准进行抚育和更新性质的采伐；特种用途林中的名胜古迹和革命纪念地的林木、自然保护区的森林，严禁采伐。

第三，公益林的具体采伐方式和强度按照公益林管理的有关规定执行。

第四，严格控制采伐天然阔叶林。禁止天然林的商品性采伐。确需进行抚育和更新性质采伐的，采伐强度不得大于伐前林分蓄积量的 15%，但征收占用林地、建设护林防火设施、开设防火隔离带需要采伐林木以及清理自然灾害受损林木等特殊情形除外。

第五，依法保护珍贵树木。因自然灾害毁坏或者已枯死需要清理采伐，以及特殊情形需要迁移、采伐珍贵树木的，由县（市、区）林业行政主管部门审查，经同级人民政府审核后，报省林业行政主管部门审批。城市珍贵树木的迁移和枯死处理按照城市绿化管理法律、法规、规章的规定办理。利用珍贵树木的种子人工营造的林木按照一般林木采挖规定执行（图9–1）。

（a）银杏　　　　　　（b）毛红椿　　　　　　（c）金钱松

图9–1　珍贵树木

第六，加强和严格规范树木采挖移植的管理。根据"国家林业局关于切实加强和严格规范树木采挖移植管理的通知"（林资发〔2013〕186号）规定，属于下列区域或类型的树木（包括活立木、再生树蔸、树桩）禁止采挖：古树名木，原生地天然濒危、珍稀树木，名胜古迹和革命纪念地的树木，国家一级保护野生植物，国家级公益林、自然保护区、省级以上森林公园、国家重点林木良种基地以及生态脆弱和生态区位重要地区的树木，坡度 25 度以上林地内的树木，县级以上人民政府规定严禁采挖的其他树木。其他区域郁闭度低于 0.6 的林分要从严控制采挖。结合森林抚育采挖树木的，要严格按照抚育作业设计进行；采挖树木和运输、经营采挖树木的管理，适用《中华人民共和国森林法》《中华人民共和国森林法实施条例》有关林木采挖、木材运输和经营（加工）管理的规定。

另外，根据有关规定，也禁止在省级以上重点公益林地，土层瘠薄、采挖后植被难以恢复的林地和灌木林地内采挖林木。

7.盗、滥伐林木的概念和处罚

（1）盗、滥伐林木的概念

①盗伐林木：指以非法占有为目的，擅自砍伐他人（包括国家、集体、个人）所有的森林或者其他林木的行为，包括擅自砍伐他人所有或者他人承包经营管理的森林或者其他林木；擅自砍伐本单位或者本人承包经营管理的森林或者其他林木；在林木采伐许可证规定的地点以外采伐他人所有或者他人承包经营管理的森林或者其他林木。

②滥伐林木：指违反森林法的规定，未依法取得林木采伐许可证或者虽持有林木采伐许可证但违反采伐许可证的规定，任意采伐自己（本单位和本人）所有的森林或者其他林木，以及超过林木采伐许可证规定的数量采伐他人所有的森林或者其他林木的行为，包括未经林业主管部门及法律规定的其他主管批准并核发林木采伐许可许可证，但违反林木采伐许可证规定的时间、数量、树种或者方式，任意采伐自己所有的森林或者其他林木以及超过林木采伐许可证规定的数量采伐他人所有的森林或者其他林木。林木权属争议一方在林木权属确权之前，擅自砍伐森林或者其他林木的也属滥伐林木行为。

（2）盗、滥伐林木的行政处罚

盗、滥伐林木数量较少，不构成刑事责任的，应受林业行政处罚。

盗伐林木的行政处罚：责令补种盗伐林木的株数 10 倍的树木，没收盗伐的林木或者变卖所得，并处盗伐林木价值 3 倍以上 10 倍以下罚款；拒不补种林木或补种不符合有关规定的，由林业行政主管部门代为补种，所需费用由违法者支付；依法赔偿损失。

滥伐林木的行政处罚：责令补种滥伐林木的株数 5 倍的树木，并处以滥伐林木价值 2 倍以上 5 倍以下罚款；拒不补种林木或补种不符合有关规定的，由林业行政主管部门代为补种，所需费用由违法者支付。

（3）盗、滥伐林木的立案起点

盗伐森林或者其他林木"数量较大"的立案起点为 2~5 立方米或者幼树 100~200 株；"数量巨大"的立案起点为 20~50 立方米或者幼树 1 000~2 000 株；"数量特别巨大"的立案起点为 100~200 立方米或者幼树 5 000~10 000 株。

滥伐森林或者其他林木"数量较大"的立案起点为 10~20 立方米或者幼树 500~1 000 株;"数量巨大"的立案起点为 50~100 立方米或者幼树 2 500~5 000 株。滥伐林木 50 立方米以上或者幼树 2 500 株以上,为重大案件;滥伐林木 100 立方米以上或者幼树 5 000 株以上,为特别重大案件。

(4)盗、滥伐林木的刑事处罚

盗伐、滥伐森林或者其他林木,构成犯罪的,依法追究刑事责任。

盗伐森林或者其他林木,数量较大的,处 3 年以下有期徒刑、拘役或者管制,并处或者单处罚金;数量巨大的,处 3 年以上 7 年以下有期徒刑,并处罚金;数量特别巨大的,处 7 年以上有期徒刑,并处罚金。

滥伐森林或者其他林木,数量较大的,处 3 年以下有期徒刑、拘役或者管制,并处或者单处罚金;数量巨大的,处 3 年以上 7 年以下有期徒刑,并处罚金。

对于 1 年内多次盗伐、滥伐少量林木未经处罚的,累计其盗伐、滥伐林木的数量,构成犯罪的,依法追究刑事责任。

盗伐、滥伐珍贵树木(指由省级以上林业主管部门或者其他部门确定的具有重大历史纪念意义、科学研究价值或者年代久远的古树名木、国家禁止、限制出口的珍贵树木以及列入国家重点保护野生植物名录的树木),同时触犯《中华人民共和国刑法》有关规定的,依照处罚较重的规定定罪处罚。

盗伐、滥伐国家级自然保护区内的森林或者其他林木的,从重处罚。

将国家、集体、他人所有并已经伐倒的树木窃为己有,以及偷砍他人房前屋后、自留地种植的零星树木,数额较大的,依照《中华人民共和国刑法》有关规定,以盗窃罪定罪处罚。

8. 非法采伐、毁坏珍贵树木的概念和处罚

(1)非法采伐、毁坏珍贵树木的概念

非法采伐、毁坏珍贵树木是指行为人违反森林法等规定,未按规定程序申请办理林木采伐许可证(或采集证),采伐或者毁坏珍贵树木的行为。

(2)对非法采伐、毁坏珍贵树木的处罚

根据《中华人民共和国森林法》规定,非法采伐、毁坏珍贵树木的依法追究刑事责任。《中华人民共和国刑法》第三百四十四条规定,违反国家规定,非法采伐、毁坏珍贵树木或者国家重点保护的其他植物的,或者非法收购、运输、加工、出售珍贵树木或者国家重点保护的其他植物及其制品的,处 3 年以下有期徒刑、拘役或者管制,并处罚金;情节严重的,处 3 年以上 7 年以下有期徒刑,并处罚金。

具有下列情形之一的，都属于非法采伐、毁坏珍贵树木行为"情节严重"。

第一，非法采伐珍贵树木2株以上或毁坏珍贵树木致使珍贵树木死亡3株以上的。

第二，非法采伐珍贵树木2立方米以上的。

第三，为首组织、策划、指挥非法采伐或毁坏珍贵树木的。

第四，其他情节严重的情形。

9. 非法开垦、采石等毁林行为的概念和处罚

（1）非法开垦、采石等毁林行为包括哪些

行为人违反森林法的规定，进行非法开垦、采石等毁林行为包括：开垦、采石、采砂、采土、采种、采脂和其他活动，以及在幼林地和特种用途林内砍柴、放牧等导致森林、林木受到毁坏的活动。

毁林行为主要有三种表现形式：

第一，违反森林法规，擅自开垦林地或进行采石、采砂、采土等，致使森林、林木受到毁坏的。

第二，违反森林法规，毁林采种或者违反操作技术规程采脂、挖笋、掘根、剥树皮及过度修枝，致使森林、林木受到毁坏的。

第三，在幼林地和特种用途林内砍柴、放牧等活动。

（2）对非法开垦、采石等毁林行为的处罚

对非法开垦、采石等毁林行为，由林业主管部门责令停止违法行为，并处毁坏林木价值1倍以上5倍以下的罚款；责令补种毁坏林木的株数1倍以上3倍以下的树木；拒不补种林木或补种不符合有关规定的，由林业行政主管部门代为补种，所需费用由违法者支付。

对非法实施采种、采脂、挖笋、掘根等行为，牟取经济利益数额较大的，以盗窃罪定罪处罚。同时构成其他犯罪的，依照处罚较重的规定定罪处罚。

10. 木材流通管理、运输凭证制度和监督

（1）木材流通管理

木材流通管理的主要内容有：

第一，木材的收购。

第二，对木材经营、加工和市场的管理。

第三，对木材运输的管理实行运输总量控制和木材凭证运输制度。

第四，对木材运输的检查监督。

（2）木材运输管理

木材运输管理是森林资源保护管理的重要内容之一，是控制森林资源消耗的

一项重要措施。其核心是木材凭证运输制度。

木材凭证运输是指从林区运出非国家统一调拨的木材，必须持有县级以上林业主管部门核发的木材运输证件，并按证件规定的内容进行运输。实行木材凭证运输制度，是森林法规定的一项重要法律制度之一，可以有效监督林木采伐计划的执行情况，防止乱砍滥伐，维护木材运输的正常秩序，防止木材非法运输和偷漏木材税费的行为，以保护森林资源和林区经济的发展。

木材运输证是林业部门根据法律、法规规定对非国家统一调拨的木材运输的申请，经审查后核发的允许其从林区运出木材的合法凭证。木材运输证分出省木材运输证、省内木材运输证、国家统配木材调拨通知书。木材运输证自木材起运点到终点全程有效，必须随货同行。

（3）木材运输检查监督

木材运输检查监督的主要内容有以下5方面：

第一，检查是否持有按规定核定的木材运输证，并随货同行。

第二，检查是否货证相符。

第三，检查是否改变了运输方式、运输工具和运输线路等。

第四，检查木材运输证签证的规范性。

第五，检查木材的《森林植物检疫证》（图9-2）。

图9-2　木材运输检查

（4）对非法运输木材的处罚

非法运输木材是指违反《中华人民共和国森林法》的规定，未取得木材运输证件或者虽取得木材运输证件但未按规定运输木材或使用伪造、涂改的木材运输证件运输木材的行为。

对非法运输木材，将按以下情形给予不同的处罚：

第一，无木材运输证运输木材的，由林业主管部门没收非法运输的木材，对货主可以并处非法运输木材价款30%以下的罚款。

第二，运输的木材数量超出木材运输证所准运的运输数量的，由林业主管部门没收超出部分的木材；运输的木材树种、材种、规格与木材运输证规定不符又无正当理由的，没收其不相符部分的木材。

第三，使用伪造、涂改的木材运输证运输木材的，由林业主管部门没收非法运输的木材，并处没收木材价款10%~50%的罚款。

第四，承运无木材运输证的木材的，由林业主管部门没收运费，并处运费1倍至3倍的罚款，也可处其承运木材价款的30%以下的罚款。

另外，《中华人民共和国刑法》第三百四十五条第三款规定，非法运输明知是盗伐、滥伐的林木，情节严重的处3年以下有期徒刑、拘役或者管制，并处或单处罚金；情情特别严重的，处3年以上7年以下有期徒刑，并处罚金。

（二）古树名木保护

1. 古树名木的定义

（1）古树

指在人类历史过程中保存下来的年代久远或具有重要科研、历史、文化价值，树龄一般在100年以上的树木。

（2）名木

指在历史上或社会上有重大影响的中外历代名人、领袖人物所植或者具有极其重要的历史、文化价值、纪念意义的树木。

古树分为国家一级、二级、三级，国家一级古树树龄500年以上，国家二级古树树龄300~499年，国家三级古树树龄100~299年。国家级名木不受年龄限制，不分级。

古树名木是林木资源中的瑰宝，是自然界的璀璨明珠。从历史文化角度看，古树名木被称为"活文物""活化石"，蕴藏着丰富的政治、历史、人

图9-3 香樟古树

文资源，是一个地方文明程度的标志；从经济角度看，古树名木是我国森林和旅游的重要资源，对发展旅游经济具有重要的文化和经济价值；从植物生态角度看，古树名木为珍贵树木或珍稀、濒危植物，在维护生物多样性、生态平衡和环境保护中有着不可替代的作用（图9-3）。

小知识

一棵古树，就是一段历史的见证与一种文化的记录；一棵古树，就是一部自然环境发展史；一株名木，就是一段历史的生动记载。通过一棵棵古树名木，我们可以重温这些"活文物"的博大精深。

2.古树名木保护管理的一般规定

第一，应统一登记、编号、造册，建立档案，并竖立明显标志，以利识别和保护。

第二，古树名木一律严禁砍伐（或采挖）。对已死亡的古树名木，应当经林业或住建行政主管部门确认，查明原因，明确责任并予以注销登记后，方可进行处理。处理结果应及时上报省级林业或住建行政主管部门。

第三，严禁下列损害古树名木的行为：在树上刻划、张贴或者悬挂物品；在施工等作业时借树木作为支撑物或者固定物；攀树、折枝、挖根、采摘果实种子或者剥损树枝、树干、树皮；距树冠垂直投影5米的范围内堆放物料、挖坑取土、兴建临时设施建筑、倾倒有害污水、污物垃圾、动用明火或者排放烟气；擅自移植、砍伐、转让、买卖；其他一切影响古树名木生长的行为。

第四，对影响、危害古树名木生长的生产设施，生产单位应按林业或住建行政主管部门提出的期限，采取积极措施，消除其影响、危害；对影响古树名木生长的建设项目，建设单位在规划设计、征收土地和施工过程中，应严格注意保护古树名木，与林业或住建行政主管部门共同研究制定避让或保护措施，不得任意迁移。

第五，因保护不善，致使古树名木受到损伤的，由林业或住建行政主管部门会同有关部门追查直接责任人员的责任。对违反规定的，应予严肃处理；对故意破坏古树名木及其标志与保护设施的，由公安机关依法给予处罚；情节恶劣、后果严重的，由司法机关依法追究刑事责任。

（三）林地保护

林地是森林资源的重要组成部分，是发展林业的基础，林地也是国家重要的自然资源和战略资源。因此，必须十分珍惜林地，加强林地的保护和管理。国务院明确要求"要把林地与耕地放在同等重要的位置，高度重视林地保护。"

1. 林地管理实行的制度

林地管理依法实行林地登记发证制度、林地用途管制制度、征占用林地年度定额管理制度。

（1）林地登记发证制度

《中华人民共和国森林法实施条例》明确规定："国家依法实行森林、林木和林地登记发证制度。依法登记的森林、林木和林地的所有权、使用权受法律保护，任何单位和个人不得侵犯。"并明确规定了森林、林木、林地的所有权或者使用权的登记程序。同时规定："改变森林、林木和林地所有权、使用权的，应当依法办理变更登记手续。"从而将森林、林木和林地的权属管理纳入法制的轨道。

（2）林地用途管制制度和征占用林地年度定额管理制度

为了遏制毁林开垦以及其他非法改变林地用途的行为，国务院明确规定："严格实施林地用途管制"，要求各省、自治区、直辖市对现有林地要实行总量控制制度，林地只能增加，不能减少。国家林业局全面加强林地管理，制定出台了一系列具有刚性约束力的制度和办法。下发了《占用征收林地定额管理办法》，明确了林地管理"总量控制、定额管理、节约用地、合理供地、占补平衡"的基本原则，实现了占用征收林地行政许可由无数量限制向定额限制的转变。相继组织完成了省级、县级林地保护利用规划编制，强化林地保护管理制度，严格林地用途管制和定额管理，科学划分林地保护等级，实行林地分级管理和森林面积占补平衡，并将森林覆盖率、林地保有量、森林蓄积量纳入地方政府考核指标。

征占用林地定额管理是对各省(区、市)征占用林地总量，按照确定的年度定额进行供给和管理。也就是在国家统一审批建设项目用地的前提下，将征占用林地定额作为年度农用地转用计划指标的重要组成部分，对各类征占用林地的建设项目进行宏观控制，做好前置审核，实现林地征占用管理的科学化、法制化和效率化。

（3）林地用途管制要求

第一，严格限制林地转为建设用地。林地必须用于生态建设和林业发展，不得擅自改变林地用途。

第二，进行勘查、开采矿藏和各项建设工程，包括森林经营单位在所经营的林地范围内修筑直接为林业生产服务的工程设施，应当不占或者少占林地。必须占用或者征收林地的，应依法办理审核审批手续。

第三，临时占用林地的期限不得超过两年，且不允许修筑永久性建筑物，占用期满后用地单位必须按要求恢复林业生产条件。

第四，严格实行林地定额管理，国家每五年编制一次征占用林地总额，并将总额指标分解到省（区、市）。

第五，加大对灾毁林地修复力度。加强林地和森林生态系统的防灾、抗灾、减灾能力建设，减少自然灾害损毁林地数量，国家对灾毁林地应及时进行修复治理。

2．法律规定禁止的破坏林地的行为

《中华人民共和国森林法》等法律规定，禁止下列破坏林地的行为：

第一，擅自将林地改变为非林地。

第二，擅自在林地上进行采石、采矿、取土、取沙、建房、修筑工程、造坟等活动。

第三，擅自开垦林地种植农作物。

3．林地权属

林地的权属包含着林地的所有权和使用权。

林地所有权是指所有者对林地的占有、使用、收益和处分的权能。其主体是国家和集体。林地的所有权分为国家所有和集体所有。国有林业企业、事业单位经营管理的国有林地以及依法确定给其他单位或个人使用的国有林地，属于国家所有；其余林地属于集体所有，自留山和依法确定给农村村民使用的房前屋后的林权地，属于集体所有。

林地使用权是指所有人根据林地的特征（性质）进行利用的权利。其主体是国家、集体和个人（其他组织）。

我国是取消土地私有制的社会主义国家。根据《中华人民共和国土地管理法》第二条规定，土地只能归国家和集体所有，不存在土地私有的问题。林地，作为土地的一个类别，也只能归国家和集体所有，而不能归公民个人所有，公民只能依法享有林地的使用权。林地不得买卖。

林地的所有权和使用权可以分离。如集体的山林由个人承包、转让、拍卖以及农民经营自留山等都是所有权与使用权分离的表现。随着改革开放的深入，土地利用的形式多样化，林地的权属将向多样化发展，出现了按份共有林权和共同共有林权等特殊的法律现象。

4．林权证及其作用

（1）什么是林权证

林权证是县级以上地方人民政府或国务院林业主管部门，按照有关规定和程序，对国家所有的或集体所有的森林、林木和林地，个人所有的林木和使用的林地，确认所有权或者使用权，并登记造册，发放的证书，是林权拥有者依法享有森林、林木和林地所有权和使用权唯一的法律凭证。该证经县级以上地方人民政府盖章生效；属于国务院确定的国家所有的重点林区的森林、林木和林地，经国务院林业主管部门盖章生效。林权证与土地证一样，具有相同的法律效力。

（2）林权证的基本作用

第一，保护林权证持有人的合法权益。

第二，调处林权纠纷的主要依据。

第三，征占林地和林地流转的必备条件。

第四，申请林木采伐的要件。

第五，明晰产权的依据。

第六，资产评估、作价入股、抵押的凭证。

5. 林权流转对象及其范围

（1）林权流转的概念

林权流转是指各种社会主体通过承包、租赁、转让、拍卖、协商、划拨等形式参与森林、林木和林地使用权的合理流转。《中华人民共和国森林法》等规定了使用权流转的方式和范围，《中华人民共和国农村土地承包法》对农村集体林地承包经营权的流转方式、流转应当遵循的基本原则、流转的主体和流转后的权属登记均出了明确的规定。

（2）林权流转对象及其范围

第一，用材林、经济林、薪炭林及其林地使用权可以依法转让或作价入股或者作为合资、合作造林的条件。

第二，其他森林、林木和林地使用权（防护林、特种用途林）除国务院特殊规定的之外，不得转让。

第三，不得将林地转为非林地。

第四，森林、林木、林地使用权依法转让、作价入股或者作为合资、合作条件，已经取得的林木采伐许可证可以同时转让，但转让双方必须遵守关于森林、林木采伐和更新造林的规定。

6. 征占用林地的类型与办理

（1）征占用林地的类型

征占用林地分为征收林地、占用林地、临时占用林地、林业单位使用林地。

①征收林地：指国家因建设工程需要，由政府按照法定的程序和有关规定，将集体所有的林地先征为国家所有，然后再改变林地用途，用于建设工程的林地性质变更过程。主要特征是林地所有权、使用权和林地用途都发生了变化，林地

使用权要由集体或者个人转给国家建设单位，林地所有权由集体变为国有。

② 占用林地：指建设工程需要依法使用林地的用地形式。主要特征是林地使用权和林地用途改变，而林地所有权没有改变。包括国家建设工程占有国有林地，乡镇公共设施、乡村公益事业和农村居民建设住宅等乡镇村建设工程占用集体林地等。

③ 临时占用林地：指建设工程在建设过程中确需在短时间内（期限不得超过两年）使用少量的林地。

④ 林业单位使用林地：指森林经营单位在所在的林地范围内修筑直接为林业生产服务的工程设施，需占用的林地。

（2）征占用林地的办理

勘查、开采矿藏和各项建设工程以及兴办公益事业等应当节约用地，尽量不占或少占林地。确需征收、占用林地的单位或个人应当向县级以上林业主管部门提出用地申请，经审核同意后，领取使用林地审核同意书。凭使用林地审核同意书依法办理建设用地审批手续。未经林业主管部门审核同意的，土地行政主管部门不得受理建设用地申请。临时占用林地和森林经营单位，在所经营的范围内修筑直接为林业生产服务的工程设施，也应当经县级以上林业主管部门批准。

经批准征收、占用和临时占用林地的单位和个人，应当向林地所有权单位、森林经营单位或个人依法支付林地补偿费、林木及附着物补偿费和安置补助费，并向县级以上林业行政主管部门缴纳森林植被恢复费。

凡征收、占用林地需要采伐的林木，全部纳入森林采伐限额管理。用地单位或个人需要采伐已经批准占用或者征收的林地上的林木时，应当在建设用地批准后，向林地所在地的县级以上林业主管部门申请林木采伐许可证。

7. 违反林地管理法律、法规、规章的行为应承担的法律责任

第一，未经县级以上林业主管部门审核同意，擅自改变林地用途或者擅自在林地上进行采石、采矿、取土、取沙、建房、修筑工程、造坟等活动的，由县级以上林业主管部门依法责令限期恢复原状，并处非法改变用途林地每平方米10元至30元的罚款。对于临时占用林地逾期不归还的，也依照上述规定处罚。

第二，擅自开垦林地，致使森林、林木受到毁坏的，依法赔偿损失，由县级以上林业主管部门责令停止违法行为，补种毁坏株数1~3倍的树木，可以处毁坏林木价值1~5倍的罚款；被开垦的林地上没有林木的，由县级以上林业主管部门责令停止违法行为，限期恢复原状，可以处非法开垦林地每平方米10元以下的罚款。

第三，经依法批准，临时占用林地的单位和个人在从事生产经营活动中，未采取有效措施保护林地，造成林地滑坡、塌陷和严重水土流失的，由县级以上林业主管部门责令采取有效保护措施，并可处以 5 000 元以上 5 万元以下的罚款。

第四，擅自移动或破坏林地权属界桩、界标的，由县级以上林业主管部门责令限期恢复。在规定期限内不能恢复的，按重新恢复所需的实际费用赔偿损失，由县级以上林业主管部门代为恢复，并按每个界桩、界标处以 100 元以上 500 元以下的罚款。

第五，伪造、涂改林权证以及其他有关林地权属图表资料的，由县级以上林业主管部门责令限期改正，收缴伪造、涂改的林权证和有关资料，并处 2 000 元以上 1 万元以下的罚款。

第六，违反林地管理法律、法规、规章，情节严重，构成犯罪的，由司法机关依法追究刑事责任。

（四）陆生野生动植物保护

陆生野生动物是指在陆地上天然自由的生存，或来源于天然自由状态的虽然已经短期驯养但还没有产生进化变异的各种动物。

野生植物是指原生地天然生长的植物。

陆生野生动物和野生植物都是重要的自然资源和环境要素，对于保护生物多样性、维持生态平衡和发展经济具有重要作用（图9-4）。

图9-4 斑马

1. 珍贵、濒危野生动植物的概念

珍贵、濒危野生动植物，指的是由于物种自身的原因，或者受到人类活动或自然灾害的影响而有灭绝危险的野生动植物物种。从广义上讲，包括稀有的野生动植物。这些野生动植物物种的种群已经减少到勉强可以繁殖后代的地步，其地理分布狭窄，仅仅存在于典型地方或出现在有限的、脆弱的环境中。如果不利于其生长和繁殖的因素继续存在或发生，便会很快灭绝。

按照世界公认的标准，一个物种的数量少到以百计算时，即为濒危野生物种。

2. 国家重点保护的野生动植物名录

珍贵、濒危、稀有的野生动植物都列入国家重点保护的对象。国家重点保护的野生动植物保护等级分为一级保护和二级保护。除国家重点保护野生动植物外，还有地方重点保护野生动植物。

（1）国家重点保护陆生野生动物名录*

《国家重点保护陆生野生动物名录》已于 1988 年 12 月 10 日经国务院批准，1989 年 1 月 14 日由林业部、农业部发布施行。该名录中列入陆生野生动物 330 多种，其中，国家一级保护陆生野生动物有大熊猫、金丝猴、长臂猿、丹顶鹤等共 90 多种。具体如下*。

图 9-5 东北虎

兽纲（Ⅰ级）：蜂猴（所有种）、熊猴、台湾猴、豚尾猴、叶猴（所有种）、金丝猴（所有种）、长臂猿（所有种）、马来熊、大熊猫、紫貂、貂熊、熊狸、云豹、豹、虎（图 9-5）、雪豹、亚洲象、蒙古野驴、西藏野驴、野马、野骆驼、鼷鹿、麝（所有种）、黑麂、白唇鹿、坡鹿、梅花鹿、豚鹿、麋鹿、野牛、野牦牛、普氏原羚、藏羚、高鼻羚羊、扭角羚、台湾鬣羚、赤斑羚、塔尔羊、北山羊、河狸。

兽纲（Ⅱ级）：短尾猴、猕猴、藏酋猴、穿山甲、豺、黑熊、棕熊、小熊猫、石貂、黄喉貂、斑林狸、大灵猫、小灵猫、草原斑猫、荒漠猫、丛林猫、猞猁、兔狲、金猫、渔猫、河麂、马鹿、水鹿、驼鹿、黄羊、藏原羚、鹅喉羚、鬣羚、斑羚、岩羊、盘羊、海南兔、雪兔、塔尔木兔、巨松鼠。

鸟纲（Ⅰ级）：短尾信天翁、白腹军舰鸟、白鹤、黑鹳、朱鹮、中华秋沙鸭、金雕、白肩雕、玉带海雕、白尾海雕、虎头海雕、拟兀鹫、胡兀鹫、细嘴松鸡、斑尾榛鸡、雉鹑、四川山鹧鸪、海南山鹧鸪、黑头角雉、红胸角雉、灰腹角雉、黄腹角雉、虹雉（所有种）、褐马鸡、蓝鹇、黑颈长尾雉、白颈长尾雉、黑长尾雉、孔雀雉、绿孔雀、黑颈鹤、白头鹤、丹顶鹤、白鹤、赤颈鹤、鸨（所有种）、遗鸥。

鸟纲（Ⅱ级）：角鸊鷉、赤颈鸊鷉、鹈鹕（所有种）、鲣鸟（所有种）、海鸬鹚、黑颈鸬鹚、黄嘴白鹭、岩鹭、海南虎斑鸦、小苇鸦、彩鹳、白鹮、黑鹮、

---

* 仅列出林业主管部门主管的名录，非林业主管部门主管的国家重点保护野生动物未在此列出，另外，非原产中国的物种，如犀牛、斑马等也未在此列出。

彩鹮、白琵鹭、黑脸琵鹭、红胸黑雁、白额雁、天鹅（所有种）、鸳鸯、其他鹰类、隼科（所有种）、黑琴鸡、柳雷鸟、岩雷鸟、镰翅鸟、花尾榛鸡、雪鸡（所有种）、血雉、红腹角雉、藏马鸡、蓝马鸡、黑鹇、白鹇、原鸡、勺鸡、白冠长尾雉、锦鸡（所有种）、灰鹤、沙丘鹤、白枕鹤、蓑羽鹤、长脚秧鸡、姬田鸡、棕背田鸡、花田鸡、铜翅水雉、小勺鹬、小青脚鹬、灰燕鸻、小鸥、黑浮鸥、黄嘴河燕鸥、黑嘴端凤头燕鸥、黑腹沙鸡、绿鸠（所有种）、黑颏果鸠、皇鸠（所有种）、斑尾林鸽、鹃鸠（所有种）、鹦鹉科（所有种）、鸦鹃（所有种）、鸮形目（所有种）、灰喉针尾雨燕、凤头雨燕、橙胸咬鹃、蓝耳翠鸟、鹳嘴翠鸟、黑胸蜂虎、绿喉蜂虎、犀鸟科（所有种）、白腹黑啄木鸟、阔嘴鸟科（所有种）、八色鸫科（所有种）。

爬行纲（Ⅰ级）：四爪陆龟、蜥鳄、巨蜥、蟒、扬子鳄。

爬行纲（Ⅱ级）：凹甲陆龟、大壁虎。

两栖纲（Ⅱ级）：虎纹蛙。

昆虫纲（Ⅰ级）：中华蚱蜢、金斑喙凤蝶。

昆虫纲（Ⅱ级）：伟铗、尖板曦箭蜓、宽纹北箭蜓、中华缺翅虫、墨脱缺翅虫、拉步甲、硕步甲、彩臂金龟（所有种）、叉犀金龟、双尾褐凤蝶、三尾褐凤蝶、中华虎凤蝶、阿波罗绢蝶。

（2）国家重点保护野生植物名录（第一批）

《国家重点保护野生植物名录》（第一批）由国家林业局和农业部于1999年发布，第二批的名录还未正式发布。该名录（第一批）共列植物419种和13类（指种以上分类等级），其中一级保护的有67种和4类，二级保护的有352种和9类。包含蓝藻1种，真菌3种，蕨类植物14种和4类，裸子植物40种和4类，被子植物361种和5类。水韭属、桫椤科、蚌壳蕨科、水蕨属、苏铁属、黄杉属、红豆杉属、榉属、隐棒花属、兰科、黄连属、牡丹组等13类的所有种（约1 300余种）全部列入《国家重点保护野生植物名录》。据此，受国家重点保护的野生植物一共约有1 700种。《国家重点保护野生植物名录》选列物种有四条标准：一是数量极少、分布范围极窄的濒危种；二是具有重要经济、科研、文化价值的濒危种和稀有种；三是重要作物的野生种群和有遗传价值的近缘种；四是有重要的经济价值，因过度开发利用，资源急剧减少的种。

蕨类植物（Ⅰ级）：光叶蕨、玉龙蕨、水韭属（所有种）*。

蕨类植物（Ⅱ级）：法斗观音座莲、二回原始观音座莲、亨利原始观音座莲、对开蕨、苏铁蕨、天星蕨、桫椤科（所有种）、蚌壳蕨科（所有种）、单叶贯众、七指蕨、水蕨属（所有种）*、鹿角蕨、扇蕨、中国蕨。

图9-6 红豆杉

裸子植物（Ⅰ级）：巨柏、苏铁属（所有种）、银杏、百山祖冷杉、梵净山冷杉、元宝山冷杉、资源冷杉（大院冷杉）、银杉、巧家五针松、长白松、台湾穗花杉、云南穗花杉、红豆杉属（所有种）、水松、水杉（图9-6）。

裸子植物（Ⅱ级）：贡山三尖杉、篦子三尖杉、翠柏、红桧、岷江柏木、福建柏、朝鲜崖柏、秦岭冷杉、台湾油杉、海南油杉、柔毛油杉、太白红杉、四川红杉、油麦吊云杉、大果青扦、兴凯赤松、大别山五针松、红松、华南五针松（广东松）、毛枝五针松、金钱松、黄杉属（所有种）、白豆杉、榧属（所有种）、台湾杉（秃杉）。

被子植物（Ⅰ级）：长喙毛茛泽泻*、普陀鹅耳枥、天目铁木、伯乐树（钟萼木）、膝柄木、萼翅藤、革苞菊*、东京龙脑香、狭叶坡垒、坡垒、多毛坡垒、望天树、貉藻*、瑶山苣苔、单座苣苔、报春苣苔、辐花苣苔、华山新麦草*、银缕梅、长蕊木兰、单性木兰、落叶木莲、华盖木、峨眉拟单性木兰、藤枣、莼菜*、珙桐、光叶珙桐、云南蓝果树、合柱金莲木、独叶草、异形玉叶金花、掌叶木。

被子植物（Ⅱ级）：芒苞草、梓叶槭、羊角槭、云南金钱槭、浮叶慈菇*、富宁藤、蛇根木、驼峰藤、盐桦、金平桦、天台鹅耳枥、拟花蔺*、七子花、金铁锁、十齿花、永瓣藤、连香树、千果榄仁、画笔菊*、四数木、无翼坡垒（铁凌）、广西青梅、青皮（青梅）、翅果油树、东京桐、华南锥、台湾水青冈、三棱栎、瓣鳞花*、辐花*、秦岭石蝴蝶、酸竹、沙芦草*、异颖草*、短芒披碱草*、无芒披碱草*、毛披碱草*、内蒙古大麦*、药用野生稻*、普通野生稻*；四川狼尾草*、三蕊草*、拟高粱*、箭叶大油芒*、中华结缕草*、乌苏里狐尾藻*、山铜材、长柄双花木、半枫荷、四药门花、水菜花*、子宫草、油丹、樟树（香樟）、普陀樟、油樟、卵叶桂、润楠、舟山新木姜子、闽楠、浙江楠、楠木、线苞两型豆*、黑黄檀（版纳黑檀）、降香（降香檀）、格木、山豆根（胡豆莲）、绒毛皂荚、野大豆*、烟豆*、短绒野大豆*、花榈木（花梨木）、红豆树、缘毛红豆、紫檀（青龙木）、油楠（蚌壳树）、任豆（任木）、盾鳞狸藻*、地枫皮、鹅掌楸、大叶木兰、馨香玉兰、厚朴、凹叶厚朴、长喙厚朴、圆叶玉兰、西康玉兰、宝华玉兰、香木莲、大果木莲、毛果木莲、大叶木莲、厚叶木莲、石碌含笑、峨眉含笑、云南拟单性木兰、合果木、水青树、粗枝崖摩、红椿、毛红椿、海南风吹楠、滇南风吹楠、云南肉豆蔻、高雄茨藻*、拟纤维茨藻*、莲*、贵州萍逢草*、雪白睡莲*、喜树（旱莲木）、蒜头果、水曲柳、董棕、小钩叶藤、龙棕、红花绿绒蒿*、斜翼、川藻（石蔓）*、金荞麦*、羽叶点地梅*、粉背叶人字果、马尾树、绣球茜、香果树、丁茜、黄檗（黄菠椤）、川黄檗（黄皮树）、钻天柳、伞花木、海南紫荆木、紫荆木、黄山梅、蛛网萼、冰沼草*、胡黄连*、呆白菜（崖白菜）、山莨菪*、北方黑三棱*、广西火桐、丹霞梧桐、海南梧桐、蝴蝶树、平当树、景东翅子树、勐仑翅子树、长果安息香、秤锤树、土沉香、柄翅果、蚬木、滇桐、海南椴、紫椴、野菱*、长序榆、榉树、珊瑚菜（北沙参）*、海南石梓（苦梓）、茴香砂仁、拟豆蔻、长果姜。

蓝藻（Ⅰ级）：发菜。

真菌（Ⅱ级）：虫草（冬虫夏草）*、松口蘑（松茸）。

注：标"＊"者由农业或渔业行政主管部门主管；未标"＊"者由林业行政主管部门主管。

3. 野生动植物保护的主要规定

国家对珍贵、濒危、稀有和有重要经济、科研、文化等价值的陆生野生动植物资源实行加强保护、积极发展、合理利用的方针。

（1）野生动物保护的主要规定

《中华人民共和国野生动物保护法》《中华人民共和国陆生野生动物保护实施条例》等对野生动物保护主要有以下规定：

第一，野生动物资源属于国家所有。国家保护依法开发利用野生动物资源的单位和个人的合法权益。

第二，国家保护野生动物及其生存环境，禁止任何单位和个人非法猎捕或者破坏。

第三，禁止猎捕、杀害国家重点保护野生动物。因特殊情况，需要捕捉、捕捞的，必须申请特许猎捕证。

第四，驯养繁殖国家重点保护野生动物的，应当持有许可证。

第五，猎捕非国家重点保护野生动物的，必须取得狩猎证，并且服从猎捕量限额管理。持枪猎捕的，必须取得县、市公安机关核发的持枪证。

第六，在自然保护区、禁猎区和禁猎期内，禁止猎捕和其他妨碍野生动物生息繁衍的活动。

第七，禁止非法出售、收购、利用、运输、携带国家重点保护野生动物或者其产品；禁止非法进出口野生动物或者其产品。

第八，禁止伪造、倒卖、转让特许猎捕证、狩猎证、驯养繁殖许可证、批准文件和允许进出口证明书等。

第九，外国人未经国务院野生动物行政主管部门或者其授权的单位批准，不得在中国境内对国家重点保护野生动物进行野外考察或者在野外拍摄电影、录像。

（2）野生植物保护的主要规定

《中华人民共和国野生植物保护实施条例》等对野生植物保护主要有以下规定：

第一，野生植物资源属于国家所有。国家保护依法开发利用和经营管理野生植物资源的单位和个人的合法权益。鼓励和支持野生植物科学研究、野生植物的就地保护和迁地保护。

第二，国家保护野生植物及其生长环境。禁止任何单位和个人非法采集野生植物或者破坏其生长环境。

第三，禁止采集、出售、收购国家一级保护野生植物。因特殊需要，采集国家一、二级保护野生植物的，必须申请采集证。未经批准，不得出售、收购国家二级保护野生植物。

第四，禁止非法进出口野生植物。

第五，禁止伪造、倒卖、转让采集证等证件、批准文件、允许进出口证明书或标签等。禁止出口未定名的或者新发现并有重要价值的野生植物。

第六，外国人不得在中国境内采集或者收购国家重点保护野生植物，未经国务院野生植物行政主管部门或者其授权的机构批准，也不得在中国境内对国家重点保护野生植物进行野外考察。

（五）森林公园、自然保护区与湿地

1. 森林公园

森林公园是指以森林资源为基础，以森林生态环境为主体，自然景观集中，具有一定规模，可供观赏游览及科普教育等活动的场所。建立森林公园的目的是为了保护和充分利用自然环境和自然资源，对科学、教育、旅游价值和美学价值高的地方，采取更高一级的经营措施，在科学保护管理的基础上，发展森林旅游业。

森林公园起源于美国，1872 年美国建起世界第一个森林公园——美国黄石森林公园。

我国森林公园分为国家森林公园、省级森林公园和市、县级森林公园等三级，其中国家森林公园是指森林景观特别优美，人文景物比较集中，观赏、科学、文化价值高，地理位置特殊，具有一定的区域代表性，旅游服务设施齐全，有较高的知名度，可供人们游览、休息或进行科学、文化、教育活动的场所，由国家林业局作出准予设立的行政许可决定。

图9-7 张家界国家森林公园

我国第一座森林公园是张家界国家森林公园，建于1982年9月。截至2013年底，全国有各级森林公园2 948处，其中国家级森林公园779处，总面积1758万公顷；浙江省有各级森林公园199处，其中，国家级森林公园39处，省级森林公园80处（图9-7）。

中国十大最壮美的国家森林公园

① 张家界国家森林公园：位于湖南省张家界市境内，是中国第一个国家森林公园，1982年批准，总面积为4 810公顷。因奇特的石英砂岩大峰林被联合国列入《世界自然遗产名录》，2004年2月被列入世界地质公园。

② 西双版纳原始森林公园：位于云南景洪市8千米的菜秧河畔，1999年建立，总面积1 660公顷。公园内有奇异的热带雨林景观，特殊的地形地貌，神秘的云山雾海以及浓郁的民族风情。

③ 海螺沟冰川森林公园：位于四川省甘孜藏族自治区泸定县内，是世界上仅存的低海拔冰川之一。1993年批准建立，总面积近2万公顷。公园集生态完整的原始森林和高山沸、热、温、冷泉为一体，形成冰川与原始森林共生的绝景。公园内有温泉点数十处，游人可在冰川上洗温泉浴。水温介于40~80℃之间，其中更有一股水温高达90℃的沸泉。冷热集于一地，甚为神奇。

④ 白云山国家森林公园：位于浙南山区、瓯江中游的丽水市北郊，1992年12月建立，面积为2 848公顷。公园内以奇山秘洞、怪石、幽林、古树、秀水等自然景观为主，兼有寺、观、庙、庵及动人神话、美妙传说等人文景观。

⑤ 张家界天门山国家森林公园：距离湖南张家界市城区南郊8千米，1992年建立，公园总面积9 600公顷。为山岳型自然景区，属典型的喀斯特地貌，兼峰、石、泉、溪、云、林于一体，集雄、奇、秀、险、幽于一身，保存着完整的原始次生林，植物资源丰富，有世界罕见的高山珙桐群落，被誉为空中原始花园。

⑥ 四面山国家森林公园：位于重庆西南江津市境内，总面积2.35万公顷。四面山是地球同纬度保存最为完好的亚热带常绿原始阔叶林带，被联合国生态保

护专家确定为地球上难得的"天然物种基因库"。景区内有动物 2 795 种、植物
2 362 种，其中有银杏、中华双扇蕨、鹅掌楸、刺桫椤等珍稀濒危植物 36 种。刺
桫椤是 3.5 亿年前的史前残遗植物。拥有世界自然遗产"丹霞地貌"的特征，山
势峻峭，群峰奇异，叠流飞瀑数以百计，形态各异，其中落差 100 米左右的瀑布
有 8 处，人称为"瀑布之乡"。极具世界级品质的景观观赏价值。

⑦ 尖峰岭热带雨林森林公园：位于海南岛西南部，1992 年批准建立，总面
积 4.47 万公顷。公园以神秘的热带雨林、神奇的自然景观、独特的气候条件、
山海相连的地理优势，成为海南六大旅游中心之一。拥有中国现存面积最大、保
存最好的热带原始雨林，7 个植被类型形成垂直的植被带谱明显。拥有维管植
物 2 800 多种，动物 4 300 多种（含昆虫），被誉为"热带北缘生物物种基因库"。
蓝天白云、峡谷溪流、参天古树、飞禽走兽、奇花异草、珍稀物种，尖峰岭无处
不体现出"回归自然"的主题。

⑧ 太白山国家森林公园：位于秦岭主峰太白山北麓的陕西省宝鸡市眉县境
内，1991 年批准建立，公园面积 2 949 公顷。公园以森林景观为主体，苍山奇峰
为骨架，清溪碧潭为脉络，文物古迹点缀其间，自然景观与人文景观浑然一体，
是中国西部不可多得的自然风光旅游区，被誉为中国西部的一颗绿色明珠。公园
海拔高度从 620 米到 3 511 米，是中国海拔最高的国家森林公园。

⑨ 神农架国家森林公园：位于湖北省神农架西北部，建于 1983 年，面积
32.5 万公顷。公园以原始森林风光为背景，以神农氏传说和纯朴的山林文化为
内涵，集奇树、奇花、奇洞、奇峰与山民奇风异俗为一体，以反映原始悠古、猎
奇探秘为主题，是"森林与野生动物类型"国家级自然保护区。

⑩ 宝天曼国家森林公园：位于河南省南阳市的内乡县北部，总面积 1.2 万公
顷。这里处于北亚热带向南暖温带过渡地段，属于我国南北气候的分界线和南北
植物的交错区。区内到处可见怪石嶙峋，绝壁摩立，地貌复杂，山高林密，生态
多样，具有良好的森林生态系统，以遮天蔽日的原始森林和众多的野生动植物而
享誉中原，成为同纬度生态结构保存最为完整的地区和河南省生物多样性的分布
中心，是我国过渡地带的森林生态、生物群种分布结构和演替，以及林学、环保、
旅游、气象等科学研究基地，被誉为"天然的物种宝库"和"中州的一颗明珠"。

2. 自然保护区

自然保护区是指对有代表性的自然生态系统、珍稀濒危野生动植物物种的天
然集中分布、有特殊意义的自然遗迹等保护对象所在的陆地、陆地水域或海域，
依法划出一定面积予以特殊保护和管理的区域。依据保护对象的不同，分为生态
系统类型保护区、生物物种保护区和自然历史遗迹保护区 3 个类型。每个自然保

护区内部大多划分成核心区、缓冲区和外围区3个部分。

核心区是保护区内未经或很少经人为干扰过的自然生态系统的所在，或者是虽然遭受过破坏，但有希望逐步恢复成自然生态系统的地区。该区以保护种源为主，又是取得自然本底信息的所在地，而且还是为保护和监测环境提供评价的来源地。核心区内严禁一切干扰；缓冲区是指环绕核心区的周围地区。只准进入从事科学研究观测活动；外围区，即实验区，位于缓冲区周围，是一个多用途的地区。可以进入从事科学试验、教学实习、参观考察、旅游以及驯化、繁殖珍稀、濒危野生动植物等活动，还包括有一定范围的生产活动，还可有少量居民点和旅游设施。

一个国家的自然保护区体系，一般要求保护类型比较齐全、布局比较合理，这样综合效益才比较明显。

我国自然保护区分为国家级自然保护区和地方各级自然保护区。其中在国内外有典型意义、在科学上有重大国际影响或者有特殊科学研究价值的自然保护区，列为国家级自然保护区。

（1）建立自然保护区的目的、意义和总体要求

自然保护区往往是一些珍贵、稀有的动植物物种的集中分布区，候鸟繁殖、越冬或迁徙的停歇地，以及某些饲养动物和栽培植物野生近缘种的集中产地，具有典型性或特殊性的生态系统；也常是风光绮丽的天然风景区，具有特殊保护价值的地质剖面、化石产地或冰川遗迹、岩溶、瀑布、温泉、火山口以及陨石的所在地等。

建立自然保护区的目的是保护珍贵的、稀有的动植物资源，保护代表不同自然地带的自然环境的生态系统，保护有特殊意义的自然遗迹等。

建立自然保护区的意义：保留自然本底。它是今后在利用、改造自然中应循的途径，为人们提供评价标准以及预计人类活动将会引起的后果；贮备物种。它是拯救濒危生物物种的庇护所；科研、教育基地。它是研究各类生态系统的自然过程、各种生物的生态和生物学特性的重要基地，也是教育实验的场所；保留自然界的美学价值。它是人类健康、灵感和创作

图9-8　天目山自然保护区

的源泉。自然保护区对促进国家的国民经济持续发展和科技文化事业发展具有十分重大的意义。如天目山自然保护区地质古老,植被完整,具有典型的中亚热带的森林生态系统和森林景观,生物多样性十分丰富,有高等植物 2 160 余种,其中以"天目"命名的 37 种,国家保护植物 35 种;有高等动物 2 274 种,昆虫 2 000 余种,其中国家一级、二级保护动物 34 种,以"天目"命名的动物 48 种,是名副其实的"生物基因库",被七十余所大中院校定为教研实习基地,是我国著名的国家级森林和野生动物类型自然保护区,也是浙江省唯一加入国际生物圈保护区网络的自然保护区(图 9-8)。

建立自然保护区总体要求:以保护为主,在不影响保护的前提下,把科学研究、教育、生产和旅游等活动有机地结合起来,使它的生态、社会和经济效益都得到充分展示。

(2)自然保护区的作用

① 保护自然环境与自然资源作用:通过人工保护,使各种典型的生态系统和生物物种正常地生存、繁衍与协调发展,各种有科学价值和历史意义的自然历史遗迹和各种有益于人类的自然景观,在人工的保护下,保持本来面目。

② 科学研究作用:自然保护区提供生态系统的天然"本底",并为人类提供研究自然生态系统的场所,便于进行连续、系统的长期观测以及珍稀物种的繁殖、驯化的研究等。

科学研究是自然保护区工作的灵魂,既是基础性工作,又是开拓性工作,是实现对自然资源有效保护与合理开发利用的关键。

③ 考察、游览和宣传教育作用:自然保护区可开展科学探索和考察,保护区中的部分地域可以开展旅游活动,同时自然保护区也是宣传教育活的自然博物馆。

④ 生物多样性、生态演替和环境监测作用:自然保护区内物种丰富,生物多样性指数高,同时自然保护区内还含有多种地貌、土壤、气候、水系以及独特人文景观的单元,自然生态比较优越。在自然保护区也有独特的条件来同时监测和显示生态演替状况,其中的不少野生动植物种类还是反应环境好坏的指示物,可为人类活动提供评价准则。

⑤ 涵养水源和净化空气作用:自然保护区能在涵养水源、保持水土、改善环境和保持生态平衡等方面发挥重要作用。

⑥ 合理利用自然资源作用:自然保护区有着丰富的自然资源,对于可更新资源如野生动物和植物资源等,在人为提供特殊保护的基础上,在自然资源承受能力与生物种群及其数量相适的条件下,可进行适度的合理开发利用,不断提高自然保护区的利用价值。

⑦ 国际合作交流作用：不同国家建立的自然保护区通常在地理上或生物学上是相互联系的。国与国之间或国际之间需要交流合作，共同加强保护和管理。有关自然保护区的科研进展、保护成效和相关的信息数据也需要通过国际间的合作与交流来共享其成果。

（3）我国自然保护区概况

1956 年，我国在广东省肇庆建立了国内第一个自然保护区——鼎湖山自然保护区。此后，中国自然保护事业发展迅速。截至 2014 年底，全国已建立省级以上自然保护区 2 729 处，其中，浙江省有 32 处。全国有国家级自然保护区 428 处，总面积 93 万平方千米，占陆域国土面积的 9.72%。其中，成立最早的四个国家级自然保护区分别是：

鼎湖山国家级自然保护区：位于广东省肇庆市鼎湖区，总面积约 1 133 公顷，成立于 1956 年，是中国第一个自然保护区，主要保护对象是珍贵的南亚热带地带性植被——季风常绿阔叶林及其丰富的生物多样性。该保护区是华南地区生物多样性最富集的地区之一，被生物学家称为"物种宝库"和"基因储存库"。

长白山国家级自然保护区：位于吉林省安图、抚松、长白三县交界处，总面积 19.6 万公顷，成立于 1960 年，属于自然生态系统类别中森林生态系统类型的自然保护区，主要保护对象为温带森林生态系统、自然历史遗迹和珍稀动植物资源，如东北虎、人参等。

卧龙国家级自然保护区：位于四川省阿坝藏族羌族自治州汶川县西南部，总面积约 70 万公顷，成立于 1963 年，是我国第三大国家级自然保护区，主要保护对象为西南高山林区自然生态系统及大熊猫等珍稀动物。

梵净山国家级自然保护区：位于贵州省东北部的江口、松桃、印江三县交界处，保护区总面积 4.19 万公顷，成立于 1978 年，主要保护对象为亚热带森林生态系统及黔金丝猴、珙桐等珍稀动植物。

（4）中国著名的自然保护区

① 大熊猫自然保护区：大熊猫属中国国宝，是国家一类保护动物。它的故乡——四川省卧龙县，被列为以保护大熊猫为主的最大综合性自然保护区，占地面积 20 万公顷。

② 生物资源自然保护区：素以动植物王国著称的西双版纳保护区，面积 20 万公顷，主要保护的动植物资源有野生稻、野生水果、亚洲象、野牛等珍稀濒危动植物。

③ 候鸟自然保护区：位于青藏高原青海境内的鸟岛，是我国目前保护最好的高原水禽繁殖地，也是我国珍贵水禽斑头雁、棕头鸥等的自然保护区，有面积

27 公顷，是我国最大的一处鸟岛。

　　④ 珍奇蛙类自然保护区：福建省内的武夷山保护区面积为 5.7 万公顷，该区生物资源丰富，主要保护我国独有的珍奇蛙类动物——髭蟾。

　　⑤ 仙鹤自然保护区：位于黑龙江齐齐哈尔市乌裕尔河下游的一处自然保护区，是我国著名的水禽天然繁殖栖息地，是国家一级保护动物丹顶鹤的保护基地，面积为 4 万公顷。

　　⑥ 综合自然保护区：位于四川省南坪县境内的九寨沟是我国一个以森林景观和珍稀动物为主的综合保护区，也是一处高山天然森林公园，面积为 6 万公顷。

3. 湿地和湿地公园

（1）湿地的概念

　　湿地是指天然或人工形成的沼泽地等带有静止或流动水体的成片浅水区，还包括在低潮时水深不超过 6 米的水域，包括各种咸水淡水沼泽地、湿草甸、湖泊、河流以及泛洪平原、河口三角洲、泥炭地、湖海滩涂、河边洼地或漫滩、湿草原等。湿地与森林、海洋并称全球三大生态系统，被誉为"地球之肾""天然水库"和"天然物种库"。在世界各地分布广泛，据资料统计，全世界共有自然湿地 855.8 万平方千米，占陆地面积的 6.4%。

（2）湿地的类型

　　湿地的类型多种多样，通常分为自然和人工两大类。自然湿地包括沼泽地、泥炭地、湖泊、河流、海滩和盐沼等，人工湿地主要有水稻田、水库、池塘等。

（3）湿地的功能

　　湿地是珍贵的自然资源，也是重要的生态系统，具有不可替代的综合功能。湿地可作为直接利用的水源或补充地下水，又能有效控制洪水和防止土壤沙化，还能滞留沉积物、有毒物、营养物质，从而改善环境污染；它能以有机质的形式储存碳元素，减少温室效应，保护海岸不受风浪侵蚀，提供清洁方便的运输方式。湿地有强大的生态净化作用，有"地球之肾"的美名。湿地具有极丰富的生物多样性，许多动植物只能生长在湿地中，很多珍稀水禽的繁殖和迁徙离不开湿地，因此湿地又被称为"鸟类的乐园"。因此，湿地是地球上具有多种独特功能的生态系统，它不仅为人类提供大量食物、原料和水资源，而且在维持生态平衡、保持生物多样性和珍稀物种资源以及涵养水源、蓄洪防旱、降解污染调节气候、补充地下水、控制土壤侵蚀等方面均起到重要作用。另外，湿地拥有优美的自然景观及丰富的文化，是观光休闲和开展生态文化教育活动的理想场所。

　　为加强对湿地的保护和利用，湿地国际联盟组织决定，从 1997 年起，将每年的 2 月 2 日定为世界湿地日。

（4）湿地公园

湿地公园是指以水为主题，以湿地良好生态环境和多样化湿地景观资源为基础，以湿地保护为前提，以湿地的科普宣教、湿地研究与利用、弘扬湿地文化等为主要内容，并建有一定规模的旅游休闲设施，可供人们旅游观光、休闲娱乐的生态型主题公园。

根据《国家湿地公园管理办法》，湿地公园分为以下两级。

① 国家级湿地公园：湿地公园的主题突出，湿地生态环境优良、湿地景观特别优美，观赏、科学、文化价值高，地理位置特殊，对区域生态环境具有重要的调节作用，且生态旅游服务设施齐全。

② 省级湿地公园：湿地公园的主题突出，且湿地生态环境良好、湿地景观有特色，有一定的观赏、科学、文化价值，对区域生态环境有一定的调节作用，且具备必要的旅游服务设施。

（5）我国湿地概况

中国是世界上湿地类型齐全、数量丰富的国家之一，拥有湿地面积 6 600 多万公顷，约占世界湿地面积的 10%，位居亚洲第一位、世界第四位。我国天然湿地总面积约为 2 600 多万公顷 (不包括河流)，其中内陆和海岸湿地生态系统的面积堪称亚洲之最，天然湿地类型包括沼泽、泥碳地、湿草甸、浅水湖泊、高原咸水湖泊、盐沼和海岸滩涂等，涵盖了全球 39 个湿地类型，而且青藏高原的高寒湿地为我国所独有。在中国境内，从温带到热带、从沿海到内陆、从平原到高原山区都有湿地分布，而且一个地区内常常有多种湿地类型，一种湿地类型又常常分布于多个地区，构成了丰富多样的组合类型。除了作为许多濒危特有野生动植物的栖息地之外，它们还是迁徙鸟类，包括许多全球性受威胁物种的重要停歇地和繁殖地。

根据国家林业局 2015 年 2 月发布的消息，目前中国已建立 570 多个湿地自然保护区和 900 多个湿地公园，其中国际重要湿地 46 个（如青海湖的鸟岛、湖南洞庭湖、香港米埔、黑龙江兴凯湖、浙江杭州西溪），国家湿地公园 569 个，共有 2 324 万公顷湿地得到了不同形式的保护，湿地保护率达到 43.51%。目前我国已初步形成以湿地保护区为主体，湿地保护小区、湿地公园、海洋功能特别保护区、湿地多用途管制区等多种管理形式相结合的湿地保护网络体系（图 9-9）。

（6）中国最美的六大湿地公园

① 神农架大九湖国家湿地公园：位于湖北神农架林区西北部，总面积 9 320 公顷，具有典型的高山草甸特色，素有"湖北的呼伦贝尔"之称。其湿地生态系统主要包括亚高山草甸、泥炭藓沼泽、睡菜沼泽、苔草沼泽、香蒲沼泽、紫茅沼

图 9-9 杭州西溪湿地

泽以及河塘水渠等湿地类型，在中国湿地中具有典型性、代表性、稀有性和特殊性。湿地内有丰富的高山草甸和湿地蕨类植物，还有鹳、鹤、梅花鹿等珍稀动物。

② 云南红河哈尼梯田国家湿地公园：位于云南省东南部红河哈尼族彝族自治州内，总面积 5.46 万公顷，多为历经上千年垦殖创造的梯田农业生态奇观。哈尼梯田不仅为当地百姓提供了赖以生存的稻米和水产品，且在调节气候、保水保土、防止滑坡、维护动植物多样性等方面发挥了重要的湿地功能，是云南省第一个国家湿地公园。

③ 盘锦国家湿地公园：位于辽宁省盘锦市的双台河口国家级自然保护区，总面积为 31.5 万公顷，约占区域面积的 80%，是中国最大的湿地自然保护区。它是很多鸟类在中国的最后一片乐土，还有世界上最大的红海滩和亚洲最大的芦苇荡。对整个东北地区乃至全国以及周边国家的气候调节、空气净化起着举足轻重的作用。

④ 杭州西溪国家湿地公园：位于浙江省杭州市区西部，距离杭州西湖 5 千米，占地面积约 1 150 公顷，是罕见的城中次生湿地。园区约 70% 的面积为河

港、池塘、湖漾、沼泽，整个园区6条河流纵横交汇，水道如巷、河汊如网、鱼塘栉比如鳞、诸岛棋布，"一曲溪流一曲烟"，形成了西溪独特的湿地景致。公园集生态湿地、城市湿地、文化湿地于一身，堪称中国湿地第一园。

⑤ 银川鸣翠湖国家湿地公园：位于宁夏回族自治区银川市兴庆区掌政镇境内，总规划面积667公顷，是银川市东部最重要的湿地生态区域，也是黄河流域、西部地区第一家国家湿地公园。鸣翠湖为古黄河河道东移、鄂尔多斯台地抬升自然形成的黄河冲积平原湖滩地貌，集黄土高原、黄河、湖泊、芦苇、湿地等景观于一身。

⑥ 广东星湖国家湿地公园：位于广东省肇庆市区范围内，规划面积998公顷，其中，湖泊湿地面积达624公顷，是广东省最大的内陆淡水湖泊湿地之一。公园以湖泊湿地为主体，同时还包括森林沼泽湿地、草本沼泽湿地及内陆岩溶洞穴水系及人工池塘湿地等多种湿地类型。这里也是以丹顶鹤为代表的濒危水禽在我国南方的重要繁育基地（图9-10）。

图9-10　广东星湖国家湿地公园

（六）森林消防

1. 森林火灾的概念

凡是失去人为控制的，在森林内自由蔓延和扩展，对森林、森林生态系统和人类带来一定危害和损失的森林起火都称为森林火灾。森林火灾是一种突发性强、破坏性大、处置救助较为困难的自然灾害。森林火灾不仅烧死、烧伤林木，直接减少森林资源，包括森林动物，而且会破坏森林结构和生态环境，危及人们生命财产的安全。

2.森林燃烧的条件

森林燃烧必须具备 3 个条件：可燃物、氧气（助燃物）和一定的温度。森林中的乔木、灌木、草类、苔藓、地衣、枯枝落叶、腐殖质和泥炭等都是可燃物。空气中含 21% 的氧气，足可以助燃。一般森林中都具备可燃物和氧气两个条件，只要温度达到可燃物的燃点，就会发生森林燃烧。森林可燃物的燃点温度各异，干枯杂草燃点为 150~200℃，木材为 250~300℃，要达到此温度需有外来火源。

因此，可燃物是发生森林火灾的物资基础；火险天气是发生森林火灾的重要条件；火源是发生森林火灾的主导因素。三者缺一不可。可燃物和火源可以进行人为控制，而火险天气也可以预测预报进行防范。

3.森林火灾的起因

火源是发生森林火灾的主导因子，森林火灾的起因主要有人为火源引起的和自然火源引起的两大类。

（1）人为火源

绝大多数森林火灾都是人为火源引起的。人为火源包括生产性火源和非生产性火源两种。生产性火源指农业、林业、牧副业以及工矿运输企业等生产性用火，如烧荒、炼山、烧地埂、烧灰积肥、烧木炭、烧防火线、狩猎跑火、机车喷漏火、开山崩石和林区内高压线失火等。非生产性火源主要是群众的生活、祭祀、游玩等用火，如野外吸烟、野炊、烤火取暖、火把照明、用火驱蚊驱兽、烧蜂窝、燃放烟花爆竹、上坟烧纸点烛、小孩玩火和故意纵火等。在人为火源引起的火灾中，以开垦烧荒、上坟烧纸、燃放烟花爆竹和吸烟等引起的森林火灾最多。

（2）自然火源

指自然界中自然发生的火源，如雷电击火、岩石滚落撞击引发火花、火山爆发、陨石降落起火和林内腐殖质发酵生热等引起的自燃等，其中最多的是雷击火，中国黑龙江大兴安岭、内蒙古呼盟和新疆阿尔泰等地区最常见。

4.森林火灾的分类

（1）按受害面积大小分

① 森林火警：受害森林面积不足 1 公顷或其他林地起火的。

② 一般森林火灾：受害森林面积在 1 公顷以上不足 100 公顷的。

③ 重大森林火灾：受害森林面积在 100 公顷以上不足 1 000 公顷的。

④特大森林火灾：受害森林面积在1 000公顷以上的。

（2）按燃烧特点和部位分

①地表火：指沿林地表面扩展蔓延，燃烧林地上的枯枝落叶、杂草、灌木的火。

②树冠火：又叫林冠火，一般由地表火延烧引起的。但雷电击火往往先引发树冠火。

③地下火：指林地土壤腐殖质层或泥灰层的燃烧，有时在地面可以看到烟和火舌，但大部分时间只见冒烟不见火。

④树干火：指引起树干燃烧的火。

地表火、树冠火、地下火、树干火在一定的条件下可以相互转化。一起森林火灾中，地表火、树冠火、地下火、树干火一般也全部或部分并存。

5.森林防火的主要措施

森林防火总的方针是"预防为主，积极消灭"。主要措施有以下七个方面。

（1）实行行政领导负责制

各级行政领导对森林防火负总责，要形成政府全面负责、部门齐抓共管、社会广泛参与的工作机制，层层签订责任状，严格落实防火责任。

（2）广泛开展宣传教育

大力开展森林防火的宣传教育活动，充分认识森林火灾的为害和造成森林火灾的后果，普及森林防火的法制观念，提高全社会对森林火灾的预防意识。

（3）强化火源管理

管住野外火源是预防森林火灾的重点，也是难点。要设置防火标志，加强巡查，认真执行野外用火规定。并根据天气、森林区位等情况确定防火期和高火险期，划定森林防火重点地块等，严格控制各种野外火源。

（4）降低林分的可燃性

对林木进行必要的修枝、间伐、清理下层木和灌木杂草，采取有计划的烧除、林分改造和建设生物防火林带、隔离带等，以减少森林可燃物、降低林分的可燃性或阻隔林分燃烧的蔓延。

（5）加强对森林火险的监测和预警

切实做好森林火险的预测和预报工作，及时准确发布预警信息。遇到高火险天气，要启动预警响应预案，做好火险防范和应急处置准备。

（6）及时科学扑灭

备足森林消防物资，健全扑火队伍和森林防火预案，加强扑火演练。一旦发生森林火情，做到科学指挥，快速出动，安全扑火、并力求"打早、打小、打了"。

（7）依法治火

以森林防火条例、森林防火实施办法、野外用火规定等法律、法规、规定为依据，运用法律等手段防治森林火灾。

6.森林防火期和森林高火险期

森林火灾的发生，往往有明显的季节性。南方地区的冬季和早春季节，一般降雨量少，相对湿度较低，天气比较干燥。此时，草木干枯，枯枝落叶干燥，极易引发森林火灾。加上这一时段农事活动较为频繁，群众生产性用火增多，春节、元宵、清明等节日间还因风俗习惯影响，各种非生产性用火也多，因此往往森林火灾多发。

《中华人民共和国森林防火条例》规定，县级以上地方人民政府应当根据本行政区域内森林资源分布状况和森林火灾发生规律，划定森林防火区，规定森林防火期，并向社会公布。森林防火期内，禁止在森林防火区野外用火。因特殊情况确需用火或开展有关活动的，必须经过批准，并按照要求采取防火措施，严防失火；森林防火期内，预报有高温、干旱、大风等高火险天气的，县级以上地方人民政府应当划定森林高火险区，规定森林高火险期。必要时，县级以上地方人民政府可以根据需要发布命令，严禁一切野外用火；对可能引起森林火灾的居民生活用火应当严格管理。

《浙江省森林消防条例》规定，浙江省的森林防火期是每年11月1日至次年4月30日。县级以上人民政府可以根据当地实际情况，公告提前或者推迟本行政区域的森林防火期，并报省森林消防指挥部备案。森林防火期内，除经申请许可外，禁止其他野外用火；遇高温、干旱、大风等高火险天气以及春节、清明、冬至等火灾高发时段，县级以上人民政府可以发布森林禁火令，规定禁火期和禁火区。对于自然保护区、风景名胜区等特别重要的区域，县级以上人民政府可以划定常年禁火区。在森林禁火期、禁火区应当设立标志，禁止一切野外用火，禁止携带火源、火种和易燃易爆物品进入森林。

近年来由于生态环境恶化，全球气候异常，在非防火期内森林火灾也时有发生，必须引起高度重视。

7.森林火险等级和森林火险预警信号

（1）森林火险等级

根据每天的主要火险因素，如气温、湿度、风、降水、可燃物含水率和连续干旱情况等，按特定方法分析计算后划定的。我国森林火险等级普遍使用五级制，根据火险等级，有关部门要采取相应的有效预防措施（表9-1）。

表 9-1 森林火险等级和相应的森林火险预警信号

火险级别	名称	危险程度	易燃程度	蔓延扩散程度	预警级别及信号颜色	预防措施
一级	低火险	低	难	难	绿色，可不标志	—
二级	较低火险	较低	不易	较难	一级，蓝色	—
三级	较高火险	较高	较易	较易	二级，黄色	加强防范
四级	高火险	高	容易	易	三级，橙色	林区加强火源管理
五级	极高火险	极高	极易	极易	四级，红色	严禁一切林内用火

（2）森林火险预警等级

根据森林火险等级、火行为特征和可能造成的危害程度，将森林火险预警级别划分为4个等级，由低到高依次与森林火险二至五级相对应，并分别以悬挂蓝色、黄色、橙色和红色等预警信号进行警示。森林火险等级为一级时，预警信号为绿色，可以不悬挂预警标志（图9-11）。

（a）　　　　　（b）　　　　　（c）　　　　　（d）

图 9-11　森林火险预警信号

8. 森林防火期内对野外生产用火的规定

《中华人民共和国森林防火条例》和《浙江省森林消防条例》等对在森林防火期内野外生产用火作了以下规定：

《中华人民共和国森林防火条例》规定，森林防火期内，禁止在森林防火区野外用火。因防治病虫鼠害、冻害等特殊情况确需野外用火的，应当经县级人民政府批准，并按照要求采取防火措施，严防失火。

《浙江省森林消防条例》规定，森林防火期内，除经申请许可外，禁止其他野外用火。在林区从事烧灰积肥、烧田坎草等农业生产性用火，用火个人应当向村民委员会报告，由村民委员会统一向县级人民政府或者其委托的林业行政主管部门、乡人民政府申请办理生产用火许可。经许可后，方可在规定的时间和地点用火。有森林消防任务的村应当制定有关森林消防安全的村规民约，督促用火个人落实用火安全防范措施，做好森林消防安全的自我管理和自我服务工作；森

九、森林保护

林防火期内在林区从事炼山造林、烧防火线等林业生产性用火以及进行爆破、勘察等工程用火的单位和个人，应当向县级人民政府或者其委托的林业行政主管部门、乡人民政府申请办理生产用火许可。经许可后，方可在规定的时间和地点用火。

浙江省还规定，在森林禁火期和禁火区中，严禁一切野外用火，禁止携带火源、火种和易燃易爆物品进入森林。

9.非法用火的法律责任

根据《浙江省森林消防条例》，违反规定，在森林防火期内有下列行为之一，但未引起森林火灾的，由林业行政主管部门责令停止违法行为，给予警告，并处罚款。

第一，烧香、烧纸、燃放鞭炮、烤火、野炊、吸烟等野外用火的，处200元以上3 000元以下的罚款；

第二，未经许可擅自进行农业生产性用火的，处500元以上3 000元以下的罚款；

第三，未经许可擅自进行林业生产性用火和工程用火的，对个人处1 000元以上3 000元以下的罚款，对单位处10 000元以上50 000元以下的罚款。

违反规定，在森林禁火期、禁火区内野外用火，但未引起森林火灾的，由林业行政主管部门责令停止违法行为，给予警告，对个人处500元以上3 000元以下的罚款，对单位处20 000元以上50 000元以下的罚款。

过失引起森林火灾的，依法赔偿损失；由林业行政主管部门对个人处1 000元以上3 000元以下的罚款，对单位处30 000元以上50 000元以下的罚款，并可责令补种树木；应当给予拘留等治安管理处罚的，由公安机关依照《中华人民共和国治安管理处罚法》《中华人民共和国消防法》的规定依法决定；构成犯罪的，由司法机关依法追究刑事责任。

10.山地火场自救措施

一旦被林火围困或袭击，要果断决策，迅速选择突围和避火路线。

第一，快速转移。发现森林大火来袭，只要时间允许，迅速撤离，转移到安全地带。

第二，点火解围。在确保自身安全情况下，若时间允许，在开阔地烧开一片空地，进入火烧迹地避火。

第三，强行顶风冲越火线。当点火或其他条件不具备，切忌顺风跑，应该用衣服蒙住头部，快速逆风冲越火线，进入火烧迹地即可安全脱险。

第四，卧倒避烟。用湿衣裤蒙住头部，两手放在胸前，卧倒避烟。为防止烟雾呛昏窒息，用湿毛巾捂住口鼻，并扒个土坑，紧贴湿土呼吸，等待救援。

（七）林业有害生物防治

1.林业有害生物的概念

林业有害生物是指危害森林、林木和林木种子正常生长并造成经济损失的病、虫、杂草等有害生物，包括害虫、病害、害鼠（兔）和有害植物。

有害植物指的是已经或可能使本地经济、环境和生物多样性受到伤害（尤其是对特定的森林生态系统造成较大危害），或危及人类生产与身体健康的植物种类。

2.我国林业有害生物的主要种类和为害概况

林业有害生物与森林火灾、乱砍滥伐一起，号称"三害"。中国是林业有害生物发生比较严重的国家，目前共有森林病、虫、鼠、有害植物等种类8 000余种，其中形成灾害的约200余种。我国本土有害生物主要有松毛虫类、杨树食叶害虫类和蛀干害虫类、松纵坑切梢小蠹以及萧氏松茎象等；外来有害生物主要有松材线虫病、红脂大小蠹、美国白蛾、松突圆蚧、椰心椰甲和紫茎泽兰等。其他重要的外来林业有害生物还有湿地松粉蚧、日本松干蚧、水椰八角铁甲、松针褐斑病、松针红斑病、杨树花叶病毒病（加拿大杨树花病毒病）、红棕象甲、薇甘菊、飞机草、假臭草、加拿大一枝黄花等。目前危害较严重的"十大"病虫害是松毛虫、美国白蛾、杨树蛀干害虫、松材线虫、日本松干蚧、松突园蚧、湿地松粉蚧、大袋蛾、松叶蜂、森林害鼠。

全国近年来每年林业有害生物发生面积均在1.7亿亩左右，占林地面积的10%左右，因林业有害生物为害造成的直接经济损失在100亿元上下，由此带来的生态和社会效益方面的损失更是直接经济损失的10倍。同时，林业有害生物为害也给发生地区的经济发展、环境保护和人民生活带来严重影响。

在我国发生的危险性林业有害生物中，外来有害生物发生面积占总面积的20%左右，但所造成的损失却高达60%。目前，全国几乎在所有类型森林生态系统中都有外来有害生物的危害，且外来有害生物的入侵呈加剧态势。

3.林业有害生物防治的方针和主要技术

林业有害生物防治实行"预防为主，综合治理"的方针。在采取多种举措主动加强预防的基础上，林业有害生物在防治技术上主要有：

（1）生物防治

利用有益生物或其他生物来抑制或消灭有害生物的一种防治方法。包括各种捕食性天敌、寄生性天敌，还包括微生物源农药、植物源农药和动物源农药，以及昆虫信息素和昆虫生长调节剂（仿生制剂）等。

利用捕食性天敌防治的天敌如大山雀、灰喜鹊、啄木鸟、黄鹂、穿山甲、瓢虫、螳螂、蚂蚁、马蜂以及蜘蛛、螨类等；利用寄生性天敌防治的如利用赤眼蜂、黑卵蜂寄生松毛虫卵防治松毛虫，肿腿蜂防治天牛；利用微生物等防治的如用白僵菌（真菌）防治松毛虫、竹螟、竹蝗，用苏云金杆菌（细菌）各种变种制剂防治多种森林害虫，病毒粗提液防治松毛虫、蜀柏毒蛾等。

生物防治具有对人、畜安全、无毒，环境兼容性好，不杀伤天敌昆虫，选择性强，对生态影响小，不易使害虫产生抗药性等特点，作为重要的调控措施已成为无公害防治中优先采用的方法。

（2）农药制剂防治

即用各种化学农药为主的防治方法。如应用杀虫剂、杀螨剂、杀菌剂、除草剂等进行防治。用农药防治时，要了解农药的性能和病虫害的特性，做到对症下药、适时施药、交互用药、混合用药和安全用药。安全用药要求防止人畜中毒、环境污染和林木药害。对于可食经济林的用药，还要求选择高效、低毒、低残留的农药，并选择对环境影响最小的施药技术。

（3）物理和人工防治

指用物理或机械的方法消除虫害的一种方法。如通过剪去虫瘿、摘除害虫群集的树叶、破坏害虫越冬场所等人工直接杀除，用捆毒绳、沾胶环、涂毒环等方法阻隔害虫上下树枝，用灯光诱杀有趋光性的害虫，用高温杀灭害虫或病原菌，以及利用射线处理害虫、微波治杀松材线虫、紫外线灭菌等等。

（4）综合治理

是一种对有害生物种群的管理策略和管理系统，它从生态学和系统学的观点出发，针对整个森林生态系统研究生物种群动态和相联系的环境，采取尽可能相互协调的有效防治措施，并充分发挥自然抑制因素的作用，利用寄主与有害生物、寄主与天敌、寄主与生态环境、有害生物与天敌、有害生物与环境间复杂的网络关系，来实现对有害生物的控制与管理，将有害生物种群控制在经济损害允许水平之下，并使防治措施对森林生态系统内外的不良影响减少到最低限度，以获得最佳的经济、社会和生态效益。

林业有害生物防治工作中，除采用技术措施外，更要加强产地检疫和境外引种监管，依法严格检疫检验；完善监测预警机制，提高监测预警水平；落实防治责任制度，推进社会化防治；加快林相改造，营造健康森林。以此全面提升林业有害生物灾害的防控能力，切实保障林业生态安全。

4. 松材线虫病的危害与防治

（1）松材线虫病的危害

松材线虫病又称松树萎蔫病，是危害松属等植物的一种毁灭性流行病。病原线虫通过媒介昆虫松褐天牛、松墨天牛等补充营养时从伤口进入木质部，寄生在树脂道中，在大量繁殖的同时移动，逐渐遍及全株，造成导管阻塞、植株失水、蒸腾作用降低、树脂分泌急剧减少和停止，从而引发松树病害。被松材线虫感染后的松树，针叶陆续变为红褐色萎蔫，最后整株枯死。通常感病后40多天即可造成松树枯死，3~5年即可摧毁成片松林（图9-12）。

图9-12　遭受松材线虫病危害的马尾松林

松材线虫病的传播途径：远距离传播主要依靠带有松材线虫病的松木木材及其制品中传播，例如家居装饰材料、电线电缆的包装材料、建筑模板、家庭装修用材、家俱、玩具等。近距离传播主要依靠媒介昆虫松褐天牛等传播。

松材线虫病传播途径多、发病部位隐蔽、发病速度快、致病能力强、潜伏时间长、治理难度大，是一种毁灭性病害，被称为"松树的癌症"。该病于1982年在南京中山陵首次发现，以后相继在江苏省、安徽省、广东省和浙江省等地成灾。它不仅给国民经济造成巨大损失，也破坏了自然景观及生态环境，对我国丰富的松林资源构成严重威胁。

（2）松材线虫病的防治

目前，在松材线虫病防治上主要采用以下措施。

① 检疫检验。应按松材线虫病防治条例的规定和林业有害生物检疫规程，

一方面要对木材进行严格检疫，加强木材和木质包装材料的检验，包括进出口木材的检疫检验，防止病害传播；另一方面，要在松材线虫病发生区及其毗邻地区、重点预防区的交通要道、车站、码头等设立哨卡，对松科植物及其制品进行检疫检查。疫区内松材及其制品严禁非法外运，与疫区毗邻的非疫区，要加强边界地段的定期检测工作，防止病害传入。同时做好检疫处理。要对违法调运、经营、加工松科植物及其制品等行为追究相应责任。

② 采取多种措施防治媒介天牛。可通过空中与地面喷药防治天牛成虫。对大面积发病林分用飞机喷药防治，对零星感病松树进行地面防治；也可采用熏蒸杀灭天牛幼虫。对砍伐的病树原木，在天牛羽化前可用塑料布或防雨布密封起来实行熏蒸；还可以在林间挂设天牛诱捕器，定期加入适量引诱剂来诱杀天牛。利用管氏肿腿蜂、白僵菌等进行生物防治也有效果。

图 9-13 松材线虫病药剂注射防治

③ 利用药剂抑制树体内松材线虫繁殖。对于风景区等观赏、名贵松树，可用注射法向树干注入 15% 铁灭克药液等药剂。若加以 5% 克线磷根施，防治效果更好（图 9-13）。

④ 清理和处理松林病死树，因地制宜进行林分改造。在每年 12 月月底前清理病死木、枯死木（包括濒死木、衰弱木、被压木等），按要求搬运到烧毁地点，统一烧毁。松树伐根高度须控制在离地面 5 厘米以内，去皮后纵向连砍数刀并间歇喷洒 16% 虫线清乳油 1：50 溶液 4~6 次，然后用塑料袋包住伐根，用绳子捆扎，再用土覆盖。林地上留下的树梢和枝条要组织专业队伍按照松材线虫病除治方案和防治技术规程进行统一清理，就地及时烧毁。结合病死木、枯死木清理，对松林进行科学有序地改造，发展阔叶林或针阔混交林，提高林分的质量和稳定性，营造健康森林。也可考虑选用火炬松、雪松等比较抗病的树种进行更新。另外，可结合当地自然条件，在疫区外围设置一条无寄主林木隔离带，用以阻止病害的自然扩散。清理和更新改造是当前生产上的主要措施之一。

附一　世界部分国家的国花、国树和国鸟

地区	国名	国花	国树	国鸟
东亚	中国	牡丹、梅花（待定）	银杏（待定）	
	日本	樱花（公众）、梅花（传统）、菊花（皇室）		绿雉
	朝鲜	金达莱（杜鹃）、木兰花	青松	
	韩国	木槿	木槿	
东南亚	越南	莲花		
	老挝	鸡蛋花		
	柬埔寨	槟榔花、睡莲、隆都花	棕糖树	巨鹮
	缅甸	龙船花、兰花	柚木	孔雀
	泰国	睡莲、金链花	桂树	
	马来西亚	扶桑		
	新加坡	卓锦万代兰		
	印度尼西亚	毛茉莉		
	菲律宾	毛茉莉		
	文莱	辛波嘎加（康定杜鹃）		
南亚	尼泊尔	杜鹃		
	锡金	素馨花		
	不丹	大花绿绒蒿		
	印度	荷花	菩提树	蓝孔雀
	孟加拉国	睡莲	榕树	
	斯里兰卡	睡莲、兰花	铁木树、大棕榈	黑尾原鸡
	巴基斯坦	素馨花	喜马拉雅雪松	
	阿联酋	孔雀草、百日草		
	马尔代夫	玫瑰	椰子树	
中亚	阿富汗	郁金香	黑桑	
	哈萨克斯坦	梅花		
西亚	伊朗	大马士革月季		
	阿联酋	孔雀草、百日草		
	沙特	玫瑰	枣椰树	
	也门	咖啡	咖啡	雄鹰
	伊拉克	玫瑰	枣椰树	雄鹰
	叙利亚	大马士革蔷薇	枣椰树	
	黎巴嫩	雪松	雪松	
	以色列	银莲花	油橄榄	
	土耳其	钟花郁金香	桉树	
	约旦	黑蝴蝶花		

附一　世界部分国家的国花、国树和国鸟

（续表）

地区	国名	国花	国树	国鸟
东欧	俄罗斯	向日葵	白桦	
	拉托维亚	滨菊		
	立陶宛	芸香	桦树	
	爱沙尼亚	矢车菊	橡树	
北欧	芬兰	铃兰	桦树	
	瑞典	铃兰、白睡莲、白菊	欧洲白蜡	
	挪威	欧石南	云杉	河乌
	丹麦	木春菊	枸骨叶冬青	云雀
西欧	爱尔兰	三叶草		蛎鹬
	英国	玫瑰（北爱尔兰是酢浆草、苏格兰是荆花、威尔斯水仙花）	英国栎（夏栎）	红胸鸲、知更鸟
	荷兰	郁金香（民间）、金盏花（官方）		琵鹭
	比利时	虞美人、阿尔卑斯杜鹃花		红隼
	卢森堡	月季		戴菊
	法国	鸢尾花		公鸡
	摩纳哥	香石竹		
中欧	德国	矢车菊	橡树	白鹳
	瑞士	火绒草（雪绒花）		
	列支敦士登	橙花百合花		
	奥地利	火绒草		家燕
	匈牙利	郁金香、天竺葵		
	捷克	洋蔷薇（传统）、香石竹（大众）	欧洲椴	
	斯洛伐克	香石竹（大众）	欧洲椴	
	波兰	三色堇	桦树	雄鹰
南欧	西班牙	石榴、香石竹	甜橙	
	葡萄牙	熏衣草、雁来红、石竹	扁桃（巴旦杏）	
	意大利	雏菊、白花百合、三色堇	月季杜鹃	
	圣马力诺	那不勒斯仙客来		
	梵蒂冈	白花百合		
	马耳他	星矢车菊		
	南斯拉夫	洋李、铃兰		
	罗马尼亚	玫瑰花		
	保加利亚	玫瑰花		
	希腊	橄榄花	油橄榄	

地区	国名	国花	国树	国鸟
北美	加拿大	枫树（银白槭）	糖槭	
	美国	月季	橡树	白头海雕
中美	墨西哥	大丽花、仙人掌		雄鹰
	危地马拉	白花修女兰	爪哇木棉	彩咬鹃
	伯利兹		红木	
	洪都拉斯	香石竹	咖啡	
	萨尔瓦多	凤尾丝兰	咖啡	
	尼加拉瓜	百合（姜花）		
	哥斯达黎加	皇后卡特兰	阿开木	
	巴拿马	鸽兰	巴拿马树（棕榈）	
	古巴	百合（姜花）	大王椰子	
	牙买加	愈疮木（轻木）	愈疮木（轻木）	
	海地	长叶刺葵、王棕		
	多米尼加	桃花心木	桃花心木	鹦鹉
南美	哥伦比亚	卡特莱兰花	咖啡	
	秘鲁	向日葵（坎涂花）	金鸡纳树	
	委内瑞拉	五月兰	海红豆（冠翅桐）	拟椋鸟
	圭亚那	睡莲		
	巴西	毛蟹爪兰	巴西木、钟花树	大嘴鸟
	玻利维亚	向日葵（坎涂花）		
	智利	百合花（戈比爱）	海红豆	山鹰
	阿根廷	赛波花	波赛树（奥布树）	棕灶鸟
	巴拉圭	西番莲、银叶它贝布雅		
	乌拉圭	商陆、山楂	商陆树	
北非	摩洛哥	香石竹、月季	栓皮栎	
	阿尔及利亚	阿尔及利亚鸢尾、欧洲夹竹桃		
	突尼斯	素馨花	油橄榄	
	利比亚	石榴	石榴	
	埃及	浅蓝睡莲（埃及荷花）		
西非	利比里亚	胡椒	木瓣树、油棕	
	塞尔维亚	猴面包树	猴面包树	
	加纳	枣椰树（伊拉克枣）		
	加蓬	火焰树	桃花心木	
	刚果	芙蓉、香桃花心木		
	几内亚	可拉（可乐树）、胡椒		
	塞拉里昂	非洲油椰		

附一　世界部分国家的国花、国树和国鸟

（续表）

地区	国名	国花	国树	国鸟
	纳米比亚	千年兰（虎尾兰）		
东非	埃塞俄比亚	马蹄莲	咖啡	
	苏丹	扶桑	海枣	
	坦桑尼亚	丁香、月季花		
	肯尼亚	肯山兰		
南部非洲	赞比亚	三角花（三角梅）		
	南非	普洛提亚（帝王花）	罗汉松	
	马达加斯加	旅人蕉、凤凰木	凤凰木 旅人蕉	
	塞舌尔	凤尾兰		
	津巴布韦	嘉兰		
大洋洲	澳大利亚	密花金合欢	桉树	琴鸟
	新西兰	桫椤	四翅槐	几维鸟
	斐济	扶桑（朱槿）		

附二 中国部分省、区、市的省（区、市）树和省（区、市）花

省（区、市）	城市名	省（区、市）花	省（区、市）树
北京	北京市	月季、菊花	国槐、侧柏
上海	上海市	白玉兰	白玉兰
天津	天津市	月季	美国白蜡
重庆	重庆市	山茶花	黄桷树
香港 特别行政区		紫荆花	紫荆
澳门 特别行政区		荷花	
黑龙江		丁香、玫瑰	红松
	哈尔滨市	丁香	榆树
	伊春市	兴安杜鹃	红松
吉林		君子兰、大理花	柳树
	长春市	君子兰	
	延边朝鲜族自治州	金达莱	
	延吉市	玫瑰花	垂柳
辽宁		天女花	
	沈阳市	玫瑰	黑松
	大连市	月季、槐花	龙柏
	丹东市	杜鹃	银杏
	阜新市	黄刺梅	
内蒙古		马兰、金老梅	
	呼和浩特	丁香	油松
	包头市	小丽花	云杉
新疆		雪莲	
	乌鲁木齐	玫瑰	大叶榆
	伊犁哈萨克州	雪莲	天山云杉
宁夏		枸杞（未定）	
	银川市	玫瑰	国槐
甘肃		香荚蒾	
	兰州市	玫瑰	国槐
青海		雪绒蒿	青海云杉

（续表）

省（区、市）	城市名	省（区、市）花	省（区、市）树
青海	西宁市	丁香	柳树
	格尔木市	红柳	
陕西		百合	
	西安市	石榴、月季	国槐
	咸阳市	紫薇、月季	国槐、垂柳
	汉中市	栀子花	
山西		榆树梅	国槐
	太原市	菊花	国槐
河北		太平花	
	石家庄市	月季	国槐
	秦皇岛市	月季	枣槐
	邯郸市	月季	
	邢台市	月季	
	保定市	兰花	国槐
	承德市	玫瑰	
	沧州市	月季	
	张家口市	大丽花	国槐
山东		牡丹	
	济南市	荷花（莲花）	柳树
	青岛市	月季、山茶花	雪松
	威海市	桂花	合欢
	烟台市	紫薇	国槐
	荷泽市	牡丹	
	枣庄市	石榴	
	济宁市	月季、荷花	国槐
	泰安市	紫薇	国槐
	德州市	枣树	菊花
	曲阜市	兰花	桧柏
	荣成市	杜鹃	
河南		腊梅	
	郑州市	月季	法国梧桐
	开封市	菊花	
	洛阳市	牡丹	
	三门峡市	月季	国槐
	驻马店市	月季、石榴	

省（区、市）	城市名	省（区、市）花	省（区、市）树
河南	商丘市	月季	
	信阳市	月季、紫薇	
	平顶山市	月季	
	漯河市	月季	国槐、垂柳
	许昌市	荷花	
	新乡市	石榴	
	安阳市	紫薇	
	焦作市	月季	
	鹤壁市	迎春花	
	南阳市	桂花	
湖北		梅花	水杉
	武汉市	梅花	水杉
	黄石市	石榴花	樟树
	襄樊市	紫薇	女贞
	沙市	月季	广玉兰
	十堰市	石榴、月季	樟树、广玉兰
	宜昌市	月季	柑橘树
	荆门市	石榴	
	鄂州市	梅花	樟树、银杏
	随州市	月季	
	恩施市	月季	
	老河口市	桂花	
	丹江口市	梅花	
湖南		荷花	
	长沙市	杜鹃花	樟树
	株洲市	红檵木	樟树
	湘潭市	菊花	香樟
	衡阳市	月季、茶花	香樟
	邵阳市	月季	香樟
	岳阳市	栀子花	杜英
	常德市	栀子花	
	娄底市	月季	
江西		杜鹃	樟树
	南昌市	月季、金边瑞香	香樟
	九江市	荷花	樟树

（续表）

省（区、市）	城市名	省（区、市）花	省（区、市）树
江西	景德镇市	茶花	樟树
	上饶市	三清山猴头杜鹃	香樟
	萍乡市		柚子树
	新余市	月季、桂花、玉兰	香樟
	鹰潭市	月季	樟树
	吉安市	红杜鹃	樟树
	瑞金市	金边瑞香	
	井冈山市	杜鹃	
安徽		皖杜鹃	黄山松
	合肥市	桂花、石榴	广玉兰
	芜湖市	月季、菊花	香樟、垂柳
	蚌埠市	月季	雪松、国槐
	淮南市	月季	法国梧桐
	马鞍山市	桂花	樟树
	淮北市	梅花、月季	国槐、银杏
	安庆市	月季	香樟
	黄山市	黄山杜鹃	黄山松
	阜阳市	月季	
	巢湖市	杜鹃	
	铜陵市	白玉兰	
江苏		茉莉花	银杏
	南京市	梅花	雪松
	无锡市	梅花、杜鹃	香樟
	徐州市	紫薇	银杏
	常州市	月季	广玉兰
	苏州市	桂花	香樟
	南通市	菊花	广玉兰
	连云港市	玉兰	银杏
	淮阴市	月季	雪松
	盐城市	女贞、银杏	紫薇、牡丹
	扬州市	琼花（八仙花）	银杏、柳树
	镇江市	杜鹃	广玉兰
	泰州市	梅花	银杏
	宿迁市	月季	
	溧阳市	桂花	香樟

省（区、市）	城市名	省（区、市）花	省（区、市）树
江苏	张家港市	菊花	香樟
	金坛市	紫薇	榉树
	昆山市	琼花（八仙花）	广玉兰
浙江		兰花	樟树
	杭州市	桂花	香樟
	宁波市	茶花	樟树
	温州市	茶花	榕树
	嘉兴市	石榴、杜鹃	香樟
	绍兴市	兰花	
	金华市	茶花	樟树
	台州市	桂花、梅花	香樟
	义乌市	月季	
	慈溪市	月季	樟树
	余姚市	杜鹃	
	桐乡市	杭白菊	梧桐
	玉环县	石榴	文旦
福建		水仙花	榕树
	福州市	茉莉花	榕树
	厦门市	三角梅	凤凰木
	三明市	迎春花、三角梅	黄花槐、红花紫荆
	泉州市	刺桐花	刺桐
	漳州市	水仙花	
	南平市	百合	
	龙岩市	茶花、兰花	香樟
	莆田市	月季	荔枝树
	永安市	含笑	香樟
	惠安市	叶子花	
广东		木棉花	
	广州市	木棉花	木棉树
	深圳市	三角梅	荔枝、红树
	珠海市	三角梅	红花紫荆
	汕头市	凤凰木、兰花	凤凰树
	佛山市	玫瑰	白玉兰
	韶关市	杜鹃	阴香
	江门市	三角梅	蒲葵

（续表）

省（区、市）	城市名	省（区、市）花	省（区、市）树
广东	湛江市	紫荆花	
	肇庆市	鸡蛋花、荷花	白玉兰
	惠州市	三角梅	红花紫荆
	梅州市	梅花	
	东莞市	荔枝树	白玉兰
	中山市	菊花	
	揭阳市	莲花	
四川		兰花、木芙蓉	桢楠、珙桐
	成都市	木芙蓉	银杏
	西昌市	月季	
	自贡市	紫薇	樟树
	攀枝花市	木棉（攀枝花）	凤凰木
	德阳市	月季	樟树
	乐山市	海棠	峨嵋白兰花
	泸州市	桂花	龙眼
	内江市	黄角兰、栀子花	三叶树
	万县市	山茶花	
	广元市	桂花	柏树
贵州		杜鹃	珙桐（未定）
	贵阳市	兰花、紫薇	竹子、樟树
	黔西南布依族苗族自治州	三角梅	
	云南云	南山茶、杜鹃云南松	
	昆明市	云南山茶（大茶花）	玉兰树
	东川市	白兰花（缅桂）	樟树
	玉溪市	朱槿	
	大理市	杜鹃	
	德宏傣族景颇族自治州	三角梅	
	楚雄彝族自治州	马缨花	
西藏		龙胆、报春花	
	拉萨市	格桑花	榆树、侧柏
广西		桂花、金荣花	
	南宁市	朱槿（扶桑）、紫荆花	扁桃树

省（区、市）	城市名	省（区、市）花	省（区、市）树
广西	桂林市	桂花	桂树
	北海市	三角梅（叶子花）	小叶榕
	柳州市	月季	小叶榕
海南		三角梅	椰子树
	海口市	三叶梅	椰子树
	三亚市	三角梅	酸豆树
台湾		蝴蝶兰	橄榄树
	台北市	杜鹃	榕树
	高雄市	扶桑	
	台中市	木棉花	
	台南市	凤凰木	凤凰树
	基隆市	紫薇	
	新竹市	杜鹃	
	嘉义市	玉兰	
	宜兰县	兰花	
	桃园县	桃花	
	彰化县	菊花	
	南投县	梅花	
	屏东县	叶子花（三角梅）	
	台东县	蝴蝶兰	
	花莲县	莲花	

附二　中国部分省、区、市的省（区、市）树和省（区、市）花

参考文献
REFERENCE

陈征海，孙孟军 . 2014. 浙江省常见树种彩色图鉴 [M]. 杭州：浙江大学出版社 .

樊宝敏 . 2009. 中国林业思想与政策史 [M]. 北京：科学出版社 .

樊宝敏，李智勇 . 2008. 中国森林生态史引论 [M]. 北京：科学出版社 .

国家林业局 . 2014. 第八次全国森林资源清查主要结果 [G].

联合国粮食及农业组织 . 2011. 2010 年森林资源评估—主报告（粮农组织 林业文
　　集 163）[G].

苏祖荣，苏孝同 . 2004. 森林文化简论 [M]. 北京：学林出版社 .

浙江省林业厅 . 2014. 浙江省森林资源及其生态功能价值公告（2013 年）[G].